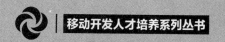
移动开发人才培养系列丛书

.NET
微信公众平台 | 开发教程

.NET
WeChat Public
Platform Development Tutorial

刘蓉 李晓黎 主编
王亚红 宋燕红 田二明 张坤杰 副主编

人民邮电出版社
北京

图书在版编目（CIP）数据

.NET 微信公众平台开发教程 / 刘蓉，李晓黎主编
. -- 北京：人民邮电出版社，2017.8
（移动开发人才培养系列丛书）
ISBN 978-7-115-46560-3

Ⅰ. ①N… Ⅱ. ①刘… ②李… Ⅲ. ①移动终端—应用程序—程序设计 Ⅳ. ①TN929.53

中国版本图书馆CIP数据核字(2017)第180363号

内 容 提 要

本书系统地介绍了使用 ASP.NET MVC 开发微信公众平台应用程序的流程、方法、技巧和注意事项，内容涵盖微信公众平台提供的各种功能的开发，包括注册微信公众号、配置和使用微信公众号、自定义菜单、接收和发送消息、用户管理、客服管理、素材管理、统计分析、微信前端开发技术、微信门店管理、微信支付、微信红包等。

本书适合微信公众平台开发入门与进阶人员、企业微信公众号开发人员阅读，也适合有一定开发基础但对微信公众号项目开发不熟悉的读者使用。

◆ 主　编　刘　蓉　李晓黎
　　副主编　王亚红　宋燕红　田二明　张坤杰
　　责任编辑　邹文波
　　责任印制　陈　犇

◆ 人民邮电出版社出版发行　北京市丰台区成寿寺路11号
　　邮编　100164　电子邮件　315@ptpress.com.cn
　　网址　http://www.ptpress.com.cn
　　北京中新伟业印刷有限公司印刷

◆ 开本：787×1092　1/16
　　印张：24　　　　　　　　2017年8月第1版
　　字数：556千字　　　　　2017年8月北京第1次印刷

定价：65.00 元

读者服务热线：(010)81055256　印装质量热线：(010)81055316
反盗版热线：(010)81055315
广告经营许可证：京东工商广登字 20170147 号

前言 PREFACE

随着移动互联网技术的井喷式发展，人们的工作和生活习惯也随之发生改变。使用移动终端上网的用户越来越多，微信（WeChat）是为移动终端推出的一款免费的即时通信应用程序。微信公众平台是给个人、媒体、企业、政府和组织提供业务服务与用户管理的全新服务平台，它可以帮助企业快速搭建公众号服务平台，通过微信渠道将品牌推广给上亿的微信用户。微信公众平台目前应用非常广泛，为适应技术的发展，满足社会对微信开发人才的需要，高校的许多专业都开设了微信公众平台应用程序开发的课程。

本书系统地介绍了使用ASP.NET MVC开发微信公众平台应用程序的流程、方法、技巧和注意事项，内容包括微信公众平台应用基础、ASP.NET MVC开发基础、使用ASP.NET空间搭建微信公众平台应用程序、自定义菜单、消息接口、用户管理、客服管理、素材管理、统计分析、微信前端开发技术、微信门店管理、微信支付和微信红包等。

本书提供教学PPT课件、源程序文件、Visual C#程序设计基础等电子文档，读者可以登录人邮教育社区（http://www.ryjiaoyu.com.cn）免费下载。

本书在内容的选择、深度的把握上充分考虑了初学者的特点。为了方便初学者阅读和学习，本书在关注微信公众平台开发最新技术的同时，还介绍了ASP.NET

MVC开发模式和前端开发基础。这些都是开发微信公众平台应用程序的基础。本书在内容安排上力求做到循序渐进，不仅适合课堂教学，也适合开发Web应用程序的各类人员自学使用。

编者

2017.6

目录 CONTENTS

第 1 章 微信公众平台应用基础

1.1 微信公众平台和公众号 ………… 2
 1.1.1 订阅号 …………………… 2
 1.1.2 服务号 …………………… 2
 1.1.3 企业号 …………………… 2
 1.1.4 订阅号、服务号和企业号的
   主要区别 ………………… 2
1.2 注册微信公众号 ………………… 3
1.3 配置和使用微信公众号 ………… 12
 1.3.1 登录微信公众平台 ……… 12
 1.3.2 设置微信公众平台 ……… 13
 1.3.3 管理设置 ………………… 14
 1.3.4 功能设置 ………………… 17
1.4 微信公众平台的开发模式和开发
  流程 …………………………… 25
 1.4.1 Web应用程序的开发模式… 25
 1.4.2 Web应用程序的基本开发
   流程 ……………………… 27
 1.4.3 微信公众平台的前端开发
   模式 ……………………… 29
 1.4.4 微信公众平台的后端开发
   模式 ……………………… 29
 1.4.5 开发者与微信公众平台之间
   的数据交互方式 ………… 30
 1.4.6 本书实例的开发模式 …… 31
习题 …………………………………… 31

第 2 章 ASP.NET MVC 开发基础

2.1 ASP.NET MVC开发模式
  概述 …………………………… 34
 2.1.1 MVC 开发模式 ………… 34
 2.1.2 WebForm和ASP.NET
   MVC的对比 …………… 35
2.2 初识ASP.NET MVC ………… 35
 2.2.1 下载Visual Studio
   Community 2015 ……… 35
 2.2.2 创建ASP.NET MVC应用
   程序 ……………………… 35
 2.2.3 ASP.NET MVC项目中的
   文件夹和文件 …………… 38
2.3 控制器 ………………………… 39
2.4 设计视图 ……………………… 41
 2.4.1 默认的主页视图 ………… 41
 2.4.2 母版页 …………………… 42

2.5 控制器与视图的关系 …………… 46
 2.5.1 创建Action方法对应的视图 ……………………… 46
 2.5.2 在浏览器和视图之间传输数据 ……………………… 47

2.6 MVC 区域（Areas）…………… 52
 2.6.1 创建区域 …………………… 52
 2.6.2 区域中的控制器和视图 …… 52
2.7 设计本书实例项目 ……………… 55
习题 ……………………………………… 57

第3章 使用 ASP.NET 搭建微信公众平台应用程序

3.1 部署ASP.NET空间 …………… 60
 3.1.1 网站空间的类型 …………… 60
 3.1.2 申请ASP.NET主机空间 …… 60
 3.1.3 部署MVC网站 …………… 64
3.2 成为微信公众平台的开发者 …… 66
 3.2.1 填写服务器配置 …………… 66
 3.2.2 记录收到的消息 …………… 69
 3.2.3 验证signature参数 ……… 72

 3.2.4 申请接口测试号 …………… 75
3.3 .NET微信接口开发基础技术 …… 77
 3.3.1 开发者与微信公众平台之间的数据交互设计 …………… 77
 3.3.2 获取access_token ………… 81
 3.3.3 从微信公众平台获取数据的实例 ………………………… 84
习题 ……………………………………… 87

第4章 自定义菜单开发

4.1 自定义菜单 ……………………… 89
 4.1.1 创建自定义菜单 …………… 89
 4.1.2 查询自定义菜单 …………… 93
 4.1.3 删除自定义菜单 …………… 93
 4.1.4 获取自定义菜单配置 ……… 95

4.2 个性化菜单管理 ………………… 99
 4.2.1 创建个性化菜单 …………… 100
 4.2.2 删除个性化菜单 …………… 102
 4.2.3 测试个性化菜单匹配结果 … 103
习题 ……………………………………… 104

第5章 消息接口

5.1 接收消息 ………………………… 107
 5.1.1 在程序中接收POST数据 … 107
 5.1.2 接收消息的类型 …………… 108
 5.1.3 解析收到的消息 …………… 109

 5.1.4 接收文本消息 ……………… 110
 5.1.5 接收图片消息 ……………… 113
 5.1.6 接收语音消息 ……………… 114
 5.1.7 接收视频消息 ……………… 115

5.1.8 接收地理位置消息………… 117	5.3 发送模板消息………………… 140
5.1.9 接收链接消息……………… 118	5.3.1 申请开通模板功能………… 140
5.1.10 接收事件推送消息……… 120	5.3.2 管理我的模板……………… 144
5.2 发送消息……………………… 122	5.3.3 所属行业管理……………… 145
5.2.1 被动回复用户消息………… 122	5.3.4 模板管理…………………… 149
5.2.2 消息的加密和解密………… 129	5.3.5 发送模板消息……………… 152
5.2.3 群发消息…………………… 136	习题………………………………… 154

第6章 用户管理

157

6.1 用户分组管理………………… 158	6.2.1 获取用户列表……………… 164
6.1.1 查询所有用户分组………… 158	6.2.2 设置备注名………………… 165
6.1.2 创建用户分组……………… 160	6.2.3 获取用户基本信息………… 167
6.1.3 修改用户分组名…………… 161	6.2.4 查询用户所在分组………… 173
6.1.4 删除用户分组……………… 163	6.2.5 移动用户到指定分组……… 174
6.2 用户管理……………………… 163	习题………………………………… 176

第7章 客服管理

178

7.1 客服账号管理………………… 179	7.1.5 删除客服账号……………… 184
7.1.1 开通客服功能……………… 179	7.1.6 设置客服账号的头像……… 185
7.1.2 获取客服账号的列表信息… 179	7.2 通过客服接口发送消息……… 187
7.1.3 添加客服账号……………… 181	习题………………………………… 192
7.1.4 修改客服账号……………… 182	

第8章 素材管理

194

8.1 临时素材管理………………… 195	8.2 永久素材管理………………… 202
8.1.1 新增临时素材……………… 195	8.2.1 新增永久素材……………… 202
8.1.2 获取临时素材……………… 200	8.2.2 获取永久素材……………… 209

8.2.3 修改永久图文素材………… 211	8.3.1 获取素材总数……………… 214
8.2.4 删除永久素材……………… 212	8.3.2 获取素材列表……………… 215
8.3 获取素材汇总信息……………… 214	▶ 习题……………………………………… 218

第 9 章　统计分析　　　　　　　　　　　　　　220

9.1 用户分析数据接口……………… 221	9.3 消息分析数据统计接口………… 242
9.1.1 获取用户增减数据………… 221	9.3.1 概述……………………… 242
9.1.2 获取累计用户数据………… 225	9.3.2 获取消息发送概况数据… 242
9.2 图文分析数据接口……………… 229	9.3.3 获取消息发送月数据…… 245
9.2.1 获取图文群发每日数据… 229	9.3.4 获取消息发送周数据…… 247
9.2.2 获取图文群发总数据…… 231	9.3.5 获取消息发送分时数据… 248
9.2.3 获取图文统计数据……… 233	9.3.6 获取消息发送分布数据… 251
9.2.4 获取图文统计分时数据… 235	9.3.7 获取消息发送分布月数据… 253
9.2.5 获取图文分享转发数据… 238	9.3.8 获取消息发送分布周数据… 255
9.2.6 获取图文分享转发分时 数据………………………… 240	▶ 习题……………………………………… 256

第 10 章　微信前端开发技术　　　　　　　　　258

10.1 开发手机网页的基础………… 259	10.3 微信JS-SDK……………………… 282
10.1.1 什么是H5网页…………… 259	10.3.1 绑定域名………………… 282
10.1.2 自适应设计……………… 259	10.3.2 开始使用JS-SDK……… 282
10.1.3 使用jQuery Mobile开发 手机网页………………… 260	10.3.3 调用基础接口…………… 289
10.1.4 开发自适应的H5网页… 261	10.3.4 分享接口………………… 290
10.2 微信网页开发样式库………… 262	10.3.5 图像接口………………… 294
10.2.1 CSS基础………………… 262	10.3.6 音频接口………………… 297
10.2.2 微信网页开发样式库 WeUI……………………… 269	10.3.7 获取网络状态接口…… 300
	10.3.8 地理位置………………… 301
	10.3.9 关闭当前网页窗口接口… 302

10.4 微信浏览器私有接口
WeixinJSBridge·············· 302
   10.4.1 onBridgeReady事件····· 303
   10.4.2 WeixinJSBridge.call()
       方法·························· 303
   10.4.3 WeixinJSBridge.invoke()
       方法·························· 304
习题······························· 307

第 11 章 微信门店管理 ············ 309

11.1 申请开通门店功能············ 310
11.2 管理微信门店的开发接口······· 311
   11.2.1 获取门店列表············ 311
   11.2.2 创建门店·················· 316
   11.2.3 根据门店id获取门店
       信息························· 322
   11.2.4 删除门店信息············ 326
习题······························· 327

第 12 章 微信支付 ············ 329

12.1 概述·························· 330
   12.1.1 微信支付的类型········· 330
   12.1.2 开通微信支付············ 330
12.2 JSAPI支付······················ 332
   12.2.1 准备配置参数············ 333
   12.2.2 OAuth 2.0授权··········· 333
   12.2.3 发起JSAPI支付··········· 334
   12.2.4 调用统一支付开发接口获取
       预支付订单号··········· 335
   12.2.5 生成支付签名字符串····· 338
   12.2.6 支付成功·················· 340
   12.2.7 演示JSAPI支付的
       实例························ 341
12.3 扫码支付······················ 347
   12.3.1 生成直接支付URL········ 348
   12.3.2 生成支付二维码········· 356
   12.3.3 支付成功处理············ 356
   12.3.4 演示扫描支付的实例···· 357
12.4 发放红包与企业付款··········· 365
   12.4.1 微信红包的类型········· 365
   12.4.2 发放红包和企业付款提交
       数据的格式··············· 365
   12.4.3 开发接口·················· 366
   12.4.4 返回报文的格式········· 366
   12.4.5 发放红包的实例········· 367
习题······························· 373

| 10.4 向自定义器私有接口 |
| WeixinJSBridge |
| 注入 .... 302 |
| 10.4.1 onBridgeReady事件 ... 303 |
| 10.4.2 WeixinJSBridge.call() |
| 方法 .... 303 |

10.4.3 WeixinJSBridge.invoke()
方法 304
习题 307

第11章 常用自定义菜单 309

11.1 申请开通门店功能 310
11.2 管理新信门店的方法接口 311
11.2.1 查询门店列表 311
11.2.2 创建门店 316

11.2.3 根据门店ID修改门店 322
信息 326
11.2.4 删除门店信息 326
习题 327

第12章 微信支付 329

12.1 概述 330
12.1.1 微信支付的类型 330
12.1.2 开通微信支付 330
12.2 JSAPI支付 332
12.2.1 准备应课参数 333
12.2.2 OAuth 2.0授权 333
12.2.3 支付JSAPI支付 334
12.2.4 调用统一下单API获取预
支付订单事宜 335
12.2.5 生成支付签名字符串 338
12.2.6 支付成功 340
12.2.7 调用JSAPI支付接口 341

12.3 扫码支付 347
12.3.1 业务流程说明 348
12.3.2 生成支付工作用 350
12.3.3 支付结果处理 350
12.3.4 等待用户扫码支付完成 357
12.4 支付扫码宏的业功能 365
12.4.1 用户扫码接受支付 366
12.4.2 商家扫二维码并确认商品及
数量并接收 365
12.4.3 二维码 366
12.4.4 提供商家的演化 366
12.4.5 完成的操作实例 367
习题 373

01 微信公众平台应用基础

微信（WeChat）是腾讯公司为移动终端推出的一款免费的即时通信应用程序。相信很多读者使用过微信，如果你只用微信聊天、刷朋友圈，那就无需阅读本书了。因为微信简单易用，完全可以做到无师自通。但是如果你想成为一个微信应用的开发者，那就需要了解什么是微信公众平台，以及如何使用微信公众平台。因为大多数微信开发的功能都是基于微信公众平台的。

1.1 微信公众平台和公众号

微信已经拥有了亿万用户，为了给这些用户提供更多的服务，腾讯公司决定建立微信公众平台。微信公众平台是给个人、媒体、企业、政府和组织提供业务服务与用户管理能力的全新服务平台。它可以帮助企业快速搭建公众号服务平台，通过微信渠道将品牌推广给上亿的微信用户，减少宣传成本，提高品牌知名度，打造更具影响力的品牌形象。要使用微信公众平台，首先需要申请一个微信公众号。公众号分为订阅号、服务号和企业号3种类型，个人只能申请订阅号，企业则3种都可以申请。

1.1.1 订阅号

订阅号是公众平台的一种账号类型，旨在为用户提供信息和资讯。

订阅号群发频率更高一些，但消息是显示在文件夹中，而不是直接显示在好友对话列表中。

订阅号又分为普通订阅号和认证订阅号。认证订阅号可以在聊天窗口底部设计自定义菜单，而普通订阅号则不能。

1.1.2 服务号

服务号每月只有4次群发机会，但是消息直接显示在好友对话列表中，更容易被用户注意到。另外，认证服务号具备9大高级接口（包括获取粉丝信息、带参数二维码等重要接口）。除了高级接口，微信支付功能也是只有认证服务号才可以申请的。

1.1.3 企业号

微信企业号是微信为企业客户提供的移动服务，旨在提供企业移动应用入口。它可以帮助企业建立员工、上下游供应链与企业IT系统间的链接。利用企业号，企业或第三方服务商可以快速、低成本地实现高质量的企业移动轻应用，实现生产、管理、协作、运营的移动化。企业号作为企业IT移动化解决方案，相比企业自己开发APP具有明显的优势，具体如下。

（1）快速移动化办公。企业在开通企业号后，可以直接利用微信及企业号的基础能力，加强员工的沟通与协同，提升企业文化建设、公告通知、知识管理，快速实现企业应用的移动化。

（2）开发成本低。仅需要按照企业号的标准API与现有系统进行对接。

（3）零门槛使用。用户微信扫码关注即可使用，在玩微信时，随手处理企业号消息，无需学习即可流畅使用。

1.1.4 订阅号、服务号和企业号的主要区别

微信的订阅号、服务号和企业号之间的主要区别如表1-1所示。

表 1-1 订阅号、服务号和企业号之间的主要区别

对比项目	订阅号	服务号	企业号
适用人群	面向媒体和个人，提供一种信息传播方式	面向企业、政府、组织，用于为客户提供服务	面向企业、政府、事业单位、非政府组织，用于实现生产管理、协作运营的移动化
消息的显示方式	消息显示在订阅号文件夹中	消息直接显示在好友的对话列表中	
群发消息	每天可以群发1条消息	每月每可以群发4条消息	无限制群发消息
发送保密消息，禁止转发	无	无	有
关注身份验证	无	无	有
基本消息接收/回复接口	有	有	有
定制应用	无	无	有
高级接口能力	认证订阅号部分支持	认证服务号支持	认证企业号支持
微信支付	无	有	有

1.2 注册微信公众号

个人注册微信公众号，必须做好如下的准备。

（1）准备一个未用于注册过微信公众号的邮箱。

（2）准备一个绑定了本人银行卡的微信。

准备好后，访问微信公众平台网址，如图1-1所示。

https://mp.weixin.qq.com/

单击右上角的"立即注册"按钮，打开选择注册账号类型的页面，如图1-2所示。可以根据需要选择订阅号、服务号、小程序或企业号。

微信小程序（Mini Program）是腾讯公司于2017年1月9日发布的基于微信平台的一款新产品。它是一种不需要下载安装即可使用的应用，用户扫一扫或搜一下即可打开应用。

作为一种新的微信产品，小程序不同于传统意义的微信公众号，主要区别如下。

（1）从使用的便捷度上比较，微信公众号通常需要关注，而小程序可以直接使用。

（2）从推广方式上比较，微信公众号一般既可以线下推广，也可以线上微信群、朋友圈推广；而小程序则一般只能在线下使用，线上微信群、朋友圈不能转发。

图1-1 微信公众平台登录页

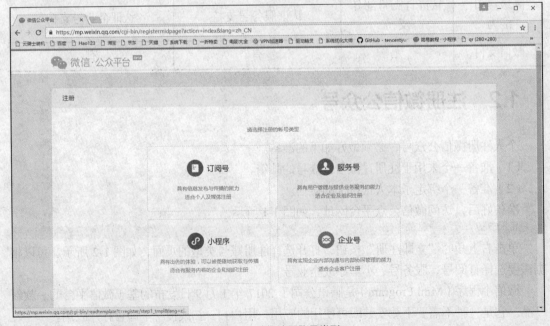

图1-2 选择注册账号类型

（3）从推送消息的角度上比较，微信公众号通常可以向关注者推送消息；而小程序则安静很多，它不会向用户推送消息，而只是等用户需要使用时来找它。

不同需求的用户可以选择不同类型的公众号或小程序。如果希望宣传自己或企业，则可以选择订阅号。如果中小企业希望为用户提供服务则可以选择服务号或小程序。服务号通常可以作为企业移动营销网站的入口，而小程序一般适合如下情况。

（1）低频的工具类应用。例如，计算贷款、汇率等。

（2）政府公共应用。例如，查询公积金、查询公共事务等。

（3）一些轻量级的线下连接的服务应用。例如餐馆点餐、吃饭预约、挂号预约等。

对于行业内比较有影响力的企业，想打造自己品牌的服务，则可以选择开发自己的APP。为什么不建议中小企业开发自己的APP？因为绝大多数人安装同一领域的APP数量通常不会超过2个。如果对自己的品牌和影响力没有足够的信心，还是利用好公众号或小程序比较适合。

本书不介绍开发小程序的具体方法。这里以注册订阅号为例演示注册微信公众号的过程，其他的注册方式雷同。在"选择注册账号类型"页面中单击"订阅号"，打开订阅号注册页面，如图1-3所示。注册微信公众号需要经过以下5个步骤。

（1）填写基本信息。

（2）邮箱激活。

（3）选择类型。

（4）信息登记。

（5）填写公众号信息。

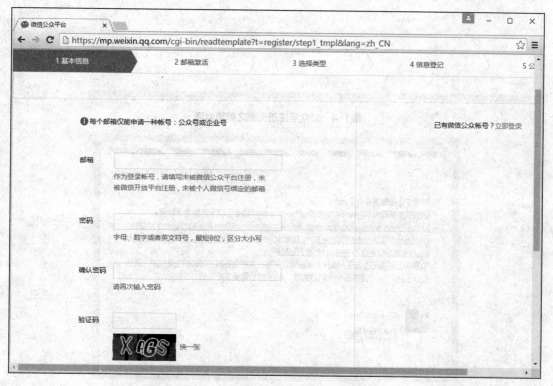

图1-3　公众号注册页面之填写基本信息

在填写基本信息页面中输入注册用的邮箱、公众号密码和验证码，选中"我同意并遵守《微信公众平台服务协议》"复选框，然后单击"注册"按钮，打开"邮箱激活"页面，如图 1-4 所示。

在"邮箱激活"页面中提示用户已发送确认邮件至注册邮箱。此时可以登录注册邮箱，收取邮件。会收到一封题目为"激活你的微信公众平台账号"的邮件，内容如图 1-5 所示。

图1-4　公众号注册页面之邮箱激活

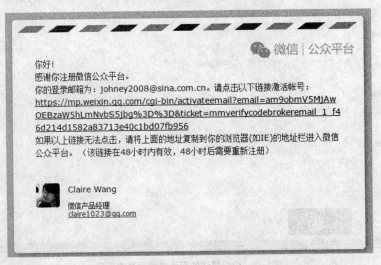

图1-5　激活微信公众平台账号的邮件

单击邮件中的超链接，打开注册公众号的第 3 步——"选择类型"页面，如图 1-6 所示。

可以选择注册订阅号、服务号或企业号。这里以适用于个人申请的订阅号为例。单击订阅号下面的"选择并继续"超链接，弹出如图1-7所示的确认对话框。

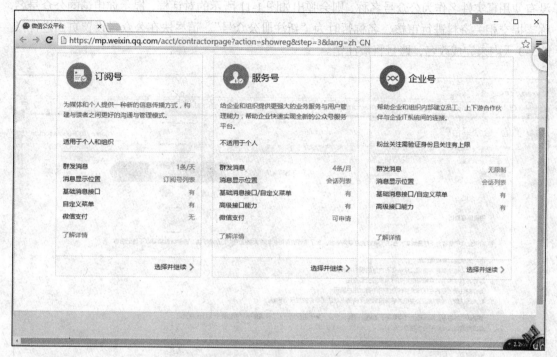

图1-6　选择注册公众号的类型

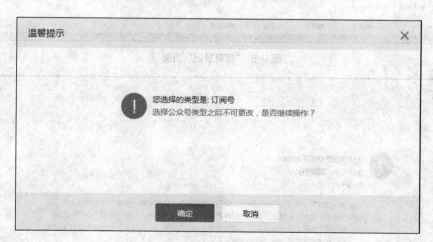

图1-7　确认注册订阅号

单击"确定"按钮，打开"信息登记"页面，如图1-8所示。选择"个人"，然后输入姓名和身份证号码。为了验证身份，需要用绑定了运营者本人银行卡的微信扫描网页中的二维码。身份验证成功后，你将作为该公众号的运营者。然后输入运营者的手机，并输入获取的验证码，然后单击"继续"按钮，将会弹出如图1-9所示的确认对话框。

主体信息提交后不可修改，单击"确定"按钮，会打开填写公众号信息页面，如图1-10

所示。

　　填写账号名称、功能介绍，并选择运营国家和地区后，单击"完成"按钮完成注册。如果没有使用真实姓名作为公众号名称，则会弹出如图 1-11 所示的对话框，提示你申请的公众号名称需提交相关资料进行审核，名称暂时为"新注册公众号"。请尽快在公众号设置页面进行修改，3 天内未完成改名，账号将被注销。

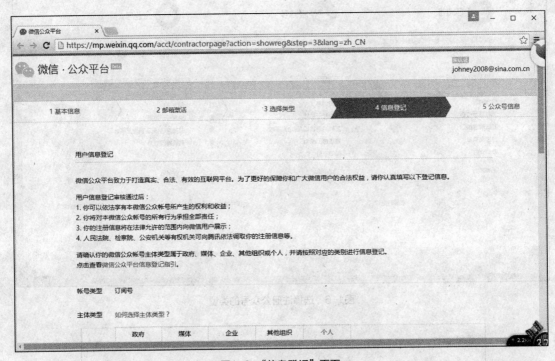

图1-8　"信息登记"页面

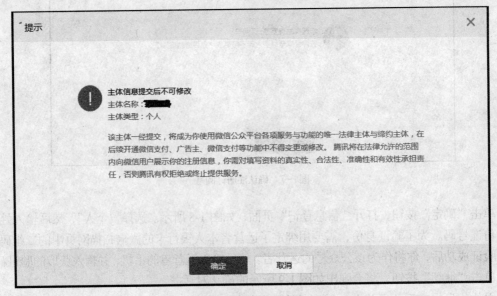

图1-9　确认注册主体

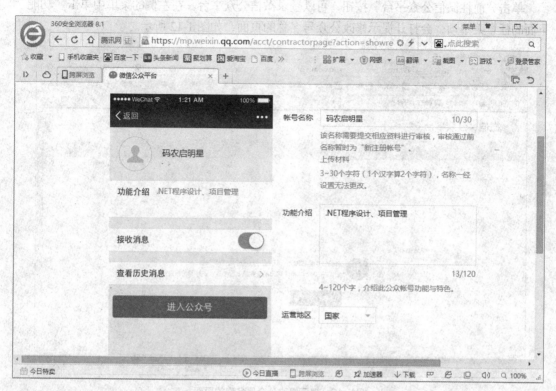

图1-10 填写公众号信息页面

图1-11 提示修改公众号名称

单击"前往微信公众平台"按钮，可以登录微信公众平台。在左侧的菜单中单击"功能"下面的任意菜单项，会打开提示修改公众号名称的页面，如图1-12所示。

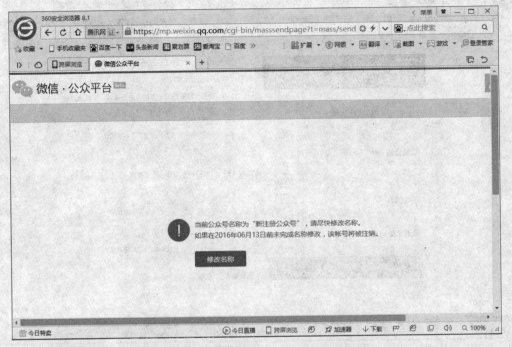

图1-12　提示修改公众号名称的页面

单击"修改名称"按钮，打开公众号设置页面，如图1-13所示。

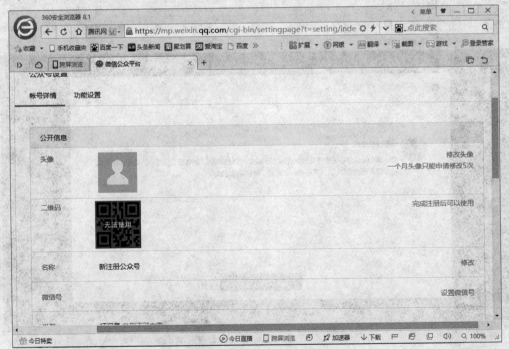

图1-13　提示修改公众号名称的页面

单击名称后面的"修改"超链接,打开"修改名称协议"页面,如图1-14所示。第一步是同意协议,单击"同意并进入下一步"按钮,打开修改名称页面,如图1-15所示。填写名称后,单击"下一步"按钮,打开确定修改页面,如图1-16所示。建议使用注册者的真实姓名作为公众号名称。

图1-14 "修改名称协议"页面

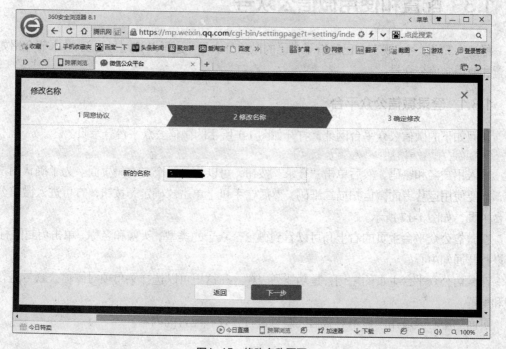

图1-15 修改名称页面

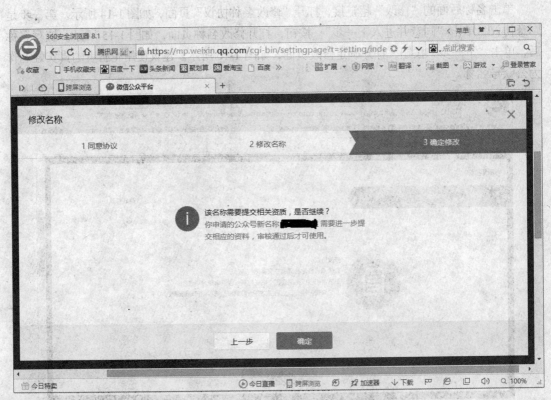

图1-16 确定修改页面

1.3 配置和使用微信公众号

经过1.2的学习,现在你已经有了自己的微信公众号(这里以订阅号为例)。本节介绍如何配置和使用微信公众号。

1.3.1 登录微信公众平台

访问如下的微信公众平台网址,打开如图1-1所示的微信公众平台登录页。
https://mp.weixin.qq.com/

输入用户名和密码,然后单击"登录"按钮,可以打开一个二维码页面。为了确认用户身份,需要使用运营者的微信扫描二维码,然后在手机上单击"确定"按钮,方可进入微信公众平台主页,如图1-17所示。

在微信公众平台主页的右上角可以看到微信公众号的类型、头像和名称。单击信封图标可以打开通知中心。

在微信公众平台主页的左侧,是功能列表栏。在这里可以选择菜单项对微信公众号进行管理和配置。

页面的中心区域用于显示对微信公众号进行管理和配置的内容。

图1-17 微信公众平台主页

1.3.2 设置微信公众平台

在微信公众平台主页的左侧功能列表栏中的"设置"栏目里面，可以对微信公众平台的各种参数进行设置，包括公众号设置、微信认证、安全中心、违规记录等。

在"设置"栏目里选择"公众号设置"，可以打开设置公众号参数和功能的页面，如图1-18所示。

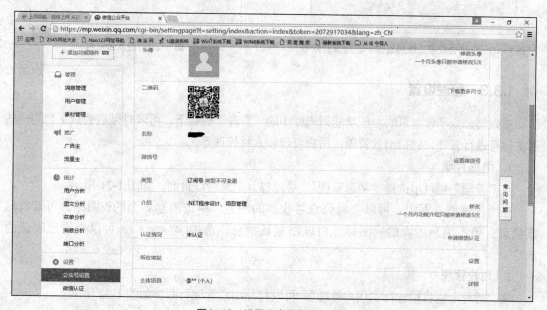

图1-18 设置公众号参数和功能

公众号设置分为账号详情和功能设置2大类，默认选中"账号详情"分类。在此分类中可以设置名称、微信号、介绍、所在地址、登录邮箱等参数，也可以下载公众号二维码，申请微信认证等。在微信中扫描公众号二维码，可以关注该公众号。如果已经关注该公众号，则会打开如图1-19所示的界面，提示访问该公众号。单击"进入公众号"按钮，可以进入公众号，微信会自动发送默认的回复消息，如图1-20所示。

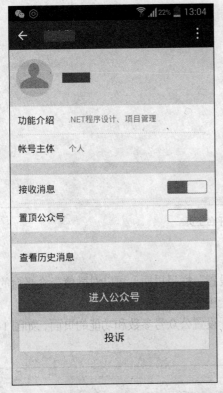

图1-19　扫描公众号二维码后提示访问该公众号

图1-20　进入公众号

1.3.3　管理设置

在微信公众平台主页的左侧功能列表栏中的"管理"栏目下，可以对微信公众平台的一些基本信息进行管理，包括消息管理、用户管理和素材管理等。

1. 消息管理

在"管理"栏目里选择"消息管理"，可以打开消息管理页面，如图1-21所示。

在消息管理页面中，可以查看公众号收到的消息。单击消息后面的★图标，可以收藏该消息；单击消息后面的↩图标，可以回复该消息。选中 已收藏的消息 ，可以查看已收藏的消息。

2. 用户管理

在"管理"栏目里选择"用户管理"，可以打开用户管理页面，如图1-22所示。

图1-21　消息管理页面

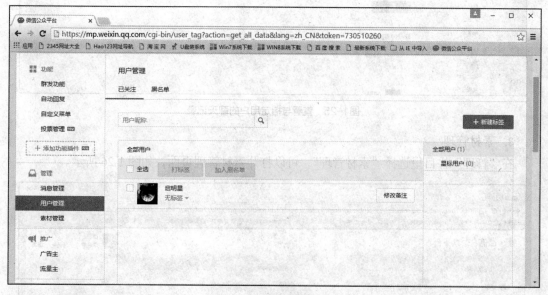

图1-22　用户管理页面

在用户管理页面中，可以查看所有关注该公众号的用户。选中用户前面的复选框，单击"打标签"按钮，可以弹出如图 1-23 所示的对话框，为此用户设置一个标签。选中用户前面的复选框，单击"加入黑名单"按钮，可以弹出如图 1-24 所示的对话框，将此用户加入黑名单。注意，加入黑名单后，你将无法接收该用户发来的消息，且该用户无法接收公众号发出的消息，无法参与留言和赞赏。请慎重操作。

单击一个用户，可以打开如图 1-25 所示的页面查看与该用户的聊天记录，也可以在此处给该用户留言。

图1-23 为用户设置一个标签

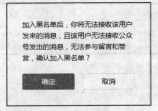
图1-24 将用户加入黑名单

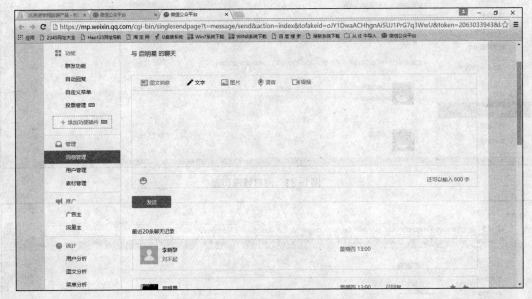
图1-25 查看与指定用户的聊天记录

3. 素材管理

在"管理"栏目里选择"素材管理",可以打开素材管理页面,如图1-26所示。

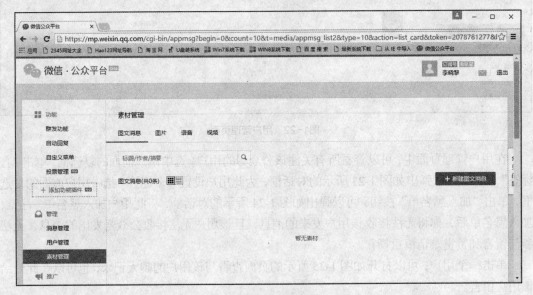
图1-26 素材管理页面

素材包括图文消息、图片、语音、视频等。在发送和回复消息时，可以用到这些素材，所以应该提前做好准备。

在素材管理页面中单击"图片"按钮，可以查看该公众号的所有上传的图片。选中图片下面的复选框，单击"删除"按钮，可以删除图片。选中用户前面的复选框，单击"移动分组"按钮，可以先设置图片的分组。单击"本地上传"按钮，可以上传图片。

管理语音和视频素材的方法与管理图片的方法类似。

单击"图文消息"按钮，可以查看公众号所有制作完成的图文消息，单击"新建图文消息"按钮，可以打开新建图文消息的网页，如图1-27所示。

首先需要录入标题和作者，然后录入正文部分。可以使用网页上部的编辑工具条设置正文部分的字体、颜色、对齐方式等样式。在网页右侧的多媒体功能区里单击"图片""视频""音乐""音频"和"投票"等按钮，可以在正文中添加相应的多媒体。

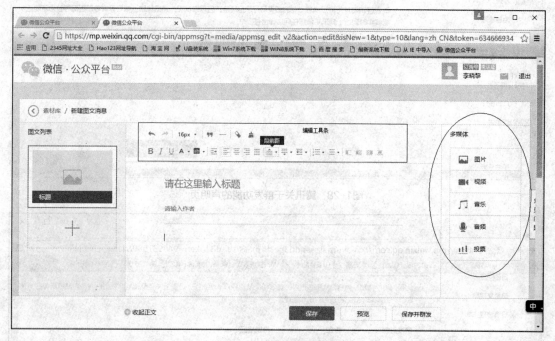

图1-27 新建图文消息

1.3.4 功能设置

在微信公众平台主页的左侧功能列表栏中的"功能"栏目下，可以对微信公众平台的群发、自动回复、自定义菜单和投票等功能进行管理。

1. 群发功能

在"功能"栏目里选择"群发功能"，如果之前未开启群发功能，则会打开腾讯公司关于群发功能的声明页，如图1-28所示。概括讲就是运营者要对群发消息负责，腾讯公司不承担连带责任，而且保留取消群发功能的权利。

要想开通群发消息功能，单击"同意以上声明"按钮，即可打开"群发消息"页面，如图1-29所示。

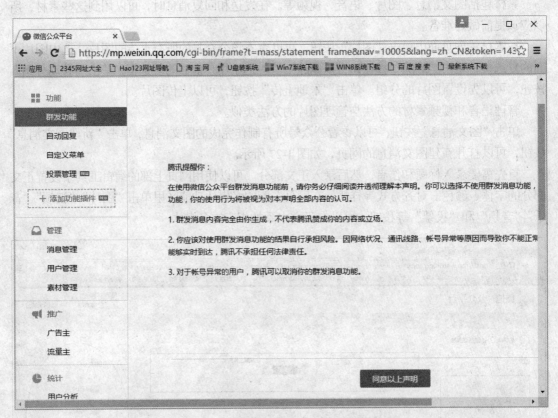

图1-28 腾讯关于群发功能的声明页

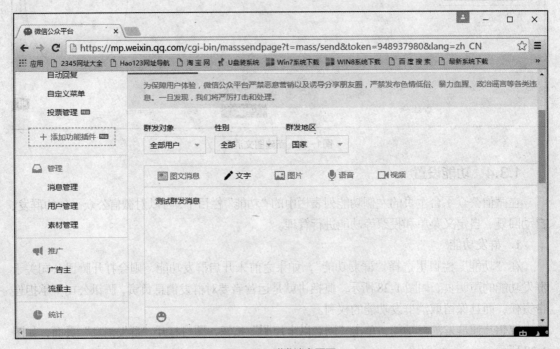

图1-29 群发消息页面

可以按性别和地区筛选群发对象。可以群发图文消息、文字消息、图片消息和视频消息。这里以群发"文字消息"为例。选中 ✎文字 ，然后在下面的文本框里输入"测试群发消息"，再单击"群发"按钮发出。发出前，需要使用运营者的扫描出现的二维码，确认群发消息，注意，订阅号每天只能群发 1 条消息。

2. 自动回复

在"功能"栏目里选择"自动回复"，可以打开自动回复页面，如图 1-30 所示。

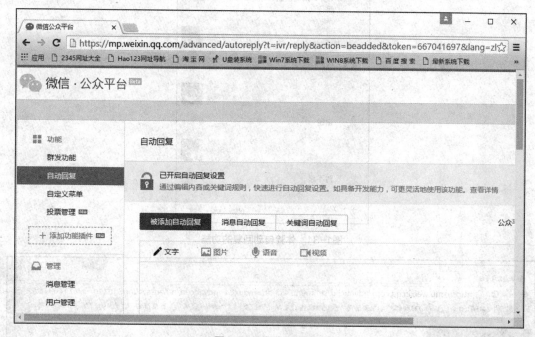

图 1-30　自动回复页面

可以设置在下面 3 种情况下的自动回复。

（1）被添加时。

（2）收到所有消息时。

（3）收到指定的关键词时。

这里假定将消息自动回复设置为"测试自动回复，1-回复你好，2-回复谢谢，3-回复对不起"。然后切换到"关键词回复"栏目，添加关键词"1"，自动回复"你好"；添加关键词"2"，自动回复"谢谢"；添加关键词"3"，自动回复"对不起"。

设置完成后访问公众号，首先留言"hello"，然后再依次留言"1""2"和"3"，可以体验自动回复的功能，如图 1-31 所示。

3. 自定义菜单

在"功能"栏目里选择"自定义菜单"，可以打开设置自定义菜单页面，如图 1-32 所示。

在屏幕底部，可以水平摆放 3 个菜单项。每个菜单项里面最多可以摆放 5 个垂直的子菜单项。单击子菜单项时可以选择回复图文消息，也可以选择跳转到指定的网页。不过，只有通过认证的公众号才可以指定跳转网页的 URL，未经认证只能指定图文消息。为了演示设置自定义菜单的功能，首先创建下面的图文消息。

图1-31　体验自动回复的功能

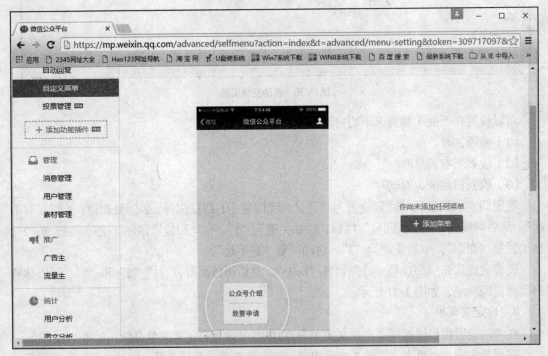

图1-32　自定义菜单页面

（1）C# .net。
（2）Python。

(3) PHP。
(4) SQL Server。
(5) MySQL。
(6) 什么是微信。
(7) 微信公众平台。

单击"添加菜单"按钮,可以添加水平菜单项。选中一个水平菜单项,可以弹出它的垂直子菜单,如图1-33所示。

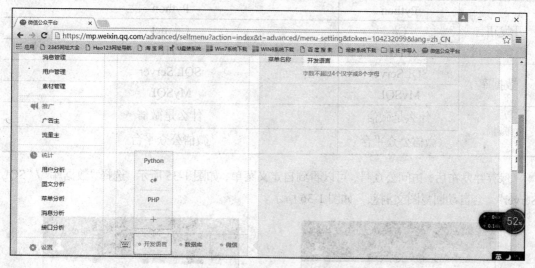

图1-33　编辑自定义菜单项

单击"+"按钮可以添加一个子菜单。选中一个子菜单可以打开编辑子菜单属性的页面,如图1-34所示。

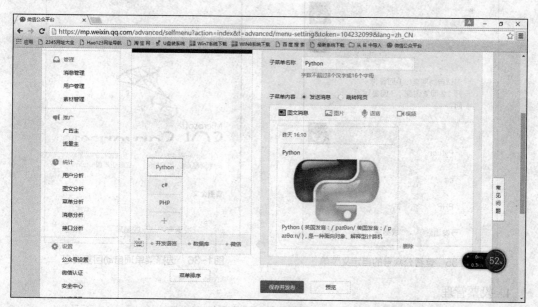

图1-34　编辑子菜单属性

首先填写子菜单名称，然后选择子菜单内容（发送消息或跳转网页），如果选择发送消息，则可以从素材库中选择一个图文消息（或者是图片、语音、视频）。设置完成后，单击"保存并发布"按钮。

参照表 1-2 设置自定义菜单。

表 1–2　设置自定义菜单

水平菜单项	垂直子菜单项	对应的图文消息
开发语言	Python	Python
	C#	C# .net
	PHP	PHP
数据库	SQLServer	SQL Server
	MySQL	MySQL
微信	什么是微信	什么是微信
	微信公众平台	微信公众平台

保存并发布后，访问公众号，可以看到自定义菜单，如图 1-35 所示。选择"数据库"/"SQL Server"，会自动回复图文消息，如图 1-36 所示。

图1-35　查看公众号的自定义菜单

图1-36　选择菜单项自动回复消息

4. 投票管理

在"功能"栏目里选择"投票"，可以打开设置投票管理页面，如图 1-37 所示。

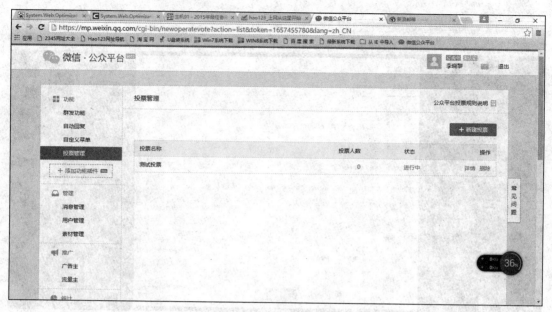

图1-37 投票管理页面

单击"新建投票"按钮，可以打开新建投票页面，如图1-38所示。

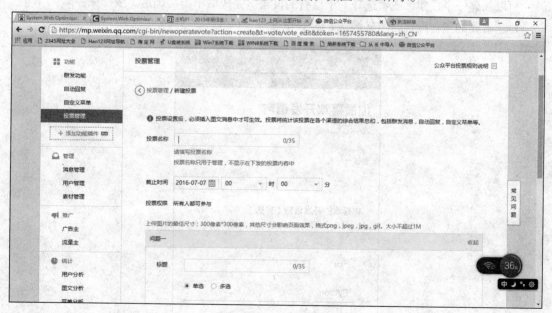

图1-38 新建投票页面

在网页中填写投票名称、截止时间、投票权限等内容。每个投票可以设置多个问题，每个问题可以有多个选项。设置完成后，单击"完成"按钮保存。

可以在图文消息中插入投票，然后发送给粉丝，让他们参与投票。在编辑图文消息页面中，单击右侧的多媒体功能区中的"投票"超链接，可以弹出"发起投票"对话框，如图1-39所示。

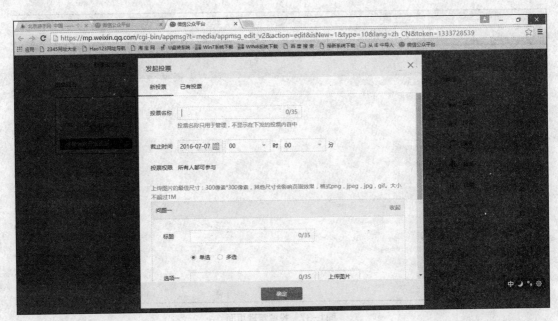

图1-39 "发起投票"对话框

可以新建一个投票，或者选择一个已有的投票。完成后单击"确定"按钮保存。

粉丝看到的包含投票的图文消息如图1-40所示。

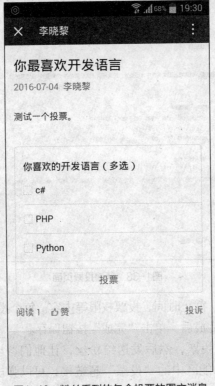

图1-40 粉丝看到的包含投票的图文消息

1.4 微信公众平台的开发模式和开发流程

微信公众平台提供了前端开发和后端开发 2 种开发模式,每种开发模式所使用的语言和开发流程各不相同。

1.4.1 Web应用程序的开发模式

1. C/S 架构应用程序

在 Web 应用程序出现之前,"客户机/服务器"(C/S)是应用程序的主流架构。C/S 架构应用程序的工作原理如图 1-41 所示。

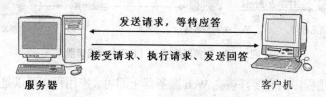

图1-41 C/S架构应用程序的工作原理

C/S 架构应用程序的特点是客户机通过发送一条消息或一个操作来启动与服务器之间的交互,而服务器通过返回消息进行响应。客户端程序为用户提供管理和操作界面,而数据通常保存在服务器端。在部署 C/S 架构的应用程序时,需要为每个用户安装客户端程序,升级应用程序时也同样需要升级客户端程序。这无疑增加了维护成本。典型的客户机/服务器网络模型就是支持多用户的数据库管理系统。

客户机/服务器结构把整个任务划分为客户机上的任务和服务器上的任务。下面以数据库管理系统为例说明。

客户机必须安装操作系统和必要的客户端应用软件,客户机上的任务主要如下。
- 建立和断开与服务器的连接。
- 提交数据访问请求。
- 等待服务通告,接受请求结果或错误。
- 处理数据库访问结果或错误,包括重发请求和终止请求。
- 提供应用程序的友好用户界面。
- 数据输入/输出及验证。

同样,服务器也必须安装操作系统和必要的服务器端应用软件,服务器上的任务主要如下。
- 为多用户管理一个独立的数据库。
- 管理和处理接收到的数据访问请求,包括管理请求队列、管理缓存、响应服务、管理结果和通知服务完成等。
- 管理用户账号、控制数据库访问权限和其他安全性。
- 维护数据库,包括数据库备份和恢复等。
- 保证数据库数据的完整或为客户提供完整性控制手段。

在 C/S 网络模型中,客户端和服务器都需要安装相应的应用程序,而且不同的应用程序需要安装不同的客户端程序,系统部署的工作量很大。

2. B/S 架构应用程序

1990 年,欧洲原子物理研究所的英国科学家 Tim Berners-Lee 发明了 WWW(World Wide Web)。通过 Web,用户可以在一个网页里比较直观地表示出互联网上的资源。因此,TimBerners-Lee 被称为互联网之父。

随着互联网的应用和推广,浏览器/服务器(B/S)网络模型诞生了,其工作原理如图 1-42 所示。

图1-42 浏览器/服务器(B/S)网络模型

B/S 结构的应用程序只需要部署在 Web 服务器上即可,应用程序可以是 HTML(HTM)文件或 ASP、PHP 等脚本文件。用户只需要安装 Web 浏览器就可以浏览所有网站的内容。这无疑比 C/S 结构应用程序要方便得多。

采用 B/S 网络模型开发的应用程序被称为 Web 应用程序,Web 应用程序使用 Web 文档(网页)来表现用户界面,而 Web 文档都遵循标准 HTML 格式(包括 2000 年推出的 XHTML 标准格式)。因为所有 Web 文档都遵循标准化的格式,所以在客户端可以使用不同类型的 Web 浏览器查看网页内容。只要用户选择安装一种 Web 浏览器,就可以查看所有 Web 文档,从而解决了为不同应用程序安装不同客户端程序的问题。

Web 应用程序只部署在服务器端。用户在客户端使用浏览器浏览服务器上的页面。客户端与服务器之间使用超文本传输协议(HTTP)进行通信。早期的 Web 服务器只能简单地响应浏览器发送过来的 HTTP 请求,并将存储在服务器上的 HTML 文件返回给浏览器。客户端只接收到经过服务器端处理的静态网页。

静态页面和动态页面并不是指页面的内容是静止的还是动态的视频或画面。静态页面指页面的内容在设计时就固定在页面的编码中,而动态页面则可以从数据库或文件中动态读取数据,并显示在页面中。以网上商场系统为例,如果使用静态页面浏览商品的信息,则只能在设计时为每个商品设计一个页面,新增商品,就需要新增对应的页面;如果使用动态页面浏览商品的信息,则可以使用一个页面显示各种商品的详细信息,页面中的程序根据商品编号从数据库中读取商品,然后显示在页面中。

Web 应用程序产生之初,Web 页面都是静态的,用户可以通过单击超链接等方式与服务器进行交互,访问不同的网页。

最早能够动态生成 HTML 页面的技术是 CGI(Common Gateway Interface)。1993 年,NCSA (National Center for Supercomputing Applications)提出了 CGI 1.0 的标准草案;1995 年,NCSA 开始制定 CGI 1.1 标准;1997 年,CGI 1.2 也被纳入了议事日程。CGI 技术允许服务端的应用程序根据客户端的请求,动态生成 HTML 页面,这样客户端就可以和服务端实现动态信息交换了。早期的 CGI 程序大多是编译后的可执行程序,其编程语言可以是 C、C++、Pascal 等任何通用的程序设计语言，也可以是 Perl 和 Python 等脚本语言。

1994 年，Rasmus Lerdorf 发明了专门用于 Web 服务端编程的 PHP（Hypertext Preprocessor）语言。与以往的 CGI 程序不同，PHP 语言将 HTML 代码和 PHP 指令结合成为完整的服务端动态页面，程序员可以以一种更加简便、快捷的方式实现动态 Web 功能。

1995 年，Netscape 公司推出了一种在客户端（也称为前端）运行的脚本语言——JavaScript。它可以在 HTML 语言中嵌入 JavaScript 程序，给 HTML 网页添加动态功能，例如，响应用户的各种操作等。

1996 年，Macromedia 公司推出了 Flash，它是一种矢量动画播放器。它可以作为插件添加到浏览器中，从而在网页中显示动画。

同样在 1996 年，Microsoft 公司推出了 ASP 1.0。这是 Microsoft 公司推出的第 1 个服务器端脚本语言，使用 ASP 可以生成动态的、交互式的网页。从 Windows NT 4.0 开始，所有的 Windows 服务器产品都提供 IIS（Internet Information Services）组件，它可以提供对 ASP 语言的支持。使用 ASP 可以开发服务器端 Web 应用程序。

1997～1998 年，Servlet 技术和 JSP 技术相继问世，这两者的组合（还可以加上 JavaBean 技术）让 Java 开发者同时拥有了类似 CGI 程序的集中处理功能和类似 PHP 的 HTML 嵌入功能。此外，Java 的运行时编译技术也大大提高了 Servlet 和 JSP 的执行效率。

2002 年，Microsoft 正式发布 .NET Framework 和 Visual Studio .NET 开发环境。它引入了 ASP.NET 这样一种全新的 Web 开发技术。ASP.NET 可以使用 VB.NET、C#等编译型语言，支持 Web Form、.NET Server Control、ADO.NET 等高级特性。

1.4.2　Web 应用程序的基本开发流程

在完成需求分析和总体设计的情况下，开发 Web 应用程序的基本流程如图 1-43 所示。

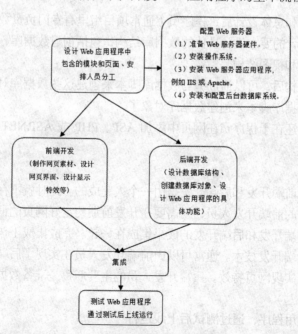

图 1-43　开发 Web 应用程序的基本流程

1. 设计 Web 应用程序中包含的模块和页面

在开始开发 Web 应用程序之前，应由项目经理将 Web 应用程序划分成若干模块，并定义每个模块包含的页面以及模块间的接口。这是项目组成员分工合作的前提。

2. 配置 Web 服务器

运行 Web 应用程序需要一个载体，即 Web 服务器。一个 Web 服务器可以放置多个 Web 应用程序，也可以把 Web 服务器称为 Web 站点。

通常服务器有两层含义，一方面它代表计算机硬件设备，用来安装操作系统和其他应用软件；另一方面它又代表安装在硬件服务器上的相关软件。

要配置 Web 应用程序，首先需要准备一台硬件服务器，如果没有特殊需要，选择普通的 PC 服务器即可。PC 服务器的组件与普通计算机相似，只是 PC 服务器比普通计算机拥有更高的性能和更好的稳定性。在开发和测试阶段，或者比较小的网络环境下，也可以使用普通计算机作为 Web 服务器。

Web 服务器应用程序可以响应用户通过浏览器提交的请求。常用的 Web 服务器应用程序包括 IIS 和 Apache 等。

数据库服务器用来存储网站中的数据。例如，注册用户的信息、用户发帖的信息等。常用的数据库产品包括 SQL Server、Access、Oracle 和 MySQL 等。

3. 前端开发

通常需要根据总体设计文档将每个功能模块划分成若干个网页文件；前端开发的主要任务是设计网页的架构、显示风格、特效和一些客户端功能。通常由美工设计网页中需要使用的图片和 flash 等资源，再使用 DreamWeaver 设计网页的界面，包括网页的基本框架和网页中的静态元素。例如，表格、静态图像和静态文本等，然后使用 JavaScript 程序实现网页特效和客户端功能。

4. 后端开发

在完成需求分析和总体设计后，程序员（通常项目组里有专门负责数据库管理和编程的人员）需要根据总体设计的要求设计具体的数据库结构，包括创建数据库、决定数据库中包含哪些表和视图、设计表和视图结构等。

在设计数据库结构后，可以通过编写数据库脚本来创建这些数据库对象。在安装应用程序时就可以执行这些数据库脚本来创建数据库对象了。

后端开发的重点还在于程序员在网页中添加 ASP、PHP 或 ASP.NET 代码，访问数据库、完成网页的具体功能。

5. 集成

在很多情况下，前端开发和后端开发是由一个人完成的。此时就不存在前端和后端的集成问题了。如果有专门的前端开发人员，则需要在开发前期约定好网页的框架和数据接口，然后分别开发，最后将前端开发和后端开发的成果集成在一起。完成集成工作的程序员需要同时熟悉前端开发技术和后端开发技术。通常可以由前端开发人员在实现了后端开发功能的网页中添加前端开发的代码，实现网页特效。后端开发人员的主要职责是准备数据，前端开发人员的主要职责是界面显示。

6. 测试 Web 应用程序，通过测试后上线运行

在 Web 应用程序开发完成后，需要测试其具体功能的实现情况。在通过测试达到实际应用

的需求后，可以将 Web 应用程序部署到 Web 服务器上。通常需要准备一个备份 Web 服务器，以便实现数据备份，并且在增加新功能时提供测试环境。

1.4.3 微信公众平台的前端开发模式

1. 什么是 Web 前端开发

Web 前端开发是近几年才真正开始受到重视的一个新兴领域，所谓 Web 前端开发，从字面理解，就是设计前端用户浏览的界面。说到这儿，可能有的读者会联想到美工。事实上 Web 前端开发工程师的前身就是美工，在 Web 1.0 时代，网站多由 HTML 文件组成，Web 前端开发工程师的主要工作就是设计静态网页，他们使用的工具多为 DreamWeaver 和 Photoshop。随着 Web 2.0 和 Web 3.0 时代的到来，静态网页设计已经不是 Web 前端开发工程师的主要工作了。Web 应用程序越来越向桌面软件靠拢，使用 JavaScript 语言开发动态网页已经是 Web 前端开发的重要组成部分。

2. Web 前端开发的要素

Web 前端开发技术包括下面 3 个要素。

（1）HTML：Hypertext Markup Language 的缩写，即超文本标记语言，是用于描述网页文档的一种标记语言。因此，了解 HTML 是 Web 前端开发工程师的基本技能。

HTML 的最新版本是 HTML5。尽管到目前为止 HTML5 还只是草案，离真正的规范还有相当的一段路要走，但 HTML5 还是引起了业内的广泛兴趣，Google Chrome、Firefox、Opera、Safari 等主流浏览器都已经支持 HTML5 技术。HTML5 无疑会成为未来 10 年最热门的互联网技术。

（2）CSS：CSS 是 Cascading Style Sheet（层叠样式表）的缩写，是一种能使网页格式化的标准。它可以扩展 HTML 的功能，重新定义 HTML 元素的显示方式。CSS 所能改变的属性包括字体、文字间的空间、列表、颜色、背景、页边距和位置等。使用 CSS 的好处在于用户只需要一次性定义文字的显示样式，就可以在各个网页中统一使用了，这样既避免了用户的重复劳动，也可以使系统的界面风格统一。

CSS 的最新版本是 CSS3，使用 CSS3 可以定义活泼、新颖的网页界面。

（3）JavaScript：除了 JavaScript 的基本语法外，Web 前端开发工程师还应该了解 AJAX 和 jQuery 等相关热门技术。

3. 微信公众平台前端开发技术

腾讯公司为微信提供了充分的前端技术支持，包括一个与微信原生视觉体验一致的基础样式库 WeUI、一个基于微信内的网页开发工具包 JS-SDK 和微信浏览器私有接口 WeixinJSBridge。使用它们可以开发出与微信紧密结合的、独特的手机网页。本书将在第 10 章介绍微信前端开发技术的具体情况。

1.4.4 微信公众平台的后端开发模式

后端开发是相对于前端开发而言的。前端程序运行在客户端的浏览器，而后端程序则运行于 Web 服务器。比较流行的开发后端程序的语言包括 Java、PHP、ASP.NET 和 Python 等。本书内容是基于 ASP.NET 的。后端程序的主要任务是为前端程序提供数据以及提供一些数据设置功能。

腾讯公司为微信设计了很多开发接口，每个开发接口实际上就是一个URL。开发者可以通过GET方式访问开发接口获取微信公众号的相关消息，也可以通过POST方式将数据提交到开发接口，从而实现对微信公众号的相关配置（例如对某些数据的增、删、改）。如果使用GET方式，则按下提交按钮时浏览器会立即传送表单数据；如果使用POST方式，则浏览器会等待服务器来读取数据。使用GET方法的效率较高，但传递的信息量仅为2K，而POST方法没有此限制，所以通常使用POST方法向服务器提交数据。

公众号的粉丝可以直接向公众号发送消息，也可以通过微信访问公众号的菜单打开部署在Web服务器上的网页。

微信公众号应用程序的工作原理如图1-44所示。

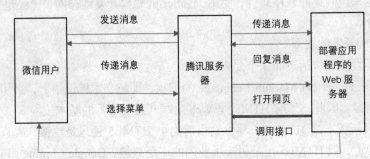

图1-44 微信公众号应用程序的工作原理

1.4.5 开发者与微信公众平台之间的数据交互方式

开发者在调用开发接口时，可以向开发接口提交数据，也会收到微信公众平台返回的数据。

1. 向开发接口提交数据

通常可以通过下面两种方式向开发接口提交数据。

（1）在URL中带参数。例如，大多数开发接口都需要在URL中带上access_token，代码如下。

```
https://api.weixin.qq.com/cgi-bin/xxxxxxx?access_token=ACCESS_TOKEN
```

（2）将特定格式的数据以POST形式提交至开发接口。提交的数据通常是JSON格式或XML格式的字符串。

JSON是JavaScript Object Notation的缩写，是一种轻量级的数据交换格式。JSON字符串具有如下特点。

- 以键值对的形式表示数据。键是数据的名字，包含在双引号中，值跟在键的后面。键和值之间以冒号分隔。
- 数据以逗号分隔。
- 使用花括号{}保存对象。
- 使用方括号[]保存数组。

例如，下面的JSON字符串包含两个数据。一个名为errcode，值为0；另一个名为errmsg，值为"ok"。
```
{"errcode":0,"errmsg":"ok"}
```

2. 接收微信公众平台发送的数据

微信公众平台会在以下情况下向开发者发送数据。

（1）当开发者调用某些开发接口时。

（2）当微信公众收到消息后，会将消息封装成 XML 字符串，然后按照配置将 XML 字符串以 POST 方式发送给开发者。XML 是一种标记语言，它是可扩展的，使用者可以创建自定义元素以满足创作需要。关于 XML 字符串的具体情况将在第 5 章中介绍。

1.4.6 本书实例的开发模式

本书实例采用 ASP.NET MVC 开发模式，关于 MVC 开发模式将在 2.1.1 介绍。在 MVC 开发模式中，V 代表视图，用于实现前端开发；C 代表控制器，用于后端开发。在本书实例中通常在视图中通过 WebUI、JS-SDK 或 WeixinJSBridge 设计微信网页，在控制器中通过调用开发接口与微信公众平台通信，具体如图 1-45 所示。关于本书实例的具体情况将在第 3 章中介绍。

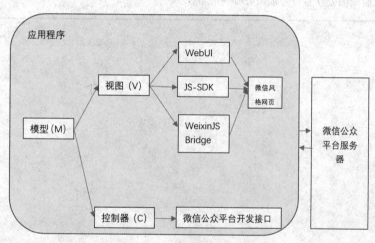

图1-45 本书实例的开发模式

习 题

一、选择题

1.（　　）群发频率更高一些，但是消息显示在文件夹中，而不是直接显示在好友对话列表中。
　　A. 订阅号　　　B. 服务号　　　C. 企业号　　　D. 公众号

2. 每天可以群发1条消息的微信公众号是（　　）。
　　A. 订阅号　　　B. 服务号　　　C. 企业号　　　D. 以上都是

3. 具备9大高级接口的微信公众号是（　　）。
　　A. 认证订阅号　B. 认证服务号　C. 认证企业号　D. 以上都是

4. 可以发送保密消息的微信公众号是（　　）。
   A. 订阅号　　　　B. 服务号　　　　C. 企业号　　　　D. 以上都是

二、填空题

1. 公众号分为 __【1】__、__【2】__ 和 __【3】__ 3种类型，个人只能申请 __【4】__，企业则3种都可以申请。

2. 登录微信公众平台后，在"管理"栏目里选择"素材管理"，可以打开素材管理页面。素材包括 __【5】__、__【6】__、__【7】__、__【8】__ 等。

3. 可以设置公众号在 __【9】__、__【10】__、__【11】__ 3种情况下的自动回复。

4. 在屏幕底部，可以水平摆放 __【12】__ 个菜单项。每个菜单项里面最多可以摆放 __【13】__ 个垂直的子菜单项。

三、简答题

1. 试述什么是微信企业号。
2. 个人注册微信公众号，必须做好哪些准备？

02 ASP.NET MVC 开发基础

MVC 是一种软件设计典范,它用一种业务逻辑、数据、界面显示分离的方法组织代码。ASP.NET MVC 是微软公司发布的开发 Web 应用程序的框架。本章介绍使用 ASP.NET MVC 开发 Web 应用程序的基本方法,为开发微信应用奠定基础。本书实例都采用 ASP.NET MVC 开发模式。

2.1 ASP.NET MVC开发模式概述

本节首先简要介绍 ASP.NET MVC 开发模式的基本情况，并将其与曾经很流行的 WebForm 开发模式进行对比，使读者在开始学习之前初步了解 MVC 开发模式。

2.1.1 MVC 开发模式

MVC 是 Model View Controller 的缩写，即模型—视图—控制器。MVC 开发模式是目前很流行的开发 Web 应用程序的模式，具体说明如下。
- Model（模型）：指数据模型，例如数据库记录。通常模型对象负责在数据库中存取数据。
- View（视图）：是应用程序中处理数据显示的部分。
- Controller（控制器）：处理数据，通常负责从视图读取数据，控制用户输入，并向模型发送数据。

MVC 分层有助于管理复杂的应用程序，因为采用 MVC 开发模式，程序员只需要关注应用程序一个方面。例如不考虑业务逻辑，而专注于界面设计。这个特点也有利于开发团队分工协作。

MVC 开发模式的工作流程如图 2-1 所示。

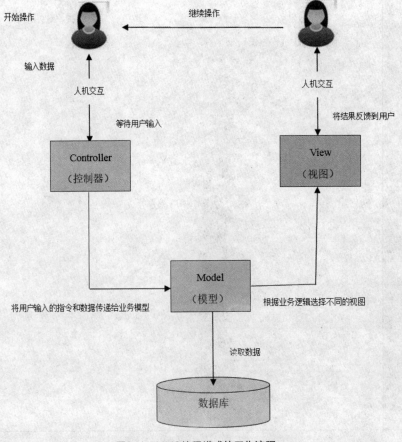

图2-1　MVC编程模式的工作流程

2.1.2 WebForm和ASP.NET MVC的对比

在 ASP.NET MVC 之前，WebForm 曾经是非常流行的开发 Web 应用程序的方法。WebForm 将用户界面（UI）与后端业务逻辑代码（code-Behind）结合在一起。UI 页面对应的文件扩展名为.aspx，后端业务逻辑代码的文件扩展名为.aspx.cs。一个 Web 页面（也叫作 Web 窗体或 WebForm）就是由一个.aspx 文件和一个同名的.aspx.cs 组成的。例如，Web 窗体 Default 由 Default.aspx 和 Default.aspx.cs 组成。

可以使用 Visual Studio 作为 WebForm 应用程序的开发集成环境（IDE）。程序员可以在设计界面里向 Web 窗体拖动控件，可视化的排版网页布局，然后在.aspx.cs 中编写后端代码，对这些前端控件进行控制和操作。因此，这种开发模式对程序员来说很友好、很方便。

然而，凡事有利必有弊，WebForm 应用程序有一个致命的缺点，那就是响应速度慢。通常，同等功能的 MVC 应用程序比 WebForm 应用程序要快一倍左右。WebForm 应用程序速度慢的一个主要原因是它使用后端控件（而不是浏览器可以直接解释的 HTML 元素），Web 服务器需要将后端控件转换为 HTML 元素。而且，为了让后端代码可以及时获取和操作前端控件的值或其他属性，WebForm 应用程序需要频繁地回发（Postback），造成页面经常刷新。这些导致 WebForm 开发模式逐渐被 MVC 所取代。

MVC 抛弃了后端控件，直接使用 HTML 元素，并且将前端界面与后端代码解绑。使用视图定义用户界面，使用控制器编写后端代码，实现业务逻辑。视图和控制器之间可以互相传递数据，但不会直接在控制器中对视图进行操作，从而告别了恼人的回发现象。

2.2 初识ASP.NET MVC

本节将介绍开发 ASP.NET MVC 应用程序的基本方法，使读者初步了解 ASP.NET MVC。

2.2.1 下载Visual Studio Community 2015

Visual Studio Community 是 Microsoft 公司推出的功能完备且可扩展的免费 IDE，可用于创建面向 Windows、Android 和 iOS 应用程序以及 Web 应用程序和云服务。本书实例都是在 Visual Studio Community 2015 中使用 Visual C#语言开发的 MVC 应用程序。本节介绍下载 Visual Studio Community 2015 的方法。

访问下面的网址，可以打开 Visual Studio 的官网，如图 2-2 所示。

https://www.visualstudio.com

单击"下载 Community 2015"按钮，即可开始下载。安装 Visual Studio Community 2015 的过程很简单，根据提示操作即可。

2.2.2 创建ASP.NET MVC应用程序

运行 Visual Studio Community 2015，在起始页中单击"新建项目…"按钮，打开"新建项目"对话框，如图 2-3 所示。

图2-2　下载Visual Studio Community的页面

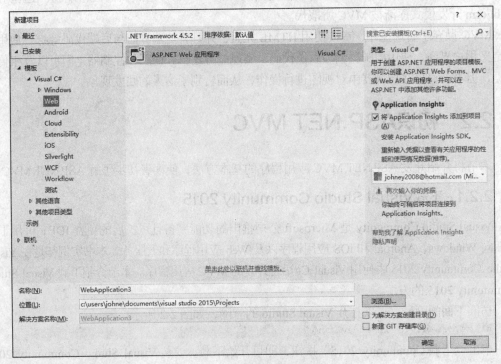

图2-3　"新建项目"对话框

在左侧的选择项目类型列表中,展开"已安装/模板/Visual C#/Web",然后选中"ASP.NET Web 应用程序",输入项目名称,并选择项目的位置,然后单击"确定"按钮,打开"选择 ASP.NET 项目"对话框,如图 2-4 所示。

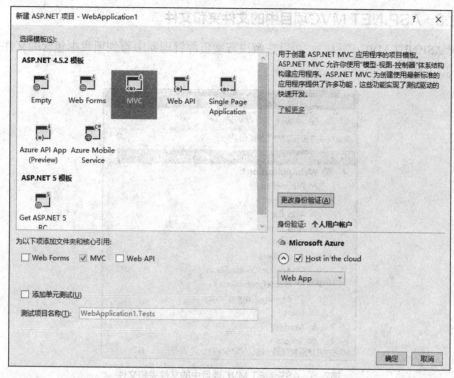

图2-4　选择ASP.NET项目

选中 MVC，然后单击"更改身份验证"按钮，选择"不进行身份验证"后单击"确定"按钮，开始创建 ASP.NET MVC 应用程序。Visual Studio 使用一个默认的模板来创建 ASP.NET MVC 应用程序，因此无需做任何事情，就有了一个简单的应用程序。单击▶按钮，运行应用程序，可以打开浏览器查看网站的首页，如图 2-5 所示。

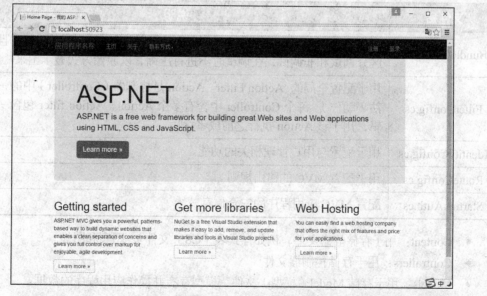

图2-5　网站的首页

2.2.3 ASP.NET MVC项目中的文件夹和文件

打开 ASP.NET MVC 项目后，可以在解决方案资源管理器中看到项目中包含的文件夹和文件，如图 2-6 所示。

图2-6　ASP.NET MVC项目中的文件夹和文件

ASP.NET MVC 项目中默认包含的文件夹如下。
- App_Data：用于存储应用程序数据。
- App_Start：用于存储文件代码，App_Start 文件夹中默认包含的文件如表 2-1 所示。

表 2-1　App_Start 文件夹中默认包含的文件

文件名	说明
BundleConfig.cs	用来将 JS 和 CSS 进行压缩（多个文件可以打包成一个文件），并且可以区分调试和非调试，在调试时不进行压缩，以原始方式显示出来
FilterConfig.cs	用于配置全局的 Action Filter。Action 是控制器（Controller）中的一个方法（动作）。每个 Controller 中含有多个 Action。Action filter 包含一些逻辑，用于该 Action 执行之前或者之后
IdentityConfig.cs	用于配置与用户管理相关的功能
RouteConfig.cs	用于配置 MVC 的路由规则
Startup.Auth.cs	配置 MVC 应用程序的安全信息

- Content：用于存储静态文件，例如样式表（CSS 文件）、图表和图像。
- Controllers：用于存储控制器文件。
- Models：用于存储 Model（模型）文件，模型存有并操作应用程序的数据。
- Scripts：用于存储应用程序的 JavaScript 文件。

- Views：用于存储应用程序的视图文件，视图文件负责设计网站的用户界面。

2.3 控制器

当用户打开浏览器，访问一个网址，浏览器会向 Web 服务器发送一个 HTTP 请求；当用户单击网页上的一个提交按钮时，浏览器同样会向 Web 服务器发送一个 HTTP 请求。在 MVC 开发模式中控制器（Controller）用于接收和处理用户的请求，根据一定的逻辑生成并发送相应界面。

在 ASP.NET MVC 项目中，控制器是一种从 System.Web.Mvc.Controller 派生的特殊的类。所有的控制器类都保存在 Controller 文件夹下，如图 2-7 所示。

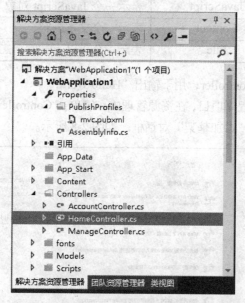

图2-7　ASP.NET MVC项目中的Controller文件夹

在控制器中有一种特殊方法，即 Action 方法。当用户在浏览器中使用 URL 访问 MVC 网站时，会转向对应的 Action 方法执行后端代码。Action 方法可以有一个对应的视图。访问 MVC 网站时的 URL 格式如下：

```
http://域名/控制器名/Action名
```

例如，可以使用下面的 URL 访问 HomeController 中的 Index()方法。

```
http://域名/Home/Index
```

 注意　控制器名中不包含Controller。

因为 HomeController 是默认的控制器，而 Index()又是默认的 Action 方法，所以，上面的 URL 可以简写为：

```
http://域名
```

每个Action方法都返回一个ActionResult对象。ActionResult类的子类如表2-2所示。

表2-2 ActionResult类的子类

子类名称	Controller辅助方法	说明
ViewResult	View	表示HTML的页面内容。可以通过return View()返回Action方法对应的视图
EmptyResult		表示空白的页面内容
RedirectResult	Redirect	表示定位到另外一个URL
JsonResult	Json	表示可以运用到AJAX程序中JSON结果
JavaScriptResult	JavaScript	表示一个JavaScript对象
ContentResult	Content	表示一个文本内容
FileResult	File	表示一个可以下载的、二进制内容的文件

【例2-1】创建一个Controller，用于输出"Hello World"。

创建一个MVC应用程序项目，在资源管理中右键单击Controller文件夹，在弹出菜单中选择"添加/控制器"，打开"添加基架"对话框，如图2-8所示。

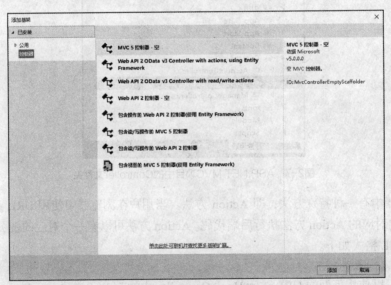

图2-8 "添加基架"对话框

选中"MVC控制器 - 空"，然后单击"添加"按钮，打开"添加控制器"对话框，如图2-9所示。

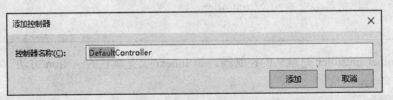

图2-9 "添加控制器"对话框

输入控制器名称,在这里输入 HelloController,通常,控制器类的名字以 Controller 结束,然后单击"添加"按钮,可以看到在 Controller 文件夹中出现了 HelloController。新建的控制器中只包含一个默认的 Action 方法 Index()方法,修改其代码如下。

```
public class HelloController : Controller
{
    // GET: Hello
    public ActionResult Index()
    {
        return Content("Hello World");
    }
}
```

Content()方法用于返回一个包含字符串的网页内容,其返回一个 ContentResult。运行项目,并在打开的浏览器中访问下面的网址。

```
http://localhost:50129/Hello
```

网页中将输出字符串"Hello World",如图 2-10 所示。

图2-10 【例2-1】的运行结果

2.4 设计视图

在 ASP.NET MVC 项目中,视图是扩展名为.cshtml 的文件,用于定义网页的显示界面。视图文件保存在 View 文件夹下。

在 cshtml 文件中,可以使用 HTML 和 CSS 代码设计网页布局和显示,也可以使用 JavaScript 语言,进行前端编程,对网页中的元素进行操作,从而实现一些动态效果。由于篇幅所限,本书不具体介绍相关内容。有兴趣的读者,可以查阅相关书籍或资料理解。

2.4.1 默认的主页视图

在创建 ASP.NET MVC 项目时,Visual Studio 会自动创建几个视图文件。包括默认的主页视图——View\Home\Index.cshtml。默认情况下,Index.cshtml 的代码如下。

```
@{
    ViewBag.Title = "Home Page";
}

<div class="jumbotron">
    <h1>ASP.NET</h1>
    <p class="lead">ASP.NET is a free web framework for building great Web sites and Web applications using HTML, CSS and JavaScript.</p>
    <p><a href="http://asp.net" class="btn btn-primary btn-lg">Learn more &raquo;</a></p>
```

```
        </div>

        <div class="row">
            <div class="col-md-4">
                <h2>Getting started</h2>
                <p>
                    ASP.NET MVC gives you a powerful, patterns-based way to build dynamic websites that
                    enables a clean separation of concerns and gives you full control over markup
                    for enjoyable, agile development.
                </p>
                <p><a class="btn btn-default" href="http://go.microsoft.com/fwlink/?LinkId=301865">Learn more &raquo;</a></p>
            </div>
            <div class="col-md-4">
                <h2>Get more libraries</h2>
                <p>NuGet is a free Visual Studio extension that makes it easy to add, remove, and update libraries and tools in Visual Studio projects.</p>
                <p><a class="btn btn-default" href="http://go.microsoft.com/fwlink/?LinkId=301866">Learn more &raquo;</a></p>
            </div>
            <div class="col-md-4">
                <h2>Web Hosting</h2>
                <p>You can easily find a web hosting company that offers the right mix of features and price for your applications.</p>
                <p><a class="btn btn-default" href="http://go.microsoft.com/fwlink/?LinkId=301867">Learn more &raquo;</a></p>
            </div>
        </div>
```

@{ ... }中用于封装 Razor 代码。Razor 是一种简单的编程语法，用于在网页中嵌入服务器端代码。Razor 语法基于 ASP.NET 框架。

ViewBag.Title 用于实现控制器和视图之间的数据传递。2.5 节将介绍 ViewBag.Title 的具体用法。

代码的其他部分就是标准的 HTML 语句。其中用到一些常用的 HTML 标记，具体如下。

- div 标签：用于定义文档中的分区或节（division/section），可以把文档分割为独立的、不同的部分。在 HTML 中，div 标签对设计网页布局很重要。
- p 标签：用于定义段落。p 元素会自动在其前后创建一些空白。
- a 标签：用于定义超链接。通过单击超链接可以方便地转向本地或远程的其他文档。超链接可分为两种，即本地链接和远程链接。本地链接用于连接本地计算机的文档，而远程链接则用于连接远程计算机的文档。

2.4.2 母版页

同一网站的网页通常具有统一的布局。例如，具有相同的 logo、导航条、页脚的版权信息和联系方式等。如果在每个网页中都设计这些布局，势必造成重复劳动，而且网站改版时也需要逐一修改。因此，为了避免出现这些问题可以在母版页中定义所有（或一组）网页共用的外观和行为。

ASP.NET MVC 项目中，母版页是 View\Shared\文件夹下的_Layout.cshtml。默认生成的 Layout.cshtml 代码如下。

```html
<!DOCTYPE html>
<html>
<head>
<meta http-equiv="Content-Type" content="text/html; charset=utf-8"/>
    <meta charset="utf-8" />
    <meta name="viewport" content="width=device-width, initial-scale=1.0">
    <title>@ViewBag.Title - 我的 ASP.NET 应用程序</title>
    @Styles.Render("~/Content/css")
    @Scripts.Render("~/bundles/modernizr")

</head>
<body>
    <div class="navbar navbar-inverse navbar-fixed-top">
        <div class="container">
            <div class="navbar-header">
                <button type="button" class="navbar-toggle" data-toggle="collapse" data-target=".navbar-collapse">
                    <span class="icon-bar"></span>
                    <span class="icon-bar"></span>
                    <span class="icon-bar"></span>
                </button>
                @Html.ActionLink("应用程序名称", "Index", "Home", new { area = "" }, new { @class = "navbar-brand" })
            </div>
            <div class="navbar-collapse collapse">
                <ul class="nav navbar-nav">
                    <li>@Html.ActionLink("主页", "Index", "Home")</li>
                    <li>@Html.ActionLink("关于", "About", "Home")</li>
                    <li>@Html.ActionLink("联系方式", "Contact", "Home")</li>
                </ul>
                @Html.Partial("_LoginPartial")
            </div>
        </div>
    </div>
    <div class="container body-content">
        @RenderBody()
        <hr />
        <footer>
            <p>&copy; @DateTime.Now.Year - 我的 ASP.NET 应用程序</p>
        </footer>
    </div>

    @Scripts.Render("~/bundles/jquery")
    @Scripts.Render("~/bundles/bootstrap")
    @RenderSection("scripts", required: false)
</body>
</html>
```

可以看到，这是一个比较标准的 HTML 网页。只是其中包含了一些以@开头的 Razor 语句。例如，前面介绍的 ViewBag，在这里表现为@ViewBag。代码中还使用到下面的一些常用的 Razor 语句。

1. @Styles.Render

@Styles.Render()可以在 cshtml 中加载 CSS 或 JS 脚本。首先要在 App_Start 文件夹下的 BundleConfig.cs 文件里面添加要包含的 CSS 文件或 JS 文件。BundleConfig 就是一个打包的配置类，用于管理 Bundle（将 CSS 文件或 JS 文件打包的对象）。BundleConfig.RegisterBundles() 用于注册 Bundle 到指定的 BundleCollection 对象 bundles 中。例如，下面的语句可以将~/Content/bootstrap.css 和~/Content/site.css 两个文件打包为一个名为 "~/Content/css" 的 Bundle。

```
bundles.Add(new StyleBundle("~/Content/css").Include(
            "~/Content/bootstrap.css",
            "~/Content/site.css"));
```

在 cshtml 文件中可以使用下面的语句引用这两个文件。

```
@Styles.Render("~/Content/css")
```

还可以在 Include()语句中使用通配符。例如，下面的语句可以将~/Scripts/文件夹下任意版本的 jQuery 打包为一个名为 "~/bundles/jquery" 的 Bundle。{version}为通配符，代表版本号字符串。

```
bundles.Add(new ScriptBundle("~/bundles/jquery").Include(
            "~/Scripts/jquery-{version}.js"));
```

在 cshtml 文件中可以使用下面的语句引用 jQuery 脚本。

```
@Scripts.Render("~/bundles/jquery")
```

2. @Html.ActionLink()

@Html.ActionLink()方法用于定义一个跳转到指定视图的超链接。在 ASP.NET MVC 中，可以通过控制器（Controller）中的一个动作（Action）对应一个视图，具体情况将在本节稍后介绍。

@Html.ActionLink()方法通过 Action 跳转到指定视图的。@Html.ActionLink()方法有多种用法，第 1 种用法如下。

```
@Html.ActionLink(显示的文本, action 名)
```

这种方法使用当前视图对应的控制器。例如，

```
@Html.ActionLink("登录", "login")
```

如果当前控制器对应的视图是 Home，则上面的语句将定义下面的超链接。

```
<a href="Home/login/">登录</a>
```

第 2 种用法如下。

```
@Html.ActionLink(显示的文本, action 名, 控制器名)
```

例如，

```
@Html.ActionLink("产品详情", "detail", "Products")
```

上面的语句将定义下面的超链接。

```
<a href="Products/detail/">登录</a>
```

第 3 种用法如下。

```
@Html.ActionLink(显示的文本, action 名, 控制器名, 参数值)
```

例如，

```
@Html.ActionLink("产品详情", "detail", "Products" ,new { id=1})
```

上面的语句将定义下面的超链接。

```
<a href="Products/detail/1">登录</a>
```
第 4 种用法如下。
```
@ Html.ActionLink(显示的文本, action 名, 控制器名, 参数值, HTML 属性)
```
例如,
```
@Html.ActionLink("产品详情", "detail", "Products", new { id=1} new{ target="_blank"})
```
因为 class 是 C#的关键字，所以如果要指定超链接的 class 属性，则需要使用@class=class 名。例如,
```
@Html.ActionLink("产品详情", "detail", "Products", new { id=1} new{ target="_blank", @class="className"})
```
上面的语句将定义下面的超链接。
```
<a href="Products/detail/1" target="_blank" class="className">登录</a>
```
在第 4 种用法中，可以省去控制器名，此时使用当前视图对应的控制器。例如，
```
@Html.ActionLink("产品详情", "detail", new { id=1} new{ target="_blank"})
```
如果当前控制器对应的视图是 Products，则上面的语句将定义下面的超链接。
```
<a href="Products/detail/1" target="_blank">登录</a>
```

3. @Html.Partial()方法

@Html.Partial()方法用于在视图中嵌入一个视图。例如，使用下面的代码可以在页面中嵌入一个登录视图 LoginPartial。
```
@Html.Partial("_LoginPartial")
```

4. @RenderBody()方法

用于在母版页中呈现子页的主体内容。也就是说，使用@RenderBody()方法的位置将用于呈现引用_layout.cshtml 的视图中定义的网页内容。

5. @RenderSection()方法

用于在母版页中呈现子页的节（Section）内容。也就是说使用@RenderSection()方法的位置将用于呈现引用_layout.cshtml 的视图中定义的 Section 元素。

@RenderSection()方法的语法如下。
```
@RenderSection(string name, bool required = true)
```
参数 name 指定在子页中需要定义的 Section 元素的名字，参数 required 指定在子页中是否必须定义的同名的 Section 元素。如果 required = true，则必须定义，如果在子页中没有定义的同名的 Section 元素，则会报错；如果 required = false，则可选择定义，如果在子页中定义的同名的 Section 元素，则会在引用@RenderSection()方法的位置显示该 Section。

【例 2-2】在_layout.cshtml 中使用@RenderSection()方法的实例。
```
<body>
    <div id="header">这是页头部分</div>
    <div id="sideBar">
       @RenderSection("SubMenu", false)
    </div>
    <div id="container">@RenderBody()</div>
    <div id="footer"></div>

</body>
```
在引用_layout.cshtml 的视图页中，可以使用如下方法实现名为 SubMenu 的 Section。

```
@{
    ViewBag.Title = "演示@RenderSection()方法的使用";
    @section SubMenu{
        Hello,这是在 Layout.cshtml 中 SubMenu 位置显示的内容...
    }
}
```

2.5 控制器与视图的关系

在 MVC 开发模式中，控制器负责实现业务逻辑，也就是所谓的后端编程，视图负责设计用户界面，也就是所谓的前端编程。控制器中的 Action 方法和视图是对应的，负责实现该视图的后端编程。而每个控制器都对应 View 文件夹下的一个子文件夹，其中包含该控制器中所有 Action 方法对应的视图。例如，/View/Home 文件夹下包含 Home 控制器中所有 Action 方法对应的视图。

2.5.1 创建Action方法对应的视图

在 2.3 中创建的 HelloController 中新建一个 Action 方法 Login()，代码如下。

```
public ActionResult Login()
{
    return View();
}
```

Return View()语句用于返回 Action 方法对应的视图。但是现在 Login()方法还没有对应的视图，可以使用下面的方法添加。

编辑控制器代码，右键单击 Login()方法，在快捷菜单中选择"添加视图"，打开"添加视图"对话框，如图 2-11 所示。

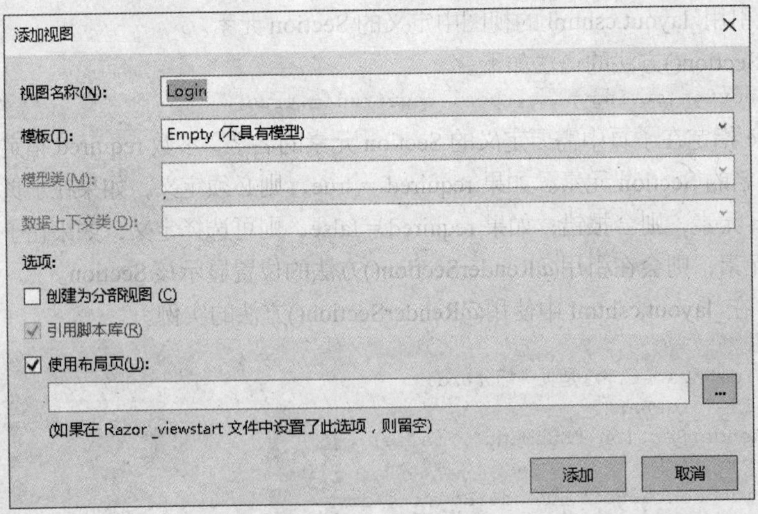

图2-11 "添加视图"对话框

可以保持默认的视图名称（与 Action 方法同名），模板选择默认的"Empty（不具有模型）"，如果需要使用布局页，则选中"使用布局页"复选框，然后在下面输入使用的布局页文件名。

输入完成后,单击"添加"按钮。在/View/Hello 文件夹下面会添加一个视图文件 Login.cshtml。右键单击 Login()方法,在快捷菜单中选择"转到视图"可以打开对应的视图。

2.5.2 在浏览器和视图之间传输数据

ASP.NET MVC 项目中视图和浏览器的关系如图 2-12 所示。

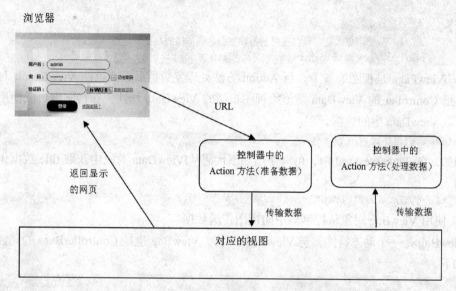

图2-12 ASP.NET MVC项目中视图和浏览器的关系

具体工作流程如下。

(1)当用户使用浏览器访问 MVC 网站时,程序会首先运行与 URL 对应的控制器中的 Action 方法。通常,该 Action 方法会准备需要在视图中显示的数据。

(2)然后程序会在浏览器中显示视图中设计的网页,并运行视图中前端代码(JS 程序)。

(3)用户可以在视图定义的网页中输入数据。单击"提交"按钮时再将数据传输到对应指定的控制器中的 Action 方法。

1. 使用 ViewData 对象从控制器中向视图传送数据

可以使用 ViewData 和 ViewBag 从控制器中向视图传送数据。ViewData 是一个由键值对组成的字典,它是 Controller 的属性,是继承 ControllerBase 的属性,定义代码如下。

```
//
// 摘要:
//     获取或设置视图数据的字典。
//
// 返回结果:
//     视图数据的字典。
public ViewDataDictionary ViewData { get; set; }
```

在 Action 方法中可以使用下面的方法向 ViewData 对象赋值。

```
ViewData[键] = 值;
```

例如,在 HelloController 的 Login()方法中,可以使用如下代码向 ViewData 对象中添加 title

数据。

```
ViewData["title"] = "用户登录";
```

类 WebViewPage 中也定义一个 ViewData 属性，代码如下。

```
//
// 摘要:
//     获取或设置一个字典，其中包含在控制器和视图之间传递的数据。
//
// 返回结果:
//     一个字典，其中包含在控制器和视图之间传递的数据。
public ViewDataDictionary ViewData { get; set; }
```

WebViewPage 是视图的基类。当 Action 方法处理完数据后，会返回 ViewResult 对象，这样可以把 Controller 的 ViewData 赋值给视图页面的 ViewData 属性。在视图中可以使用下面的方法获取 ViewData 中的数据。

```
@ViewData[键]
```

例如，在 _Layout.cshtml 中，可以使用如下代码从 ViewData 对象中获取 title 数据作为网页的标题。

```
<title>@ViewData["title"]</title>
```

2. 使用 ViewBag 对象从控制器中向视图传送数据

ViewBag 是一个动态特性。与 ViewData 一样，ViewBag 也是 ControllerBase 的属性，定义代码如下。

```
//
// 摘要:
//     获取动态视图数据字典。
//
// 返回结果:
//     动态视图数据字典。
[Dynamic]
public dynamic ViewBag { get; }
```

ViewBag 的类型是 dynamic，也就是动态地增加 ViewBag 对象的字段，不需要强类型检测。例如，在 HelloController 的 Login()方法中，可以使用如下代码向 ViewData 对象中添加 title 数据。

```
ViewDBag.Title = "用户登录";
```

类 WebViewPage 中也定义一个 ViewBag 属性，代码如下。

```
//
// 摘要:
//     获取视图包。
//
// 返回结果:
//     视图包。
[Dynamic]
public dynamic ViewBag { get; }
```

在 _Layout.cshtml 中，可以使用如下代码从 ViewBag 对象中获取 Title 数据作为网页的标题。

```
<title> @ViewBag.Title</title>
```

ViewData 与 ViewBag 的比较如表 2-3 所示。

表 2-3　ViewData 与 ViewBag 的比较

比较项目	ViewData	ViewBag
数据类型	由键值对组成的字典集合	动态字段
支持的 ASP.NET MVC 版本	从 ASP.NET MVC 1 就开始支持	从 ASP.NET MVC3 才开始支持
基于的 ASP.NET FrameWork 版本	3.5	4.0
运行速度	快	慢
在 ViewPage 中查询数据时的数据类型处理	需要转换合适的类型	不需要类型转换

前面介绍的都是在从控制器中向视图传送字符串。很多时候需要批量传递数据，此时就要用到模型（Model）。模型将在本节稍后介绍。

3. 从视图向控制器传送数据

在视图中可以设计表单供用户填写数据，可以将用户输入的数据提交到指定的控制器进行处理。

表单是网页中的常用组件，用户可以通过表单向服务器提交数据。表单中可以包括标签（静态文本）、单行文本框、滚动文本框、复选框、单选按钮、下拉菜单（组合框）和按钮等控件。可以使用<form>…</form>标签定义表单，常用的属性如表 2-4 所示。

表 2-4　表单的常用属性及说明

属性	具体描述
id	表单 ID，用来标记一个表单
name	表单名
action	指定处理表单提交数据的 URL。在 ASP.NET 开发模式中，此参数可以指定为一个控制器的 Action 方法的 URL
method	指定表单信息传递到服务器的方式，有效值为 GET 或 POST。如果设置为 GET，当按下提交按钮时，浏览器会立即传送表单数据；如果设置为 POST，浏览器会等待服务器来读取数据。使用 GET 方法的效率较高，但传递的信息量仅为 2K，而 POST 方法没有此限制，所以通常使用 POST 方法

【例 2-3】定义表单 form1，提交数据的方式为 POST，处理表单提交数据的控制器为 /showInfo，代码如下。

```
<form id="form1" name="form1" method="post" action="/ShowInfo">
……
</form>
```

【例 2-2】只定义了一个空表单，表单中不包含任何控件，因此不能用于输入数据。本节后面将结合实例介绍如何定义和使用表单控件。

文本框　　　　是用于输入文本的表单控件。可以使用 input 标签定义单行文本框，例如，

```
<input name="txtUserName" type="text" value="" />
```

文本框的常用属性如表 2-5 所示。

表 2–5　文本域的常用属性及说明

属性	具体描述
name	名称，用来标记一个文本框
value	设置文本框的初始值
size	设置文本框的宽度值
maxlength	设置文本框允许输入的最大字符数量
readonly	指示是否可修改该字段的值
type	设置文本框的类型，常用的类型如下。 ● text，默认值，普通文本框。 ● password，密码文本框。 ● hidden，隐藏文本框，常用于记录和提交不希望用户看到的数据，例如编号。 ● file，用于选择文件的文本框
value	定义元素的默认值

 注意　用input标签不仅可以定义文本框，通过设置type属性，还可以使用input标签定义文本区域、复选框、列表框和按钮等控件。

【例 2-4】定义一个表单 form1，其中包含各种类型的文本框，代码如下。
```
<form id="form1" name="form1" method="post" action="ShowInfo.php">
用户名：    <input name="txtUserName" type="text" value="" /> <br>
密码：      <input name="txtUserPass" type="password" /> <br>
</form>
```
浏览此网页的结果如图 2-13 所示。

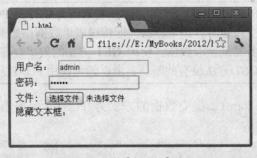

图2-13　浏览【例2-4】的界面

在控制器的 Action 方法中可以通过如下方法获取表单提交的数据。
（1）使用 Request.Form，语法如下。
```
Request.Form[表单元素的名称];
```
例如，下面的代码可以获取名字为 name 的表单元素的值。

```
[HttpPost]
public ActionResult Test()
{
    string id=Request.Form["id"];
    return View();
}
```

[HttpPost]用于指定该方法只能通过前台表单的 POST 方式来访问并且传输数据。

（2）使用 FormCollection 对象。

FormCollection 是表单元素的集合，可以将 FormCollection 对象作为 Action 方法的参数，然后使用名字来获取表单元素的值。例如，

```
[HttpPost]
public ActionResult Test(FormCollection form)
{
    string id = form["id"];
    return View();
}
```

（3）通过映射到控制器方法的参数。

可以使用与获取表单元素同名的变量作为 Action 方法的参数，来接受表单元素的值。例如，

```
[HttpPost]
public ActionResult Test(string id)
{
    return View();
}
```

参数 id 可以获取来自 View 表单 POST 过来的名字为 id 的表单元素值。

（4）使用@model 关键字。

使用@model 关键字在视图和控制器之间传递强类型数据和对象。也就是说，在视图中可以明确地知道控制器传递过来的数据是什么类型的对象。也可以访问模型对象的属性。例如，在 Models 文件夹下定义一个模型 Person，代码如下。

```
public class Person
{
    public string name  {get; set;}
    public string sex   {get; set;}
    public int Age  {get; set;}
}
```

在控制器 HomeController 的 Index()方法中可以使用下面的代码设置模型的属性值，并将其传递到对应的视图中。

```
public class HomeController : Controller
{
    public ActionResult Index()
    {
        Person p = new Person();
        p.name = "张三";
        p.sex = "男";
        p.Age = 18;
        return View(p);
    }
}
```

在视图中可以通过下面的代码显示模型中的数据。
```
@model Person;
<p>姓名:</p> @Model.name
<p>性别:</p> @Model.sex
<p>年龄:</p> @Model.Age
```

2.6 MVC 区域（Areas）

功能比较多的应用程序通常包含多个模块。在 ASP.NET MVC 应用程序中可以通过区域（Areas）来定义功能模块。本节介绍定义和使用区域的方法。

2.6.1 创建区域

在 Visual Studio 2015 中，在解决方案窗口中右键单击网站根节点，在快捷菜单中选择"添加/区域"，打开"添加区域"对话框，如图 2-14 所示。假定添加一个名为 areaDemo 的区域。

图2-14 "添加区域"对话框

单击"添加"按钮，会创建一个名为 areaDemoAreaRegistration 的类，该类用于定义区域 areaDemo 的基本信息。AreaName 属性用于定义区域的名字，RegisterArea()方法用于注册路由信息，代码如下。

```
public override void RegisterArea(AreaRegistrationContext context)
{
    context.MapRoute(
        "areaDemo_default",
        "areaDemo/{controller}/{action}/{id}",
        new { action = "Index", id = UrlParameter.Optional }
    );
}
```

可以看到，区域 areaDemo 下也包含控制器，控制器里面也一样包含 Action，可以通过访问下面的 URL 执行 Action 方法中的代码。

```
http://域名/区域名/控制器/action/参数
```

2.6.2 区域中的控制器和视图

添加区域后，在解决方案窗口中可以在 Areas 文件夹下看到区域 areaDemo，如图 2-15 所示。

区域下面是该区域包含的控制器、模型和视图文件夹。区域中还包含独立的配置文件 web.config，类似于一个独立的网站。

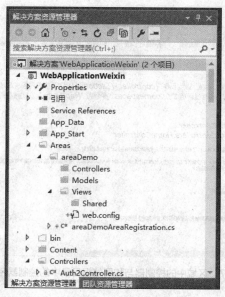

图2-15 在解决方案窗口中查看添加的区域

在区域 areaDemo 下添加一个控制器 HomeController，其中包含一个 Action——Index()。为 Index()创建视图 Areas/areaDemo/Views/Home/Index.cshtml。在 Index.cshtml 中添加如下代码。

```
@{
    ViewBag.Title = "Index";
}
<br/><br/><br/><br/><br/>

<h2>区域 AreaDemo 的首页</h2>

区域 AreaDemo 的首页
```

浏览该页面如图 2-16 所示。

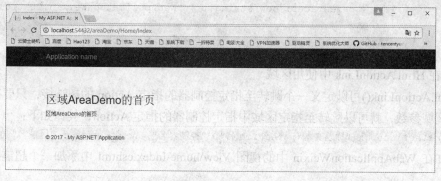

图2-16 区域AreaDemo的首页

1. 防止区域和网站根目录的控制器重名

在区域和网站根目录中都可以添加控制器，如果区域中的控制器与和网站根目录中的控制器重名，则会发生冲突。例如，在 areaDemo 中添加一个控制器 HomeCtroller，浏览网站首页，会出现控制器名称冲突，如图 2-17 所示。

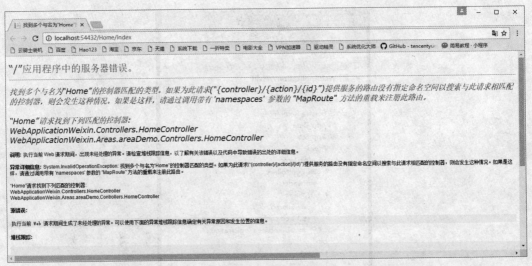

图2-17 区域中的控制器与和网站根目录中的控制器名称冲突

为了解决此问题，需要在注册路由的 MapRoute() 方法中通过 namespaces 参数指定路由的命名空间。打开 App_Start\RouteConfig.cs，修改 RegisterRoutes，在 MapRoute() 方法中添加 namespaces 参数，代码如下：

```
public class RouteConfig
{
    public static void RegisterRoutes(RouteCollection routes)
    {
        routes.IgnoreRoute("{resource}.axd/{*pathInfo}");

        routes.MapRoute(
            name: "Default",
            url: "{controller}/{action}/{id}",
            defaults: new { controller = "Home", action = "Index", id = UrlParameter.Optional },
            namespaces: new string[] { "WebApplicationWeixin.Controllers" }
        );
    }
}
```

2. 在 Html.ActionLink 中使用区域

Html.ActionLink() 可以定义一个跳转至指定控制器的指定 Action 的超链接，只要在其中添加一个区域参数，就可以跳转至指定区域中指定控制器的指定 Action，具体如下：

```
Html.ActionLink("标题文本", "Action名", "控制器名", new { area = "区域名" }, null)
```

例如在 WebApplicationWeixin 中的视图 View\home\Index.cshtml 中添加一个超链接，代码如下：

```
@Html.ActionLink("区域 AreaDemo 的首页", "Index", "Home", new { area = "areaDemo" }, null)
```

单击此超链接会跳转至区域 areaDemo 的首页。

3. 使用 RedirectToAction() 方法跳转到区域中控制器的 Action

RedirectToAction() 方法用于跳转到区域中控制器的 Action，使用下面的用法可以转到指定区域中控制器的 Action。

```
RedirectToAction("Action名", "控制器名", new { Area = "区域名" });
```

2.7 设计本书实例项目

为了便于读者学习，本节创建一个 MVC 应用程序 WebApplicationWeixin。本书后面的实例都将包含在此项目中。本项目的主页是\Views\Home\Index.cshtml，代码如下。

```
<style type="text/css">
    .jumbotron ul li a
    {
        font-family:微软雅黑;
        font-size: small;
        text-decoration:none;
    }
</style>
<div class="jumbotron">
    <ul>
        <li>@Html.ActionLink("第1章 微信公众平台应用基础", "Index", "Home", new { area= "area1" }, null)</li>
        <li>@Html.ActionLink("第2章 ASP.NET MVC 开发基础", "Index", "Home", new { area = "area2" }, null)</li>
        <li>@Html.ActionLink("第3章 使用 ASP.NET 空间搭建微信公众平台", "Index","Home", new { area = "area3" }, null )</li>
        <li>@Html.ActionLink("第4章 自定义菜单开发", "Index", "Home", new { area = "area4" }, null)</li>
        <li>@Html.ActionLink("第5章 消息接口", "Index", "Home", new { area = "area5" }, null)</li>
        <li>@Html.ActionLink("第6章 用户管理", "Index", "Home", new { area = "area6" }, null)</li>
        <li>@Html.ActionLink("第7章 客服管理", "Index", "Home", new { area = "area7" }, null)</li>
        <li>@Html.ActionLink("第8章 素材管理", "Index", "Home", new { area = "area8" }, null)</li>
        <li>@Html.ActionLink("第9章 统计分析", "Index", "Home", new { area = "area9" }, null)</li>
        <li>@Html.ActionLink("第10章 开发微信网页", "Index", "Home", new { area = "area10" }, null)</li>
        <li>@Html.ActionLink("第11章 微信卡券", "Index", "Home", new { area = "area11" }, null)</li>
        <li>@Html.ActionLink("第12章 微信支付", "Index", "Home", new { area = "area12" }, null)</li>
    </ul>
    @Html.ActionLink("区域 AreaDemo 的首页", "Index", "Home", new { area = "areaDemo" }, null)
```

这里为每章创建一个区域，依次为 area1、area2、……、area12，区域中包含该章的所实例代码。运行 WebApplicationWeixin，主页如图 2-18 所示。

第1章对应的控制器为 Areas\area1\Controllers\HomeController，视图为 Areas\area1\View\Home\Index.cshtml，其中包含微信公众平台的连接地址，代码如下。

```
<a href="https://mp.weixin.qq.com/" target="_blank">微信公众平台</a>
```

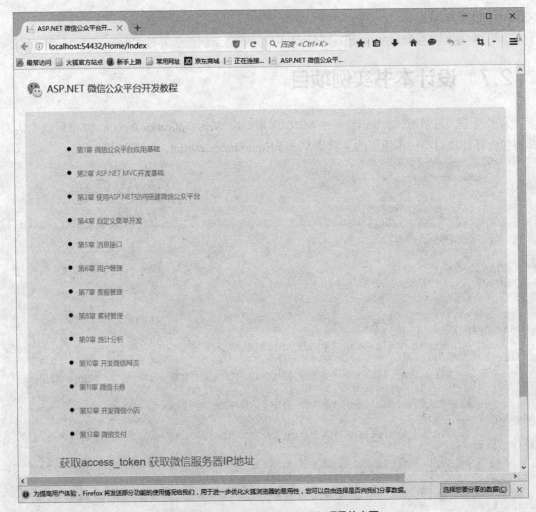

图2-18 WebApplicationWeixin项目的主页

第 2 章对应的控制器为 Areas\area2\Controllers\HomeController，视图为 Areas\area2\View\Home\Index.cshtml，其中包含 2.5.2 中介绍的使用@model 关键字在视图和控制器之间传递强类型数据和对象的实例，Areas\area2\Controllers\HomeController 的代码如下。

```
namespace WebApplicationWeixin.Areas.area2.Controllers
{
    public class HomeController : Controller
    {
        // GET: area2/Home
        public ActionResult Index()
        {
            Person p = new Person();
            p.name = "张三";
            p.sex = "男";
            p.Age = 18;
            return View(p);
            return View();
        }
```

```
    }
}
```

视图 Areas\area1\View\Home\Index.cshtml 用于显示模板传递过来的数据，代码如下。

```
@model WebApplicationWeixin.Models.Person
@{
    ViewBag.Title = "Index";
}

<h2>Index</h2>
<br/><br/>
<ul>
    <li>@Html.ActionLink("【例2-1】", "Index", "Hello")</li>
    <li>@Html.ActionLink("【例2-2】", "Index", "RenderSection")</li>

</ul>


<h2>Index</h2>
<p>姓名:</p>  @Model.name
<p>性别:</p>  @Model.sex
<p>年龄:</p>  @Model.Age
```

习 题

一、选择题

1. MVC中的C代表（ ）。

   A. 模型 B. 视图 C. 控制器 D. 核心

2. （ ）是导致WebForm开发模式逐渐被MVC所取代得原因。

   A. WebForm应用程序有一个致命的缺点，那就是响应速度慢
   B. WebForm应用程序的网页不如MVC应用程序的网页的网页美观
   C. WebForm将用户界面（UI）与后端业务逻辑代码（code-Behind）结合在一起
   D. 程序员可以在设计界面里向Web窗体拖动控件，可视化的排版网页布局

3. 在ASP.NET MVC项目中，用于存储静态文件，例如样式表（CSS文件）、图表和图像的文件夹是（ ）。

   A. App_Data B. Content C. Controllers D. Scripts

4. 用于配置MVC的路由规则的文件是（ ）。

   A. FilterConfig.cs B. IdentityConfig.cs C. RouteConfig.cs D. Startup.Auth.cs

二、填空题

1. MVC是　【1】　的缩写，即　【2】　。
2. Visual Studio　【3】　是Microsoft公司推出的功能完备且可扩展的免费 IDE，可用于创建面向 Windows、Android 和 iOS 应用程序以及 Web 应用程序和云服务。

3. ASP.NET MVC项目中默认的主页视图是___【4】___。
4. ASP.NET MVC项目中，母版页是View\Shared\文件夹下的___【5】___。
5. 可以使用___【6】___和___【7】___从控制器中向视图传送数据。

三、简答题
1. 试述MVC 编程模式的工作流程图。
2. 试比较ViewData与ViewBag的异同。

03 使用 ASP.NET 搭建微信公众平台应用程序

要使用 ASP.NET 开发自己的微信公众平台应用程序。首先要申请成为微信公众平台的开发者;然后调用微信公众号开发接口开发应用程序;最后还要准备好 ASP.NET 空间,用于部署 Web 应用程序。本章将对这些步骤进行介绍。

在 WebApplicationWeixin 应用程序中,本章实例的主页为\Areas\area3\Views\Home\ Index.cshtml。浏览主页如图 3-1 所示。

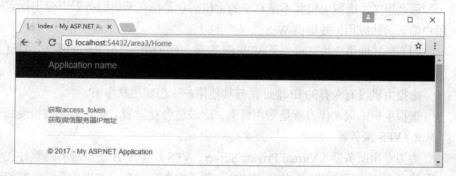

图3-1 本章实例的主页

3.1 部署ASP.NET空间

用户开发的微信应用程序需要部署到一个支持 ASP.NET 的服务器上。在配置微信公众平台的服务器信息时,需要指定部署自定义微信应用程序的服务器 URL。微信会将用户发送到微信公众号的消息自动转发到此 URL 上。

因此,在正式开发微信应用程序之前,需要拥有自己的 ASP.NET 空间。根据具体情况,可以选择申请免费的 ASP.NET 空间或者租用收费的 ASP.NET 空间。

3.1.1 网站空间的类型

根据使用的资源不同,网站空间可以分为虚拟主机、VPS 服务器、独立主机服务器和云主机服务器。

1. 虚拟主机

顾名思义,虚拟主机并不是真正的主机。它是指在网络服务器上分出指定的磁盘空间,供用户部署网站应用,并提供 Web 服务器的功能。

因为与其他用户共享同一个 Web 服务器,所以租用虚拟主机的用户不能通过远程桌面操作服务器,通常需要通过商家提供的操作面板对虚拟主机进行配置。

虚拟主机没有专有的 IP 地址,与其他用户一起使用共享 IP。

虚拟主机的最大优点就是费用低廉,比较适合初学者。但它的功能也受到一些限制。

2. VPS 服务器

虚拟专用服务器(Virtual Private Server,VPS),它利用虚拟服务器软件在一台物理服务器上创建多个相互隔离的小服务器。这些小服务器本身有自己的操作系统,它的运行和管理与独立服务器完全相同,而且可以节约硬件成本,因此是一种兼顾性能和成本的选择。

3. 独立主机服务器

独立主机服务器独享整台 Web 服务器,具有更好的性能和自由度。但是,租用独立主机服务器也是有一定风险的,用户一定要有足够的服务器管理和配置能力,同时必须充分重视网络安全,否则,如果出现安全漏洞,损失就会很大。

4. 云主机服务器

云主机是基于云计算技术的弹性计算服务,也称云服务器。云服务器是基于服务器集群的,通过云计算技术,将物理资源池化,对外提供的弹性可扩展、按需付费、方便连接的主机服务。云服务器更能支持互联网时代多变的业务模式,并且具有成本低、按需购买、弹性扩展等优势。

云主机是在一组集群主机上虚拟出多个类似独立主机的部分,集群中每个主机上都有云主机的一个镜像,从而大大提高了虚拟主机的安全稳定性。除非集群内所有的主机全部出现问题,云主机才会无法访问。

目前,比较流行的云主机提供商包括阿里云、腾讯云、百度云等。

3.1.2 申请ASP.NET主机空间

网上有很多宣称提供免费 ASP.NET 空间的网站,但是俗话说:"天下没有免费的午餐",一家公司运营一个网站是有成本的。经过笔者亲测,几乎所有宣称提供免费 ASP.NET 空间的网站都需要填写烦琐的注册信息,而且可以免费使用的时间比较短。因此,建议读者还是不要使用免费 ASP.NET 空间。

笔者建议租用比较经济的、支持 ASP.NET MVC 的空间作为学习使用。从 3.1.1 可以了解到,虚拟空间是最经济的网站空间,因此,租用支持 ASP.NET MVC 的虚拟空间是初学者的首选方案。

虚拟主机提供商有很多,但是支持 ASP.NET MVC 的虚拟空间其实不多。为了模拟初学者的实际情况,笔者租用了主机 91 的虚拟空间作为存放 ASP.NET MVC 应用程序的主机空间。主机 91 是香港的主机空间,租用这里的主机空间有一个方便之处,就是在申请网站域名时不需要实名认证。需要说明的是,选择主机 91 仅出于演示目的,并不是因为它比其他虚拟空间优秀或便宜,仅说明它可以满足学习本书内容的需要。当然,如果你可以接受独立主机或云主机服务器,那将是更好的选择。

主机 91 的网址如下。

http://www.zhuji91.com

在网站首页可以购买虚拟主机空间和注册域名,有了这两样东西就可以部署自己的网站了。并且可以通过域名(而不是 IP 地址)访问网站。需要说明的是,虚拟主机通常没有独立 IP 地址,必须使用共享 IP 地址,因此最好先注册一个域名。

为了避免广告嫌疑,这里就不介绍具体的注册过程了。读者可以根据自身情况选择合适的主机空间,只要支持 ASP.NET MVC 就可以满足阅读本书的要求。其实主机 91 并不是十分稳定,本书以它为例仅仅因为它是满足要求的主机空间中比较经济的选择。有经济能力的读者,建议还是租用云主机,这样使用起来更方便、效果更好。

注册成功后,会收到提示邮件,邮件中包含用户名和密码。访问如下的网址。

http://cp.zhuji91.com/

在登录页面中输入用户名和密码,打开网站管理面板页面,如图 3-2 所示。

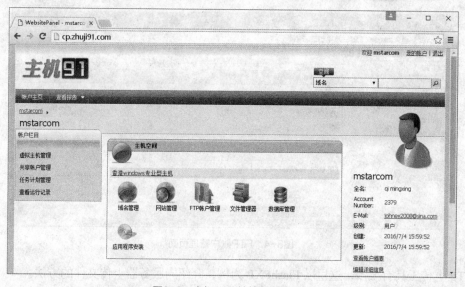

图3-2　主机91网站管理面板页面

单击"网站管理"图标，然后单击"网站管理"菜单项，打开网站管理页面，如图3-3所示。在网站管理页面中，可以对域名、IP地址、FTP账号、数据库等进行管理，也可以选择安装应用程序。

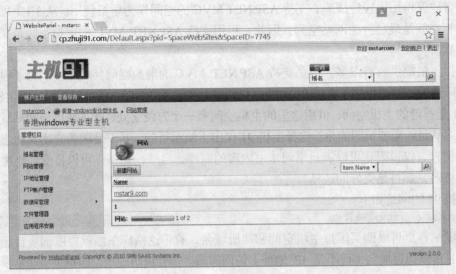

图3-3　网站管理页面

单击"FTP账户管理"超链接，打开FTP账户管理页面，如图3-4所示。单击"新建FTP账户"按钮，可以打开新建FTP账户页面。使用FTP账户可以通过FTP向网站上传文件。

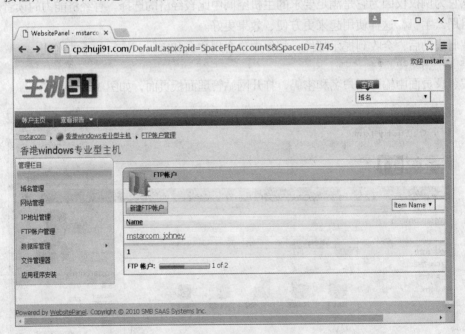

图3-4　FTP账户管理页面

FTP上传工具有很多，这里以FlashFXP为例，介绍向服务器上传文件的方法。

可以免费下载FlashFXP，此处下载的是FlashFXP 5.4.0。FlashFXP是商业软件，如果没有序列号，用户只有 30 天的试用期。

FlashFXP 5.4.0 的主界面如图 3-5 所示。

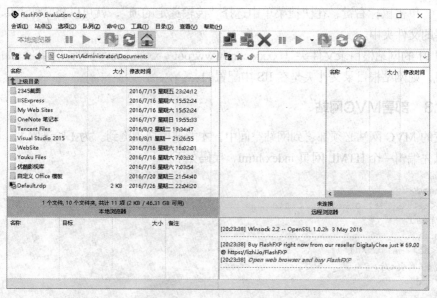

图3-5　FlashFXP的主界面

FlashFXP 的主界面分为左右两个部分，左侧列出本地计算机的目录和文件；右侧列出远程 FTP 服务器的目录和文件。

在菜单中依次选择"站点/站点管理器"，打开"站点管理器"窗口，如图 3-6 所示。主机 91 的 FTP 服务器 IP 地址为 161.202.43.90。输入前面创建的 FTP 用户名和密码，然后单击"应用"按钮，保存配置信息。单击"连接"按钮可以立即连接 FTP 服务器，也可以单击"关闭"按钮，留待以后再连接 FTP 服务器。

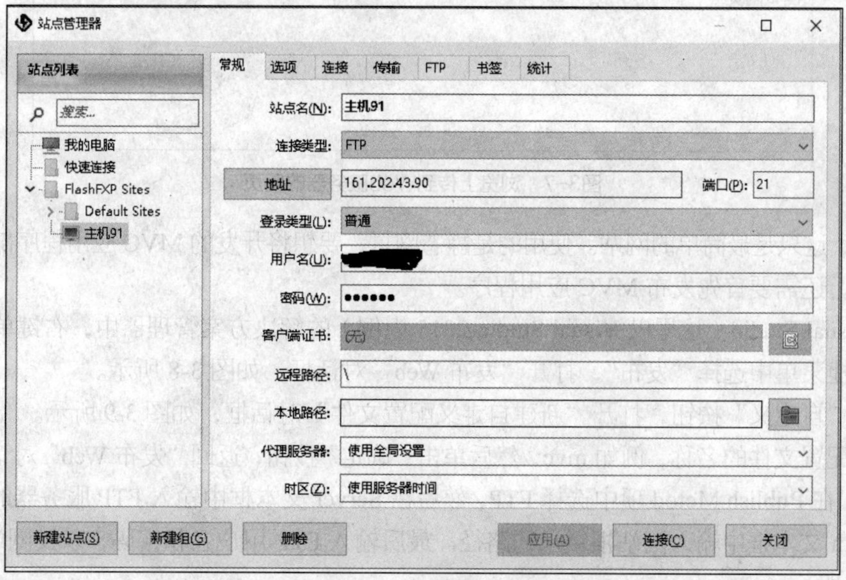

图3-6　"站点管理器"窗口

在 FlashFXP 主界面的右侧窗体中，单击 按钮，可以在下拉菜单中找到新建的站点，选择站点名字可以连接到该站点。首先在右侧窗格中选择一个文件夹，然后在左侧窗格选中要上传的文件，单击鼠标右键，在快捷菜单中选择"传输选定的项"，就可以将文件上传至远程站点上选择的文件夹中。

主机 91 的网站根目录文件夹是/xxxx.com/wwwroot/，xxxx.com 是申请的域名。如果租用的是云主机，则网站根目录文件夹是在 IIS 中配置的。

3.1.3 部署MVC网站

开发的 MVC 网站必须部署到网站空间中，才能被用户浏览到。为了验证网站空间的有效性，可以先编辑一个 HTML 网页 index.html，代码如下。

```
<html>
  <head>
    <title> Hello World</title>
  </head>
  <body>
    <h1> Hello</h1>
<p>测试网页</p>
  </body>
</html>
```

参照 3.1.2 的内容，使用 FlashFXP 将 index.html 上传至网站根目录下，然后打开浏览器浏览域名。如果看到如图 3-7 所示的网页，则说明网站已经部署成功了。

图3-7　浏览上传到Web服务器的网页

但是，这只是最简单的网站。使用的是静态网页，要想将开发的 MVC 应用程序部署在 Web 服务器上，还需要首先发布 MVC 应用程序。

在 Visual Studio（这里以 Visual Studio 2015 为例）的解决方案管理器中，右键单击项目名称，在快捷菜单中选择"发布"，打开"发布 Web"对话框，如图 3-8 所示。

单击"自定义"按钮，打开"新建自定义配置文件"对话框，如图 3-9 所示。

输入配置文件的名称，例如 mvc，然后单击"确定"按钮，返回"发布 Web"对话框的"连接"页面。在 Publish Metod 项中选择 FTP，然后在 Server 文本框中输入 FTP 服务器的 IP 地址。在 Site path 文本框中输入网站根目录的路径。最后输入 FTP 用户名和密码，以及网站的域名，如图 3-10 所示。

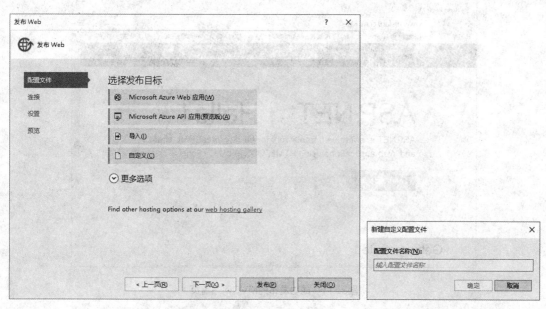

图3-8 "发布Web"对话框　　　　　　图3-9 "新建自定义配置文件"对话框

单击"发布"按钮即可将 MVC 应用程序发布到 Web 服务器上。最后，Visual Studio 会自动打开浏览器，访问之前配置好的网站 URL。如果看到如图 3-11 所示的页面，则说明 MVC 网站发布成功了。

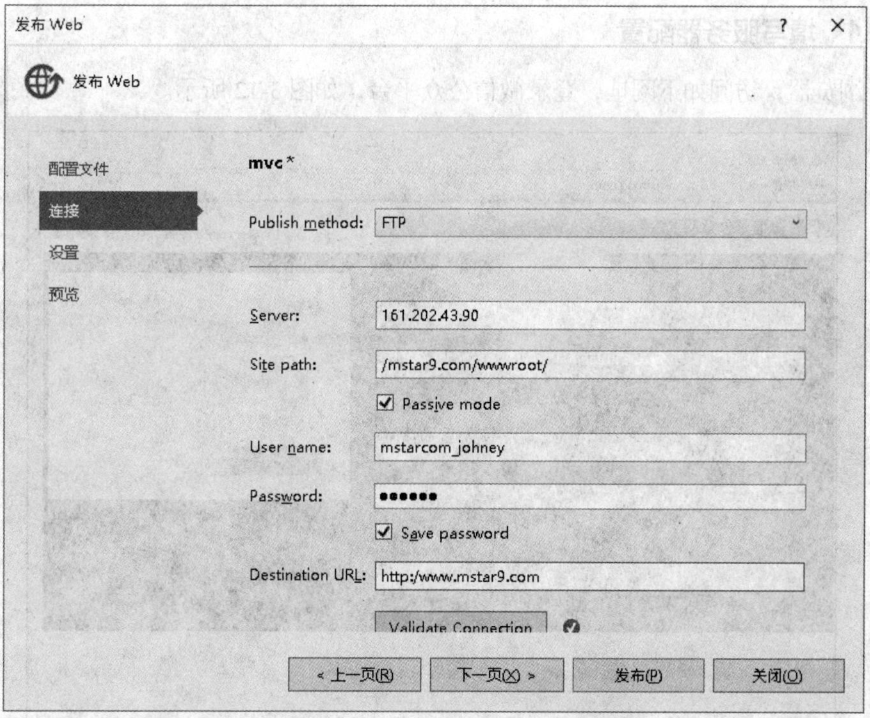

图3-10 "发布Web"对话框的"连接"页面

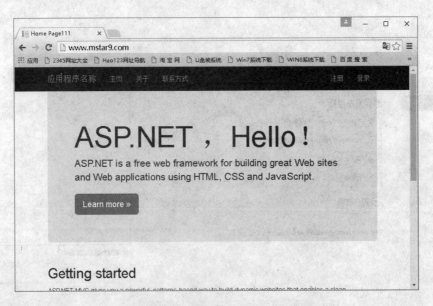

图3-11 成功发布的MVC网站首页

3.2 成为微信公众平台的开发者

微信公众平台提供了一系列开发接口（API）。要想调用这些API开发自己的微信应用程序，就需要首先成为微信公众平台的开发者。

3.2.1 填写服务器配置

打开浏览器，访问如下网址，登录微信公众平台，如图3-12所示。

图3-12 登录微信公众平台

输入用户名和密码后,单击"登录"按钮,进入微信公众平台。在左侧菜单栏里单击"开发"下面的"基本配置",打开如图 3-13 所示的网页。如果还没有申请成为微信公众平台的开发者,则不能进行开发配置。

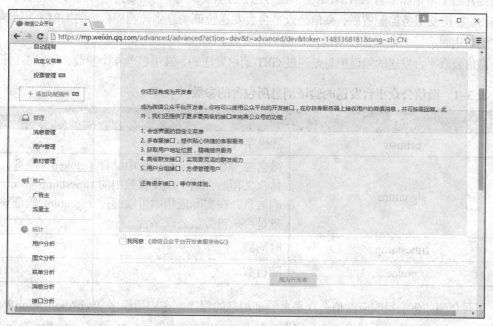

图3-13　提示申请成为微信公众平台的开发者

选中"我同意《微信公众平台开发者服务协议》"复选框,然后单击"成为开发者"按钮,将打开开发者基本配置页面,如图 3-14 所示。

图3-14　开发者基本配置页面

在这里可以看到一个应用 ID（AppID）和应用密钥（AppSecret）。这两个参数是开发微信公众平台应用所必需的。需要使用时，可以到这里查找。

还可以在这里配置服务器的基本信息，服务器用于部署我们开发的微信应用程序的。3.1 中已经介绍了申请和部署 ASP.NET 空间的方法。这里要编写一个小的响应程序，并上传到 Web 服务器。在提交服务器配置后，微信公众平台会发送验证消息到该响应程序的 URL；得到响应后才能启用服务器的配置，使当前用户成为开发者。

微信公众平台发送的验证消息是通过 GET 请求发送的，其中包含 4 个参数，如表 3-1 所示。

表 3–1　微信公众平台发送的验证消息所包含的参数

参数	说明
echostr	随机字符串
signature	微信加密签名，signature 中结合了 token（令牌，具体含义稍后介绍）以及参数中的 timestamp 和 nonce 的信息，在实际应用中可以通过 signature 验证该消息是否来自微信公众平台
timestamp	时间戳
nonce	随机数

下面介绍如何编写响应微信公众平台验证消息的程序。在应用程序 WebApplicationWeixin 中的 Controllers 文件夹下创建一个名字叫 echoController 的控制器。为 echoController 的 Index() 方法中添加视图 Index.cshtml。编写 Index() 方法的代码如下。

```
public ActionResult Index()
{
    string echoString = Request.QueryString["echoStr"];
    string signature = Request.QueryString["signature"];
    string timestamp =Request.QueryString["timestamp"];
    string nonce = Request.QueryString["nonce"];
    if (!string.IsNullOrEmpty(echoString))
    {
      Response.Write(echoString);
      Response.End();
    }
    return View();
}
```

程序接收微信公众平台发送的验证消息中包含的 4 个参数，并把 echoStr 参数的值输出返回给微信公众平台。这样就可以通过验证，成为开发者了。

将 WebApplicationWeixin 发布至 Web 服务器。发布之前记得将 Web 服务器上根文件夹中原有的文件删除，以免影响新程序的运行。

发布之后，打开浏览器访问下面的 URL。

    http://你的域名/echo?echoStr=1234

如果在网页中显示 1234，则说明验证消息响应程序已经部署成功了。现在可以在微信公众平台的后台继续配置服务器的基本信息了。

回到开发者基本配置页面,单击"服务器配置"后面的"修改配置"按钮,打开"填写服务器配置"网页,如图3-15所示。

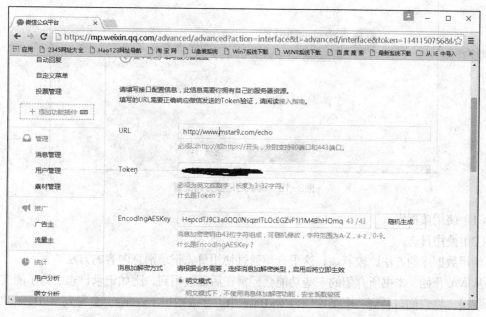

图3-15 填写服务器配置

在URL文本框中填写下面的内容,注意根据实际情况替换域名。

```
http://你的域名/echo
```

然后输入Token,Token用于标识开发者,它可以是任意字符串,内容必须为英文或数字,长度为3~32字符。

然后填写EncodingAESKey。EncodingAESKey是消息加密密钥,由43位字符组成,可随机修改,字符范围为A~Z、a~z、0~9。可以单击后面的"随机生成"按钮自动生成。如果在下面的消息加解密方式选项中选择"安全模式",则会使用EncodingAESKey对消息进行加密。建议初学者选择"明文模式",这样就可以忽略消息加密的因素了。

填写完成后,单击"提交"按钮,在弹出的对话框中单击"确定"按钮即可保存服务器配置信息,并使之生效。

单击"修改配置"按钮后面的"启用"按钮,可以弹出如图3-16所示的确认对话框。单击"确定"按钮,即可启用前面填写的服务器配置。注意,启用服务器配置后,用户发送的消息会自动转发到前面配置的URL上,在网站中设置的自动回复和自定义菜单将失效。如果前面编写的响应程序已经部署成功了,则会顺利启用服务器配置,否则会因没有通过验证而报错。

3.2.2 记录收到的消息

在服务器配置中,将http://你的域名/echo设置为处理微信公众平台消息的URL。为了便于了解消息格式、编写处理程序,应该将收到的消息记录下来。通常可以使用如下的方法记录消息。

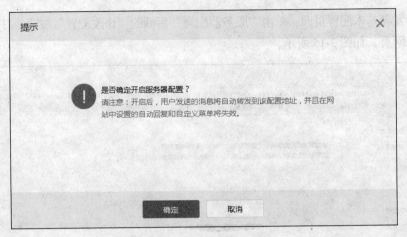

图3-16 确认启用服务器配置

（1）使用数据库。
（2）使用日志。

使用数据库的方法比较麻烦，这里介绍通过使用日志记录消息内容的方法。

从本节开始，本书所介绍的一些功能会经常在后面被用到，比如记录日志。为了能实现功能的复用，将它们封装到一个类库项目 wxBase 中。生成项目 wxBase，会得到 wxBase.dll，然后在项目 WebApplicationWeixin 中引用 wxBase.dll，调用 wxBase.dll 中封装的类。

首先在项目 wxBase 中创建一个静态类 LogService，代码如下。

```
namespace wxBase
{
    public static class LogService
    {
        /// <summary>
        /// 保存日志文件的文件夹
        /// </summary>
        static string logDir = "log";
        /// <summary>
        /// 日志文件
        /// </summary>
        static string logFile = "";

        /// <summary>
        /// 追加一条信息
        /// </summary>
        /// <param name="text"></param>
        public static void Write(string text)
        {
            #region 如果日志文件夹不存在，则创建之
            string dir = AppDomain.CurrentDomain.BaseDirectory + "//" + logDir;
            if (!Directory.Exists(dir))
                Directory.CreateDirectory(dir);
            #endregion
            // 日志文件名包含日期
            logFile = dir + "//" + DateTime.Now.ToString("yyyyMMdd") + ".log";
```

```
            // 记录日志
            File.AppendAllText(logFile, DateTime.Now.ToString("[yyyy-MM-dd HH:mm:ss]: ") + text);
        }

    }
}
```

请参照注释理解。

在项目 WebApplicationWeixin 中引用 wxBase.dll，修改 HomeController 的 Index()方法，在打开主页时记录日志，代码如下。

```
public ActionResult Index()
{
    LogService.Write("Hello World!");
    return View();
}
```

运行程序，在打开主页后，查看应用程序的根目录，可以看到 log 文件夹，里面包含一个新建的日志文件，打开该文件，可以看到记录的日志信息，如图 3-17 所示。

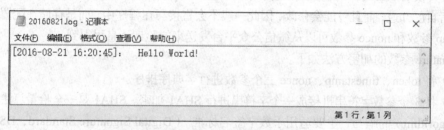

图3-17　查看日志信息

待日志类已经准备好之后，就可以在响应程序中记录日志了。修改 echoController 的 Index()方法，代码如下。

```
public ActionResult Index()
{
    string echoString = Request.QueryString["echoStr"];
    string signature = Request.QueryString["signature"];
    string timestamp =Request.QueryString["timestamp"];
    string nonce = Request.QueryString["nonce"];
    LogService.Write("echoString:" + echoString);
    LogService.Write("signature:" + signature);
    LogService.Write("timestamp:" + timestamp);
    LogService.Write("nonce:" + nonce);

    if (!string.IsNullOrEmpty(echoString))
    {
      Response.Write(echoString);
      Response.End();
    }
    return View();
}
```

将 WebApplicationWeixin 发布至 Web 服务器，然后登录微信公众平台。在服务器配置页面中，单击"修改配置"按钮，并在填写服务器配置页面中单击"提交"按钮。注意，不需要修改任何配置信息,这样就可以收到微信公众平台发送的验证消息。

使用 FlashFXP 连接到 Web 服务器,如果在网站根目录下找到 log 目录,则在日志文件上单击鼠标右键,在弹出菜单中选择"查看",可以看到日志文件里包含类似下面的内容。

```
[2016-08-21 18:14:34]   : echoString:8559505196856344559
[2016-08-21 18:14:34]   : signature:ef73d8a0a3b63a68753f5f7ac338fa525a034bd3
[2016-08-21 18:14:34]   : timestamp:1471774466
[2016-08-21 18:14:34]   : nonce:1433226381
```

文件中记录了微信公众平台发送的验证消息所包含的参数值。

3.2.3 验证signature参数

在 3.2.2 介绍的 echo 程序中,没有对 signature 参数进行验证,任何人都可以冒充微信公众平台给 echo 程序发送消息。为了避免被恶意程序欺骗,就需要对 signature 参数进行验证,通过验证后才认为此消息是微信公众平台发送过来的;否则不予处理。

那么,怎么对 signature 参数进行验证呢?首先要知道 signature 是怎么加密的。signature 中包含了开发者填写的 token 参数和请求中的 timestamp 参数、nonce 参数。token 参数通常只有开发者自己知道,而且可能会修改,因此一般不会直接写在程序中,而是存储在配置文件中。timestamp 参数和 nonce 参数可以从微信公众平台发送来的验证消息里得到。

signature 参数的加密方法如下。

(1)将 token、timestamp、nonce 三个参数进行字典序排序。

(2)将 3 个参数字符串拼接成一个字符串进行 SHA1 加密。SHA1 是安全哈希算法(Secure Hash Algorithm)的缩写,主要适用于数字签名标准(Digital Signature Standard,DSS)里面定义的数字签名算法(Digital Signature Algorithm,DSA)。对于长度小于 264 位的消息,SHA1 会产生一个 160 位的消息摘要。当接收到消息的时候,这个消息摘要可以用来验证数据的完整性。

因此,当接收到验证消息后,可以按照此方法得到一个加密后的字符串,然后用此字符串与 signature 参数进行比较,如果相同才认为是微信公众平台发送的消息。

在编写的响应程序中,可以通过如下步骤验证收到的消息是否来自微信公众平台。

(1)从配置文件中读取 token 参数值。

(2)从请求获取 timestamp 参数、nonce 参数和 signature 参数值。

(3)将 token、timestamp、nonce 三个参数按前面介绍的方法进行加密,得到一个临时的 signature 字符串。

(4)用此字符串与 signature 参数进行比较,如果相同才认为是微信公众平台发送的消息,发送响应消息;否则不予处理。

具体步骤介绍如下。

1. 从配置文件中读取 token 参数值

本例中,将 token 参数值存储在 web.config 中,代码如下。

```
<appSettings>
......
    <add key="token" value="****************" />
</appSettings>
```

在 C#语言中，可以使用 ConfigurationManager.AppSettings 集合从 web.config 中的<appSettings>节中获取参数值，方法如下。

```
ConfigurationManager.AppSettings[参数名]
```

例如，获取 token 参数值的代码如下。

```
ConfigurationManager.AppSettings["token"];
```

为了日后使用方便，在 wxBase 中添加一个静态类 weixinService，在类 weixinService 中定义一个静态方法 GetAppConfig，用于从配置文件中读取参数值。代码如下。

```csharp
/// <summary>
///     读取配置文件
/// </summary>
/// <param name="strKey">配置项</param>
/// <returns></returns>
private static string GetAppConfig(string strKey)
{
    foreach (string key in ConfigurationManager.AppSettings)
    {
        if (key == strKey)
        {
            return ConfigurationManager.AppSettings[strKey];
        }
    }
    return null;
}
```

在类 weixinService 中定义一个属性 token，直接从配置文件中读取 token 的参数值，代码如下。

```csharp
private static string token
    {
        get
        {
            return GetAppConfig("token");
        }
    }
```

2. 从请求中获取参数值

具体代码如下。

```csharp
string echoString = Request.QueryString["echoStr"];
string signature = Request.QueryString["signature"];
string timestamp =Request.QueryString["timestamp"];
string nonce = Request.QueryString["nonce"];
```

3. 对 token、timestamp、nonce 三个参数进行加密，得到临时 signature 字符串

在类 weixinService 中定义一个静态方法 make_signature()用于生成临时 signature 字符串，代码如下。

```csharp
        public string static make_signature(string token, string timestamp, string nonce)
        {
            //字典序排序
            var arr = new[] { token, timestamp, nonce }.OrderBy(z => z).ToArray();
            // 字符串连接
```

```csharp
            var arrString = string.Join("", arr);
            // SHA1 加密
            var sha1 = System.Security.Cryptography.SHA1.Create();
            var sha1Arr = sha1.ComputeHash(Encoding.UTF8.GetBytes(arrString));
            StringBuilder signature = new StringBuilder();
            foreach (var b in sha1Arr)
            {
                signature.AppendFormat("{0:x2}", b);
            }
            return signature.ToString();
        }
```

因为参数 token 可以在类 weixinService 中获取，所以 make_signature() 方法只包含 timestamp 和 nonce 两个参数。其余部分请参照注释理解。

在 echoController 的 Index() 方法中添加如下代码，调用 make_signature() 方法生成临时 signature 字符串 tmp_signature。

```csharp
            string tmp_signature = weixinService.make_signature(token, timestamp, nonce);
```

4. 验证 signature 参数

在 echoController 的 Index() 方法中添加如下代码，将 signature 参数与字符串 tmp_signature 进行比对，如果相同则返回 echoStr 参数值，否则返回 "Invalid request!"。

```csharp
if (tmp_signature == signature && !string.IsNullOrEmpty(echoString))
{
    Response.Write(echoString);
    Response.End();
}
else
{
    Response.Write("Invalid request!");
    Response.End();
}
```

综上所述，echoController 的 Index() 方法代码如下。

```csharp
        // GET: echo
        public ActionResult Index()
        {
            // 从请求中获取 timestamp 参数、nonce 参数和 signature 参数值
            string echoString = Request.QueryString["echoStr"];
            string signature = Request.QueryString["signature"];
            string timestamp = Request.QueryString["timestamp"];
            string nonce = Request.QueryString["nonce"];
            LogService.Write("echoString:" + echoString);
            LogService.Write("signature:" + signature);
            LogService.Write("timestamp:" + timestamp);
            LogService.Write("nonce:" + nonce);
            // 对 token、timestamp、nonce 三个参数进行加密，得到临时 signature 字符串
            string tmp_signature = weixinService.make_signature(timestamp, nonce);
            LogService.Write("tmp_signature:" + tmp_signature);
            if (tmp_signature == signature
                && !string.IsNullOrEmpty(echoString))
            {
                Response.Write(echoString);
```

```
                    Response.End();
                }
                else
                {
                    Response.Write("Invalid request!");
                    Response.End();
                }
                return View();
            }
```

将 WebApplicationWeixin 应用程序发布至 Web 服务器，然后登录微信公众平台。在服务器配置页面中，单击"修改配置"按钮，并在填写服务器配置页面中单击"提交"按钮。不需要修改任何配置信息。Web 服务器即可收到微信公众平台发送的验证消息。使用 FlashFXP 连接到 Web 服务器，在网站根目录下进入 log 目录，右键单击里面最新的日志文件，在弹出菜单中选择"查看"，可以看到日志文件里包含类似下面的内容。

```
[2016-08-27 11:14:26]   :  echoString:8567069691365682671
[2016-08-27 11:14:26]   :  signature:451bf3f4e0440f9a3630d8ab06c6591c0bcd6315
[2016-08-27 11:14:26]   :  timestamp:1472267659
[2016-08-27 11:14:26]   :  nonce:795610126
[2016-08-27 11:14:26]   :  tmp_signature:451bf3f4e0440f9a3630d8ab06c6591c0bcd6315
```

可以看到，timestamp 和 tmp_signature 的值相同。同时在服务器配置页面也可以看到"提交成功"的提示，说明微信公众平台收到了正确的回应。

为了验证冒充微信公众平台发送信息到 Web 服务器的情形，打开浏览器，访问如下 URL。

```
http://你的域名/ echo?echoStr=123456
```

Web 服务器会返回"Invalid request!"，如图 3-18 所示。说明引用程序已经识别出该请求不是来源于微信公众平台的。

图3-18　验证冒充微信公众平台发送信息到Web服务器的情形

3.2.4　申请接口测试号

由于用户体验和安全性方面的考虑，微信公众号的注册有一定门槛，某些高级接口的权限需要微信认证后才可以获取。为了能够更好地熟悉各个接口的调用方法，可以申请一个微信公众测试账号，通过测试号可以调用所有接口，没有限制。

使用浏览器访问如下 URL，打开申请微信公众账号的页面，如图 3-19 所示。

```
http://mp.weixin.qq.com/debug/cgi-bin/sandbox?t=sandbox/login
```

单击"登录"按钮，将会打开一个二维码页面，使用微信扫描二维码，并确认登录，打开"测试号管理"页面，如图 3-20 所示。在这里显示了测试号的 appID 和 appsecret，用户需要填写 Web 服务器，响应微信的验证消息的 URL，以及用户的 Token。输入完毕，单击"提交"按钮。连接成功后，将看到页面的下半部分，如图 3-21 所示。

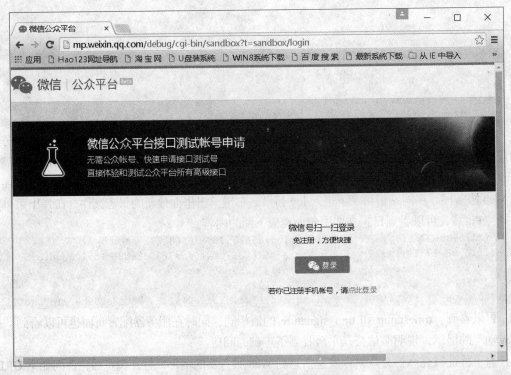

图3-19 申请微信公众账号的页面

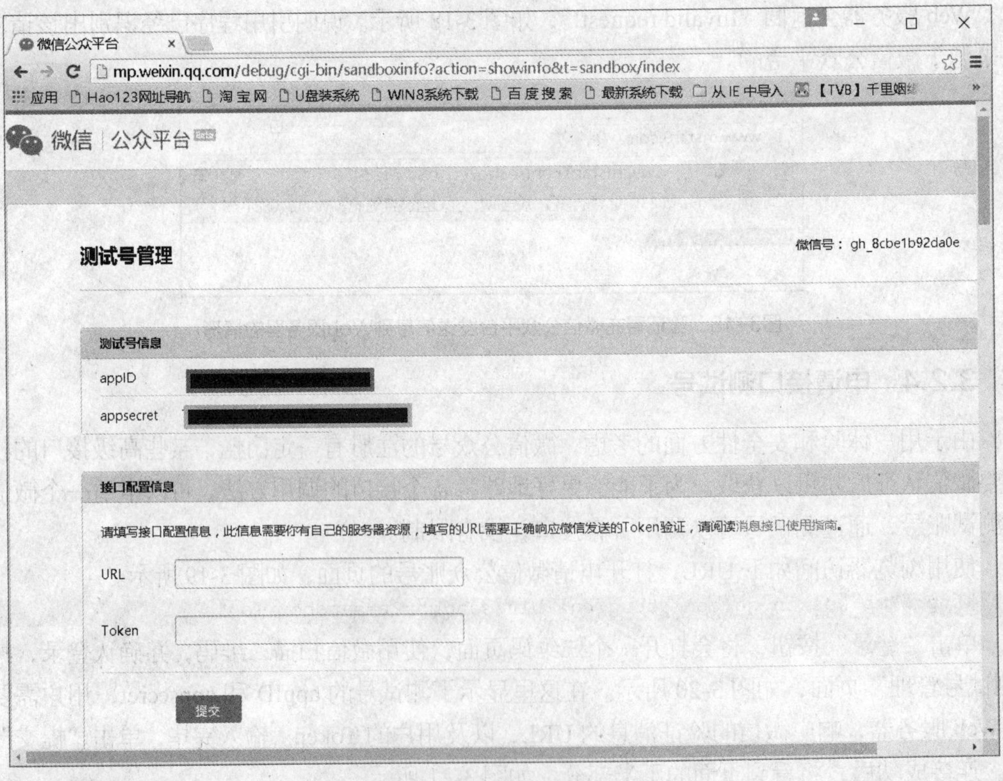

图3-20 "测试号管理"页面

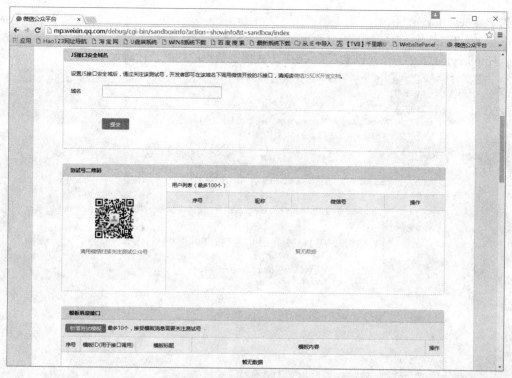

图3-21 "测试号管理"页面的下半部分

用微信扫描页面中的测试号二维码,然后单击"关注"按钮,关注测试号,以便使用测试号对开发接口进行测试。本书后面的很多内容都是在测试号的基础上进行调试的。

3.3 .NET微信接口开发基础技术

在1.4.4中介绍了微信开发接口的概念,访问开发接口可以获取微信公众号的相关消息,也可以实现对微信公众号的相关配置。本节介绍.NET实现微信接口开发所涉及的一些基础技术。

从客户端提交数据到服务器端的方式可以分为GET或POST。如果使用GET方式,则在按下"提交"按钮时浏览器会立即传送表单数据;如果使用POST方式,则浏览器会等待服务器来读取数据。使用GET方法的效率较高,但传递的信息量仅为2KB,而POST方法没有此限制,所以通常使用POST方法向服务器提交数据。

3.3.1 开发者与微信公众平台之间的数据交互设计

开发者在调用开发接口时,可以向开发接口提交数据,也会收到微信公众平台返回的数据。

1. 向开发接口提交数据

通常可以通过以下两种方式向开发接口提交数据。在项目wxBase中,定义一个静态类HttpService,用于实现向开发接口提交数据的功能。

(1) 在URL中带参数,也就是以GET方式提交数据。例如,大多数开发接口都需要在URL

中带上 access_token，例如：

https://api.weixin.qq.com/cgi-bin/xxxxxxx?access_token=ACCESS_TOKEN

HttpService.Get()方法可以实现以 GET 方式提交数据的功能，代码如下。

```csharp
public static string Get(string uri)
{
    string strLine = "", data = "";
    using (WebClient wc = new WebClient())
    {
        try
        {
            using (Stream stream = wc.OpenRead(uri))
            {
                using (StreamReader sr = new StreamReader(stream))
                {
                    while ((strLine = sr.ReadLine()) != null)
                    {
                        data += strLine;
                    }
                    sr.Close();
                }
            }
        }
        catch (System.Exception ex)
        {
            return ex.Message;
        }
        wc.Dispose();
    }
    return data;
}
```

（2）将特定格式的数据以 POST 形式提交至开发接口。提交数据的格式通常是 JSON 字符串或 XML 字符串。

HttpService.Post()方法可以实现以 POST 方式提交数据的功能，代码如下。

```csharp
public static string Post(string uri, string postData)
{
    byte[] byteArray = Encoding.UTF8.GetBytes(postData);
    HttpWebRequest webRequest = (HttpWebRequest)WebRequest.Create(new Uri(uri));
    webRequest.Method = "post";
    webRequest.ContentType = "application/x-www-form-urlencoded";
    webRequest.ContentLength = byteArray.Length;
    System.IO.Stream newStream = webRequest.GetRequestStream();
    newStream.Write(byteArray, 0, byteArray.Length);
    newStream.Close();
    HttpWebResponse response = (HttpWebResponse)webRequest.GetResponse();
    string data = new System.IO.StreamReader(response.GetResponseStream(), Encoding.GetEncoding("utf-8")).ReadToEnd();

    return data;
}
```

JSON（JavaScript Object Notation）是一种轻量级的数据交换格式。JSON 字符串具有如下特点。

- 以键值对的形式表示数据；键是数据的名字，包含在双引号中，值跟在键的后面。键和值之间以冒号分隔。
- 数据以逗号分隔。
- 使用花括号{}保存对象。
- 使用方括号[]保存数组。

例如，下面的 JSON 字符串包含两个数据。一个名为 errcode，值为 0；另一个名为 errmsg，值为"ok"。

```
{"errcode":0,"errmsg":"ok"}
```

2. 接收微信公众平台发送的数据

微信公众平台会在以下情况下向开发者发送数据。

（1）当开发者调用某些开发接口时。

（2）当微信公众平台收到消息后，会将消息封装成 XML 字符串，然后按照配置将 XML 字符串以 POST 方式发送给开发者。XML 是一种标记语言，它是可扩展的，使用者可以创建自定义元素以满足创作需要。关于 XML 字符串的具体情况将在第 5 章中介绍。

3. 解析收到的数据

微信的所有开发接口都会返回 JSON 数据包，有些接口还需要接收 JSON 数据包格式的参数。为了使用方便，在 wxBase 项目中创建一个专门用于处理 JSON 数据的静态类 JSONHelper。类 JSONHelper 包含的方法如表 3-2 所示。

表 3–2 类 JSONHelper 包含的方法

方法	说明
ObjectToJSON	将对象转换为 JSON 字符串
DataTableToList	将数据表对象转换为键值对集合
DataTableToJSON	将数据表对象转换为 JSON 字符串
JSONToObject	将 JSON 字符串转换为对象

ObjectToJSON()方法的代码如下。

```
public static string ObjectToJSON(object obj)
{
    JavaScriptSerializer jss = new JavaScriptSerializer();
    try
    {
        return jss.Serialize(obj);
    }
    catch (Exception ex)
    {
        throw new Exception("JSONHelper.ObjectToJSON(): " + ex.Message);
    }
}
```

程序使用 JavaScriptSerializer 对象将指定对象 obj 序列化成 JSON 字符串。使用 JavaScriptSerializer 类需要事先添加组件 JavaScriptSerializer 的引用。

DataTableToList ()方法的代码如下。

```
public static List<Dictionary<string, object>> DataTableToList(DataTable dt)
{
    List<Dictionary<string, object>> list
        = new List<Dictionary<string, object>>();

    foreach (DataRow dr in dt.Rows)
    {
        Dictionary<string, object> dic = new Dictionary<string, object>();
        foreach (DataColumn dc in dt.Columns)
        {
            dic.Add(dc.ColumnName, dr[dc.ColumnName]);
        }
        list.Add(dic);
    }
    return list;
}
```

此方法可以为后面将 DataTable 对象转换为 JSON 字符串奠定基础。

DataTableToJSON ()方法的代码如下。

```
public static string DataTableToJSON(DataTable dt)
{
    return ObjectToJSON(DataTableToList(dt));
}
```

程序首先调用 DataTableToList()方法将 DataTable 对象转换为键值对集合，然后再调用 ObjectToJSON()方法将键值对集合转换为 JSON 字符串。

JSONToObject()方法的代码如下。

```
public static T JSONToObject<T>(string jsonText)
{
    JavaScriptSerializer jss = new JavaScriptSerializer();
    try
    {
        return jss.Deserialize<T>(jsonText);
    }
    catch (Exception ex)
    {
        throw new Exception("JSONHelper.JSONToObject(): " + ex.Message);
        return default(T);
    }
}
```

程序使用 JavaScriptSerializer 对象将 JSON 字符串反序列化为一个泛型对象。泛型是程序设计语言的一种特性。允许程序员在强类型程序设计语言中编写代码时定义一些可变部分，那些部分在使用前必须作出指明。在 C#语言中，使用 T 代表泛型类，可以将泛型类理解为任意类。

本书经常会用到的是 ObjectToJSON()和 JSONToObject()两个方法，实现对象与 JSON 字符串之间的互相转换。

3.3.2 获取access_token

access_token，即许可令牌，是公众号的全局唯一接口调用凭据。access_token 由微信公众平台为每个开发者提供，开发者在调用微信公众平台的各个接口时都需使用 access_token。因此，获取 access_token 是开发微信公众平台应用的基础工作，也是本书要优先介绍的内容。

access_token 不是长期有效的，它的有效期目前为 2 个小时。过期后，需要重新获取。获取后需要妥善保存。

因为 access_token 是公众号的全局唯一接口调用凭据，所以它不能被随便获取。在获取 access_token 时需要提供开发者的 appID 和 appsecret，获取 access_token 的开发接口如下。

```
https://api.weixin.qq.com/cgi-bin/token?grant_type=client_credential&appid=APPID&secret=APPSECRET
```

在应用程序中，通过 http GET 请求访问上面的接口即可获得 access_token。

为了便于开发者调试程序，微信公众平台提供了接口调试工具。打开浏览器访问如下 URL。

```
http://mp.weixin.qq.com/debug
```

结果如图 3-22 所示。

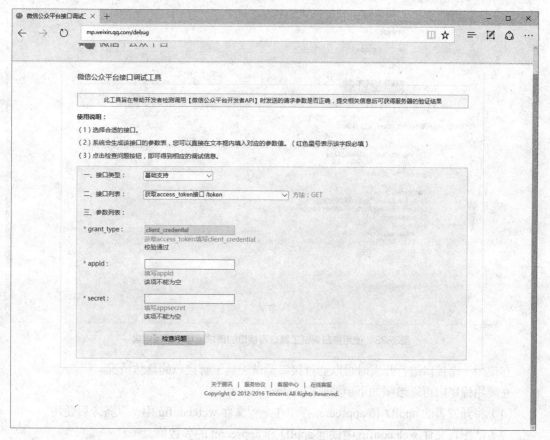

图3-22　微信公众平台接口调试工具

首先选择接口类型，包括如下内容。

- 基础支持。

- 向用户发送信息。
- 用户管理。
- 自定义菜单。
- 推广支持。
- 消息接口调试。
- 硬件接入 API 接口调试。
- 硬件接入消息接口调试。
- 硬件接入消息接口调试。
- 卡券接口。

然后选择要调试的接口，并输入参数。例如，在"接口类型"下拉框中选择"基础支持"，然后在"接口列表"下拉框中选择"获取 access_token/token"，在参数区输入 appid 和 appsecret，最后单击"检查问题"按钮，可以在下面看到请求地址和返回结果，如图 3-23 所示。

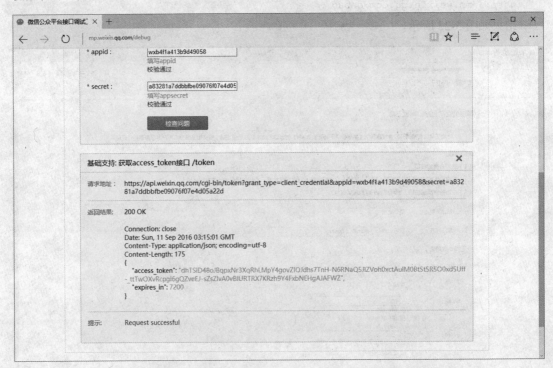

图3-23　使用接口调试工具查看接口的请求地址和返回结果

在使用一个接口进行开发时可以通过接口调试工具了解接口的具体情况。

在应用程序中可以参照如下步骤获取 access_token。

（1）将开发者的 appID 和 appsecret 存储在配置文件 web.config 中，以备今后使用。

（2）从配置文件 web.config 中读取 appID 和 appsecret 的参数值。

（3）以 appID 和 appsecret 为参数，以 http GET 请求方式访问上面介绍的接口，并获得返回结果。返回结果是一个 JSON 数据包，其中包含 access_token。

（4）解析收到的 JSON 数据包，获得 access_token。

下面具体介绍。

1. 将开发者的 appID 和 appsecret 存储在配置文件 web.config 中

在 WebApplicationWeixin 的 web.config 中存储 appID 和 appsecret 参数值，代码如下。

```xml
<appSettings>
    ......
    <add key="appid" value="****************" />
    <add key="appsecret" value="****************" />
</appSettings>
```

2. 以 appID 和 appsecret 为参数，以 http GET 请求方式访问微信接口，并获得返回结果

在类 weixinService 中定义一个字段 access_token，用于保存 access_token 值，代码如下。

```csharp
        private static string access_token;
```

再定义一个属性，用于获取 access_token 值，代码如下。

```csharp
        public static string Access_token
        {
            get
            {
                string url = "https://api.weixin.qq.com/cgi-bin/token?grant_type=client_credential&appid=" + appid+ "&secret="+ appsecret;
                access_token = HttpService.Get(url);
                return access_token;
            }
        }
```

这里用到了 HttpService.Get() 方法，用于以 http GET 请求方式访问指定的 URL。

这里获取的并不是真正的 access_token，而是包含 access_token 的 JSON 数据包，格式如下。

```
access_token:{"access_token":" access_token 字符串","expires_in":有效期秒数}
```

3. 解析收到的 JSON 数据包，获得 access_token

为了解析包含 access_token 的 JSON 数据包，首先需要在应用程序 wxBase 中添加一个定义 access_token 结构的类 wxAccessToken，代码如下。

```csharp
    public class wxAccessToken
    {
        /// <summary>
        /// 许可令牌
        /// </summary>
        public string access_token;
        /// <summary>
        /// 有效期时长（秒）
        /// </summary>
        public int expires_in;
    }
```

类 wxAccessToken 保存在 wxBase 的 Model 文件夹下，本书后面章节中会介绍很多微信报文，这些报文都是 JSON 格式的数据包。为了便于解析（收到消息时）和构造（发送消息时）这些数据包，每个 JSON 数据包都需要定义对应的模型类。本书约定，这些模型类统一保存在 wxBase 的 Model 文件夹下。

在 weixinService 的 Access_token 属性中增加解析 JSON 数据包的功能，代码如下。

```csharp
public static string Access_token
{
    get
    {
        // 过期时再重新获取
        if (token_validate_time <= DateTime.Now)
        {
            string url = "https://api.weixin.qq.com/cgi-bin/token?grant_type=client_credential&appid=" + appid+ "&secret="+ appsecret;
            access_token = HttpService.Get(url);
        }
        wxAccessToken token = JSONHelper.JSONToObject<wxAccessToken>(access_token);
        token_validate_time = DateTime.Now.AddSeconds(token.expires_in);
        return token.access_token;
    }
}
```

上面的代码中使用了一个新的变量 token_validate_time，用于保存 access_token 的有效期时间。从微信返回的 JSON 数据包中有效期是以秒为单位的整数，这里将其转换为 DateTime 类型。为了避免浪费资源，程序只在过期后才重新获取 access_token。

变量 token_validate_time 的定义代码如下。

```csharp
public static DateTime token_validate_time = DateTime.Now.AddDays(-1);
```

初始化时 token_validate_time 的值为当前系统时间的前一天，也就是处于过期状态。

【例 3-1】通过实例验证上面的方法能否获取包含 access_token 的 JSON 数据包。

首先在 WebApplicationWeixin 的 Areas\area3\Views\Home 子文件夹下面的 Index.cshtml 里添加一个超链接（显示文本为"获取 access_token"），代码如下。

```csharp
@Html.ActionLink("获取 access_token", "get_access_token", new { area = "area3" }, null))
```

单击该超链接，将跳转至 Areas\area3\Controls\HomeController 的 get_access_token()方法，代码如下。

```csharp
public ActionResult get_access_token()
{
    Response.Write("access_token:"+ weixinService.Access_token);

    return View();
}
```

为 get_access_token()方法添加视图 get_access_token.cshtml。

运行程序，浏览第 3 章主页，单击"获取 access_token"超链接可以打开图 3-24 所示的网页。可以看到，程序已经解析出 access_token 数据了。

3.3.3 从微信公众平台获取数据的实例

下面以一个获取微信服务器 IP 地址的实例演示从微信公众平台获取数据的过程。

出于安全考虑，公众号应用程序通常需要获取微信服务器 IP 地址列表，以便在通信过程中对其他 IP 地址进行限制。

第3章 使用ASP.NET搭建微信公众平台应用程序

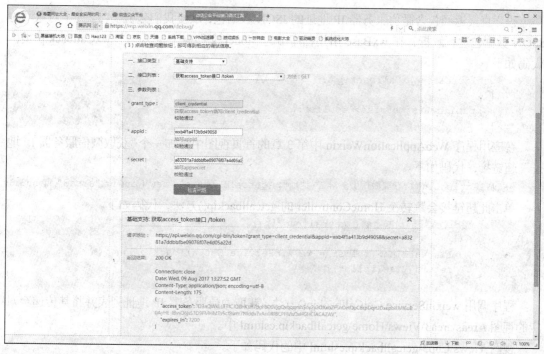

图3-24 显示获取的包含access_token的JSON数据包

获取微信服务器 IP 地址的开发接口如下。

```
https://api.weixin.qq.com/cgi-bin/getcallbackip?access_token=ACCESS_TOKEN
```

在应用程序中，通过 http GET 请求访问上面的接口即可获得包含微信服务器 IP 地址的 JSON 数据包，格式如下。

```
{
    "ip_list": [
        "127.0.0.1",
        "127.0.0.2",
        "101.226.103.0/25"
    ]
}
```

【例 3-2】演示如何获取微信服务器 IP 地址。

首先在类 weixinService 中定义一个 GetCallbackip()方法，用于获取微信服务器 IP 地址，代码如下。

```
/// <summary>
/// 微信服务器 IP 地址
/// </summary>
/// <returns>微信服务器 IP 地址</returns>
public static string GetCallbackip()
{
    string url = "https://api.weixin.qq.com/cgi-bin/getcallbackip?access_token=" + Access_token;
    string json = HttpService.Get(url);
    return json;
}
```

程序直接返回包含微信服务器 IP 地址的 JSON 数据包，以便我们分析学习。为了对返回的 JSON 数据包进行解析，在 wxBase 引用程序中的 Model 文件夹下定义一个 wxCallbackip 类，代码如下。

```
public class wxCallbackip
{
    public List<string> ip_list;
}
```

在应用程序 WebApplicationWeixin 中第 3 章的首页视图中添加一个"获取微信服务器 IP 地址"超链接，代码如下。

```
@Html.ActionLink("获取微信服务器 IP 地址", "getcallbackip", new { area = "area3" }, null)
```

单击此超链接会跳转至 HomeController 的 getcallbackip()方法，代码如下。

```
public ActionResult getcallbackip()
{
    List<string> iplist = weixinService.GetCallbackip();
    return View(iplist);
}
```

程序调用 weixinService.GetCallbackip()方法，获取微信服务器 IP 地址列表并将其传递至对应的视图 Areas\area3\Views\Home\getcallbackip.cshtml 中。

视图 Views\Chp3\getcallbackip.cshtml 中的代码如下。

```
@model List<string>
@{
    ViewBag.Title = "getcallbackip";
}

<h2>微信服务器 IP 地址如下</h2>

<ul>
    @for (int i = 0; i < @Model.Count; i++)
    {
        <li> @Model[i]</li>
    }
</ul>
```

视图中使用的模型是 List<string>类型的微信服务器 IP 地址列表，页面中对其进行遍历，并以 ul 列表的形式将其显示在页面中，如图 3-25 所示。

图3-25 显示微信服务器IP地址列表

习 题

一、选择题

1. 下列服务器中费用最低廉的是（　　）。
   A. 虚拟主机　　　B. 独立主机服务器　　C. 云主机服务器　　D. VPS服务器

2. （　　）是利用虚拟服务器软件在一台物理服务器上创建的多个相互隔离小服务器。
   A. 虚拟主机　　　B. 独立主机服务器　　C. 云主机服务器　　D. VPS服务器

3. 用户申请成为开发者时，微信公众平台发送的验证消息中包含4个参数，其中（　　）表示微信加密签名。
   A. echostr　　　B. signature　　　C. timestamp　　　D. nonce

二、填空题

1. 根据使用的资源不同，网站空间可以分为 【1】 、 【2】 、 【3】 和 【4】 。

2. 从用户体验和安全性方面的考虑，微信公众号的注册有一定门槛，某些高级接口的权限需要微信认证后才可以获取。为了能够更好地熟悉各个接口的调用方法，可以申请一个微信公众 【5】 账号。

3. 【6】 ，即许可令牌，是公众号的全局唯一接口调用凭据。

4. 在获取access_token时需要提供开发者的 【7】 和 【8】 。

三、操作题

1. 用户申请成为开发者时，微信公众平台发送的验证消息中包含4个参数，试述其中signature参数的加密方法。

2. 练习申请接口测试号。

04 自定义菜单开发

在公众号的底部，用户可以设置自定义菜单。最多可以定义 3 个菜单项，每个菜单项里面最多可以包含 5 个子菜单项。本章介绍如何利用开发接口对自定义菜单进行管理。

在 WebApplicationWeixin 应用程序中，本章实例的主页为\Areas\area4\Views\Home\ Index.cshtml。

4.1 自定义菜单

开发者可以在程序中调用相关开发接口，对自定义菜单进行管理，包括创建自定义菜单、删除自定义菜单和查询创建自定义菜单等。

4.1.1 创建自定义菜单

在应用程序中可以将指定格式的 JSON 字符串以 POST 方式提交到指定的接口，可以创建自定义菜单。

1. 开发接口和调用流程

创建自定义菜单的开发接口格式如下。

https://api.weixin.qq.com/cgi-bin/menu/create?access_token=ACCESS_TOKEN

ACCESS_TOKEN 代表公众号的访问令牌（access_token），该令牌唯一标识该用户、用户的组和用户的特权。在第 3 章中已经介绍了获取 ACCESS_TOKEN 的方法。正常情况下 access_token 有效期为 7 200 秒，重复获取将导致上次获取的 access_token 失效。

因为这是本书介绍的第 1 个微信开发接口，所以详细介绍一下调用微信开发接口的流程。调用开发接口创建自定义菜单的流程如图 4-1 所示。

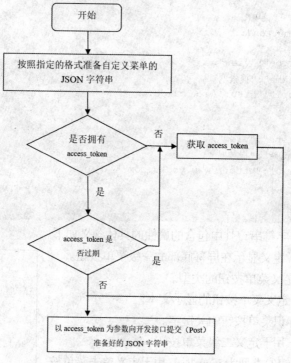

图4-1 调用开发接口创建自定义菜单的流程

2. 定义菜单内容的 JSON 字符串

在通过接口创建自定义菜单之前，需要准备好自定义菜单的内容。首先要了解微信自定义菜单接口可以实现多种类型按钮，其中常用的按钮类型如表 4-1 所示。

表 4-1　微信自定义菜单接口可以实现的常用按钮类型

序号	按钮类型	说明	具体描述
1	click	点击推事件	当用户单击 click 类型按钮后，微信服务器会通过消息接口推送消息类型为 event 的结构给开发者，并且带上按钮中开发者填写的 key 值，开发者可以通过自定义的 key 值与用户进行交互
2	view	跳转 URL	当用户单击 view 类型按钮后，微信客户端将会打开开发者在按钮中填写的网页 URL，可与网页授权获取用户基本信息接口结合，获得用户基本信息

下面是一个自定义菜单内容的例子。

```
{
    "button":[
    {
        "type":"click",
        "name":"今日新闻",
        "key":"V1001_TODAY_NEWS"
    },
    {
        "name":"菜单",
        "sub_button":[
        {
            "type":"view",
            "name":"搜索",
            "url":"http://www.baidu.com/"
        },
        {
            "type":"view",
            "name":"视频",
            "url":"http://www.youku.com/"
        }]
    }]
}
```

这是一个 JSON 字符串，其中包含的属性的具体含义如下。

- button：用于定义显示在屏幕底部的一级菜单按钮。
- type：用于定义菜单按钮的类型。
- name：用于定义菜单按钮的显示文本。
- key：用于标识菜单按钮的关键字。
- sub_button：用于定义二级菜单按钮。
- url：当单按钮的类型为 view 时，用于定义单击菜单按钮的跳转地址。

这段 JSON 字符串定义的菜单如图 4-2 所示。

将前面介绍的 JSON 字符串保存在 menu.txt 中以备后用。

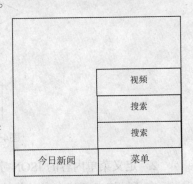

图4-2　JSON字符串定义的菜单

3. 创建自定义菜单的实例

本节介绍如何在应用程序中通过调用开发接口创建自定义菜单。首先，在 wxBase 中创建一个静态类 wxMenuService，用于实现自定义菜单编程。

在类 wxMenuService 中定义一个 Create() 方法，用于创建自定义菜单，代码如下。

```
public static string Create(string menufile)
{
    string menu_content = File.ReadAllText(menufile, Encoding.GetEncoding("GB2312"));
    string url = "https://api.weixin.qq.com/cgi-bin/menu/create?access_token="+weixinService.Access_token;
    string result = HttpService.Post(url, menu_content);

    return result;
}
```

Create() 方法有一个参数 menufile，用于指定保存自定义菜单 JSON 字符串的 txt 文件名。程序的运行过程如下。

（1）以 GB2312 编码读取 menufile 文件的内容。

（2）调用 HttpService.Post() 方法，以 POST 方式将 menufile 文件的内容提交到 4.1.1 介绍的接口。

【例 4-1】演示通过调用开发接口创建自定义菜单的方法。

在 WebApplicationWeixin 应用程序的 area4 中创建一个控制器 MenuController，然后在区域 area4 的主页视图 Areas\area4\View\Home\Index.cshtml 中添加一个"创建自定义菜单"超链接，代码如下。

```
<ul>
    <li>@Html.ActionLink("4.1.1 创建自定义菜单", "Create", "Menu") </li>
</ul>
```

单击此超链接，会跳转至控制器 MenuController 的 Create() 方法。

Create() 方法的代码如下。

```
public ActionResult Create()
{
    Response.Write( wxMenuService.Create(Server.MapPath("~/menu.txt")));
    return View();
}
```

程序调用 wxMenuService.Create() 方法，并输出返回结果。

为 Create() 方法创建对应的视图\View\Menu\Create.cshtml。Create.cshtml 仅用于显示创建自定义菜单的返回结果，因此不需要在页面上摆放控件。

将 menu.txt 复制到 WebApplicationWeixin 应用程序的根目录下，然后运行 WebApplicationWeixin 应用程序，在浏览器中访问第 4 章实例的首页，如图 4-3 所示。

单击"创建自定义菜单"超链接。如果返回下面的 JSON 字符串，则说明创建自定义菜单成功了。

```
{"errcode":0,"errmsg":"ok"}
```

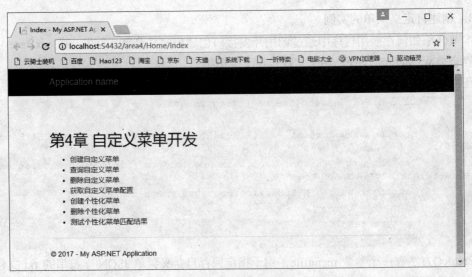

图4-3 第4章实例的首页

 提示 未通过认证的公众号没有开通创建自定义菜单API，因此，可能会返回"48001 api unauthorized"信息。建议在测试号上测试创建自定义菜单的功能。

如果创建成功，则访问测试号，可以看到底部出现如图4-4所示的自定义菜单。由于缓存的原因，通常创建菜单后，需要重新登录微信，再访问公众号才能看到新建的菜单。

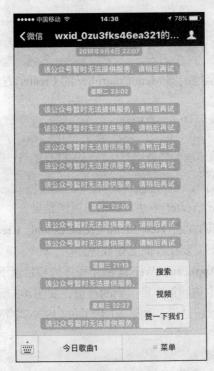

图4-4 登录测试号查看自定义菜单

4.1.2 查询自定义菜单

在应用程序中以 GET 方式调用下面的接口,可以查询自定义菜单。
```
https://api.weixin.qq.com/cgi-bin/menu/get?access_token=ACCESS_TOKEN
```
本节通过实例介绍如何在应用程序中调用开发接口查询自定义菜单。首先,在类 wxMenuService 中定义一个 get() 方法,用于查询自定义菜单,代码如下。

```
public static string get()
{
    string url = "https://api.weixin.qq.com/cgi-bin/menu/get?access_token="+weixinService.Access_token;
    string result = HttpService.Get(url);

    return result;
}
```

在视图 Areas\area4\View\Home\Index.cshtml 中添加一个"查询自定义菜单"超链接,代码如下。

```
<ul>
    ……
    <li>@Html.ActionLink("查询自定义菜单", "Get", "Menu")</li>
</ul>
```

单击此超链接,会跳转至控制器 Areas\area4\Controllers\MenuController 的 Get() 方法。Get() 方法的代码如下。

```
public ActionResult Get()
{
    Response.Write(wxMenuService.Get());
    return View();
}
```

程序调用 wxMenuService.Create() 方法,并输出返回结果。

为 Get () 方法创建对应的视图\View\Menu\Get.cshtml。Get.cshtml 仅用于显示查询自定义菜单的返回结果,因此不需要在页面上摆放控件。

然后运行 WebApplicationWeixin 应用程序,访问第 4 章主页,单击"查询自定义菜单"超链接。打开如图 4-5 所示的网页。网页中输出了获取到的自定义菜单的 JSON 字符串。

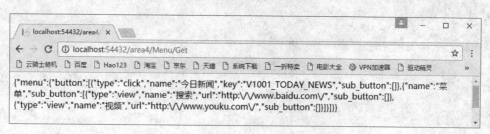

图4-5 输出了获取到的自定义菜单的JSON字符串

4.1.3 删除自定义菜单

删除自定义菜单的开发接口格式如下。
```
https://api.weixin.qq.com/cgi-bin/menu/delete?access_token=ACCESS_TOKEN
```

以 HTTP GET 方式调用上面的接口，可以删除当前的默认接口。如果删除成功，则返回下面的 JSON 字符串。

```
{"errcode":0,"errmsg":"ok"}
```

本节通过实例介绍如何在应用程序中调用开发接口删除自定义菜单。首先，在类 wxMenuService 中定义一个 delete()方法，用于删除自定义菜单，代码如下。

```
public static string delete()
{
    string url = "https://api.weixin.qq.com/cgi-bin/menu/delete?access_token="+weixinService.Access_token;
    string result = HttpService.Get(url);

    return result;
}
```

为了能够解析返回的 JSON 字符串，在 wxBase 应用程序中的 Model 文件夹下面创建一个类 wxResult，代码如下。

```
public class wxResult
{
    public string errcode;
    public string errmsg;
}
```

【例 4-2】演示删除自定义菜单的方法。

在视图 Areas\area4\View\Home\Index.cshtml 中添加一个"删除自定义菜单"超链接，代码如下。

```
<ul>
    ……
    <li>@Html.ActionLink("删除自定义菜单", "delete", "Menu" , new { area = "area4" } , null)</li>
</ul>
```

单击此超链接，会跳转至控制器 MenuController 的 delete()方法。

delete()方法的代码如下。

```
public ActionResult delete()
{
    wxResult result = JSONHelper.JSONToObject<wxResult>(wxMenuService.delete());
    if (result.errcode == "0")
        Response.Write("操作成功");
    else
        Response.Write("操作失败："+result.errmsg);

    return View();
}
```

程序调用 wxMenuService.delete()方法，并对返回结果进行解析。如果 errcode 等于 0，则输出"操作成功"；否则输出具体的错误信息 result.errmsg。

为 delete ()方法创建对应的视图。然后运行 WebApplicationWeixin 应用程序，在浏览器中访问第 4 章主页。单击"删除自定义菜单"超链接。如果操作成功，则网页中会输出"操作成功"。登录公众号，确认自定义菜单已经被删除。

4.1.4 获取自定义菜单配置

为了能够在应用程序中对自定义菜单进行配置，开发者需要首先获取自定义菜单的配置情况。以 HTTP GET 方式调用下面的开发接口，可以获取自定义菜单的配置情况：

```
https://api.weixin.qq.com/cgi-bin/get_current_selfmenu_info?access_token=ACCESS_TOKEN
```

访问此接口会返回类似下面的自定义菜单配置信息。

```
{
"is_menu_open":0,
"selfmenu_info":{"button":
[{"type":"click",
"name":"今日歌曲1",
"key":"V1001_TODAY_MUSIC"},
{"name":"菜单",
"sub_button":{"list":[{"type":"view",
"name":"搜索",
"url":"http:\/\/www.baidu.com\/"},
{"type":"view",
"name":"视频",
"url":"http:\/\/v.qq.com\/"},
{"type":"click",
"name":"赞一下我们",
"key":"V1001_GOOD"}]
}}]}}
```

参数说明如下。

- is_menu_open：用于指定是否开启菜单，0 代表未开启，1 代表开启。
- selfmenu_info：显示菜单信息。
- button：表示菜单按钮。
- type：表示菜单类型，包括 view（跳转网页）、text（返回文本，下同）、img、photo、video、voice 等。
- name：表示菜单名称。
- url：当按钮的类型为 view 时，用于定义单击菜单按钮的跳转地址。
- value：对于官网上设置的自定义菜单，value 字段用于保存菜单文本；对于 Img 和 voice 类型的菜单，value 字段用于保存素材的 mediaID；对于 Video 类型的菜单，value 字段用于保存视频的下载链接。
- news_info：图文消息的信息。
- title：图文消息的标题。
- digest：图文消息的摘要。
- author：图文消息的作者。
- show_cover：指定图文消息是否显示封面，0 为不显示，1 为显示。
- cover_url：图文消息的封面图片的 URL。
- content_url：图文消息的正文 URL。
- source_url：图文消息的原文的 URL，若置空则没有查看原文入口。

为了能够解析返回的 JSON 字符串，需要在 wxBase 项目中创建一组与菜单有关的 Model 类。这些类保存在 Model/Menu 文件夹下，具体代码如下。

（1）菜单配置类 wxModelMenuConfig。

```
public class wxModelMenuConfig
{
    /// <summary>
    /// 指定是否开启菜单，0 代表未开启，1 代表开启
    /// </summary>
    public int is_menu_open;
    /// <summary>
    /// 菜单信息类
    /// </summary>
    public wxModelMenuInfo selfmenu_info;
}
```

（2）菜单信息类 wxModelMenuInfo。

```
public class wxModelMenuInfo
{
    /// <summary>
    /// 菜单按钮列表
    /// </summary>
    public List<wxModelMenuButton> button;
}
```

（3）菜单按钮类 wxModelMenuButton。

```
public class wxModelMenuButton
{
    /// <summary>
    /// 菜单按钮类型
    /// </summary>
    public string type;
    /// <summary>
    /// 菜单按钮名字
    /// </summary>
    public string name;
    /// <summary>
    /// 菜单按钮的关键字
    /// </summary>
    public string key;
    /// <summary>
    /// 当按钮的类型为 view 时，用于定义单击菜单按钮的跳转地址
    /// </summary>
    public string url;
    /// <summary>
    /// 对于官网上设置的自定义菜单，value 字段用于保存菜单文本；对于 Img 和 voice 类型的菜单，value 字段用于保存素材的 mediaID；对于 Video 类型的菜单，value 字段用于保存视频的下载链接
    /// </summary>
    public string value;
    public wxModelMenuSubButtons sub_button;
}
```

（4）子菜单按钮集合类 wxModelMenuSubButtons。

```
public class wxModelMenuSubButtons
```

```
    {
        public List<wxModelMenuSubButton> list;
    }
```

(5)子菜单信息类 wxModelMenuSubButton。

```
    public class wxModelMenuSubButton
    {
        public string type;
        public string name;
        public string key;
        public string url;
    }
```

(6)图文消息信息类 wxModelMenuSubButton。

```
    public class wxModelMenuNewsInfo
    {
        /// <summary>
        /// 标题
        /// </summary>
        public string title;
        /// <summary>
        /// 作者
        /// </summary>
        public string author;
        /// <summary>
        /// 摘要
        /// </summary>
        public string digest;
        /// <summary>
        /// 指定图文消息是否显示封面,0为不显示,1为显示
        /// </summary>
        public int show_cover;
        /// <summary>
        /// 图文消息的封面图片的URL
        /// </summary>
        public string cover_url;
        /// <summary>
        /// 图文消息的正文URL
        /// </summary>
        public string content_url;
        /// <summary>
        /// 图文消息的原文的URL,若置空则没有查看原文入口
        /// </summary>
        public string source_url;
    }
```

首先,在类 wxMenuService 中定义一个 GetConfig()方法,用于获取自定义菜单的配置情况,代码如下。

```
        public static string GetConfig()
        {
            string url = " https://api.weixin.qq.com/cgi-bin/get_current_selfmenu_info?access_token=" +weixinService.Access_token;
            string result = HttpService.Get(url);
```

```
            return result;
        }
```

程序调用开发接口,获取获取自定义菜单配置。然后返回获取到的 JSON 字符串。

【例 4-3】演示获取自定义菜单配置的方法。

在视图 Areas\area4\View\Home\Index.cshtml 中添加一个"获取自定义菜单配置"超链接,代码如下。

```
<ul>
......
<li>@Html.ActionLink("获取自定义菜单配置", "GetConfig", "Menu", new { area = "area4" }, null)</li>
</ul>
```

单击此超链接,会跳转至控制器 MenuController 的 GetConfig()方法。GetConfig()方法的代码如下。

```
public ActionResult GetConfig()
{
    wxModelMenuConfig menu_config = JSONHelper.JSONToObject<wxModelMenuConfig>( wxMenuService.GetConfig());
    ViewData["menu_config"] = menu_config;
    return View();
}
```

程序将获取到的菜单配置对象 menu_config 存储在 ViewData 中,以便将其传递到视图中。为 GetConfig()方法创建对应的视图。

在其中获取从控制器中传递来的菜单配置对象 menu_config,将其显示在网页中,代码如下。

```
@model wxBase.Model.Menu.wxModelMenuConfig
@{
    ViewBag.Title = "GetConfig";
}
<h2>GetConfig</h2>
<br/>
<p>is_menu_open: @Model.is_menu_open</p><br />
<p>菜单按钮数量: @Model.selfmenu_info.button.Count</p><br />
<ul>
@foreach (var item in @Model.selfmenu_info.button)
{
    <li><p>type: @item.type</p></li>
    <li><p>key: @item.key</p></li>
    <li><p>name: @item.name</p></li>
    <li><p>url: @item.url</p></li>
    <li><p>value: @item.value</p></li>

    wxBase.Model.Menu.wxModelMenuSubButtons sub_buttons = item.sub_button;
    <ul>
        @if (sub_buttons != null)
        {
            foreach (var subitem in sub_buttons.list)
            {
            <li><p>type: @subitem.type</p></li>
            <li><p>key: @subitem.key</p></li>
```

```
                <li><p>name: @subitem.name</p></li>
                <li><p>url: @subitem.url</p></li>
                }
            }
        </ul>
    }
    </ul>
```

运行 WebApplicationWeixin 应用程序，在浏览器中访问第 4 章主页，然后单击"获取自定义菜单配置"超链接，会打开如图 4-6 所示的网页，网页中输出了获取到的自定义菜单的 JSON 字符串经过解析后的结果。这样，在程序中就可以知道微信公众号的自定义菜单内容了。

图4-6　输出了获取到的自定义菜单的JSON字符串经过解析后的结果

4.2　个性化菜单管理

所谓个性化菜单是指不同类型的用户可以看到不一样的自定义菜单。可以按照下面的条件对用户分类，使不同类型的用户可以看到不同的自定义菜单。
- 用户标签（开发者的业务需求可以借助用户标签来完成）。
- 性别。
- 手机操作系统。
- 地区（用户在微信客户端设置的地区）。
- 语言（用户在微信客户端设置的语言）。

4.2.1 创建个性化菜单

将定义个性化菜单的 JSON 字符串以 POST 方式提交到下面的接口，就可以创建个性化菜单。

```
https://api.weixin.qq.com/cgi-bin/menu/addconditional?access_token=ACCESS_TOKEN
```

定义个性化菜单的 JSON 字符串就是在 4.1.4 介绍的自定义菜单 JSON 字符串后面增加 matchrule 节点，用于定义菜单匹配规则。例如，下面是一个定义个性化菜单的 JSON 字符串的例子。

```json
{
    "button":[
    {
        "type":"click",
        "name":"今日新闻",
        "key":"V1001_TODAY_NEWS"
    },
    {
        "name":"菜单",
        "sub_button":[
        {
            "type":"view",
            "name":"搜索",
            "url":"http://www.baidu.com/"
        },
        {
            "type":"view",
            "name":"视频",
            "url":"http://www.youku.com/"
        }]
    }],
  "matchrule":{
    "tag_id":"2",
    "sex":"1",
    "country":"中国",
    "province":"广东",
    "city":"广州",
    "client_platform_type":"2",
    "language":"zh_CN"
    }
}
```

matchrule 节点中的参数说明如下。

- tag_id：用户标签的 id。
- sex：性别，男（1）、女（2）。
- client_platform_type：客户端版本，当前只具体到系统型号：IOS(1)、Android(2)、Others(3)。
- country：国家信息，是用户在微信中设置的地区。
- province：省份信息，是用户在微信中设置的地区。
- city：城市信息，是用户在微信中设置的地区。
- language：用户在微信中设置的语言，表 4-2 所示为部分语言，具体看开发帮助。

表 4–2 用户在微信中设置的部分语言选项

语音代码	代表的语言
zh_CN	简体中文
zh_TW	繁体中文 TW
zh_HK	繁体中文 HK
en	英语
es	西班牙语
ko	韩语
it	意大利语
ja	日语
ar	阿拉伯语
de	德语
fr	法语

本节通过实例介绍如何在应用程序中调用开发接口创建个性化菜单。首先，在 wxBase 的类 wxMenuService 中定义一个 addconditional() 方法，用于创建自定义菜单，代码如下。

```
        public static string addconditional(string menufile)
        {
            string menu_content = File.ReadAllText(menufile, Encoding.GetEncoding("GB2312"));
            string url = "https://api.weixin.qq.com/cgi-bin/menu/ addconditional?access_token="+weixinService.Access_token;
            string result = HttpService.Post(url, menu_content);

            return result;
        }
```

addconditional()方法有一个参数 menufile，用于指定保存自定义菜单 JSON 字符串的 txt 文件名。程序的运行过程如下。

（1）以 GB2312 编码读取 menufile 文件的内容。

（2）调用 HttpService.Post()方法，以 POST 方式将 menufile 文件的内容提交到创建个性化菜单的接口。

【例 4-4】演示创建自定义菜单的方法。

在 WebApplicationWeixin 应用程序的视图 Areas\area4\View\Menu\Index.cshtml 中添加一个"创建个性化菜单"超链接，代码如下。

```
<ul>
……
<li>@Html.ActionLink("创建个性化菜单","addconditional","Menu",new { area = "area4" }, null)</li>
</ul>
```

单击此超链接，会跳转至控制器 MenuController 的 addconditional()方法，代码如下。

```
public ActionResult addconditional()
{
    Response.Write( wxMenuService.addconditional(Server.MapPath("~/menu01.txt")));
    return View();
}
```

程序调用 wxMenuService.addconditional()方法，并输出返回结果。

为 addconditional()方法创建对应的视图 Atras\area4\View\Menu\addconditional.cshtml。addconditional.cshtml 仅用于显示创建自定义菜单的返回结果，因此不需要在页面上摆放控件。

将前面介绍的个性化菜单的 JSON 字符串保存在 menu01.txt 中，然后将其复制到 WebApplicationWeixin 应用程序的根目录下。运行 WebApplicationWeixin 应用程序，在浏览器中访问第 4 章，然后单击"创建个性化菜单"超链接。

提示　在创建个性化菜单之前，必须存在默认的自定义菜单，否则会返回"{"errcode":65303,"errmsg":"there is no selfmenu, please create selfmenu first hint: [nVtbaA0132vr21]"}"信息。

如果创建成功，则会返回包含新建菜单 id（menuid）的 JSON 字符串，类似如下信息。

```
{"menuid":408825572}
```

4.2.2　删除个性化菜单

将包含 menuid 的 JSON 字符串以 POST 方式提交至下面的接口，可以删除指定的个性化菜单。

```
https://api.weixin.qq.com/cgi-bin/menu/delconditional?access_token=ACCESS_TOKEN
```

提交的 JSON 字符串格式如下。

```
{
    "menuid":"208379533"
}
```

【例 4-5】演示删除个性化菜单的方法。

首先,在 wxBase 的类 wxMenuService 中定义一个 delconditional()方法,用于删除个性化菜单,代码如下:

```
public static string delconditional(string menuid)
{
    string json = "{ \"menuid\":\"" + menuid + "\"}";
    string url = "https://api.weixin.qq.com/cgi-bin/menu/delconditional?access_token=" + weixinService.Access_token;
    string result = HttpService.Post(url, json);
    return result;
}
```

参数 menuid 是要删除的菜单 id。

在 WebApplicationWeixin 应用程序的视图 Areas\area4\View\Home\Index.cshtml 中添加一个"删除个性化菜单"超链接,代码如下:

```
<ul>
……
    <li>@Html.ActionLink("删除个性化菜单", "delconditional", "Menu", new { area = "area4" }, null)</li>
</ul>
```

单击此超链接,会跳转至控制器 MenuController 的 delconditional()方法。

delconditional()方法的代码如下:

```
public ActionResult delconditional()
{
    Response.Write(wxMenuService.delconditional("408825572"));
    return View();
}
```

程序调用 wxMenuService.delconditional()方法,并输出返回结果。

为 delconditional()方法创建对应的视图,然后运行 WebApplicationWeixin 应用程序,在浏览器中访问第 4 章主页,单击"删除个性化菜单"超链接。如果返回下面的 JSON 字符串,则说明删除个性化菜单成功。

```
{"errcode":0,"errmsg":"ok"}
```

4.2.3 测试个性化菜单匹配结果

将包含 userid 的 JSON 字符串以 POST 方式提交至下面的接口,可以测试指定的用户的个性化菜单匹配情况。

```
https://api.weixin.qq.com/cgi-bin/menu/trymatch?access_token=ACCESS_TOKEN
```

提交的 JSON 字符串格式如下:

```
{
    "user_id":"weixin"
}
```

user_id 可以是公众号粉丝用户的 openid,也可以是用户的微信号。openid 是微信用户的唯一标识,具体情况将在第 6 章介绍。

【例 4-6】演示测试个性化菜单匹配结果的方法。

首先，在 wxBase 的类 wxMenuService 中定义一个 trymatch()方法，用于测试用户个性化菜单匹配结果，代码如下。

```
public static string trymatch(string userid)
{
    string json = "{ \"user_id\":\"" + userid + "\"}";
    string url = "https://api.weixin.qq.com/cgi-bin/menu/trymatch?access_token=" + weixinService.Access_token;
    string result = HttpService.Post(url, json);

    return result;
}
```

参数 userid 是要测试的用户的 openid 或微信号。

在 WebApplicationWeixin 应用程序的视图 Areas\area4\View\Home\Index.cshtml 中添加一个"测试个性化菜单匹配结果"超链接，代码如下。

```
<ul>
……
    <li>@Html.ActionLink("测试个性化菜单匹配结果", "trymatch", "Menu", new { area = "area4" }, null)</li>
</ul>
```

单击此超链接，会跳转至控制器 MenuController 的 trymatch()方法。

trymatch()方法的代码如下。

```
public ActionResult trymatch()
{
    Response.Write(wxMenuService.trymatch("xxxxxxxxx"));
    return View();
}
```

程序调用 wxMenuService.trymatch()方法，并输出返回结果。

为 trymatch()方法创建对应的视图。然后运行 WebApplicationWeixin 应用程序，在浏览器中访问第 4 章的主页，然后单击"测试个性化菜单匹配结果"超链接。将返回该用户匹配的菜单项对应的 JSON 字符串，例如：

{"menu":{"button":[{"type":"click","name":"今日歌曲1","key":"V1001_TODAY_MUSIC","sub_button":[]},{"name":"菜单","sub_button":[{"type":"view","name":"搜索","url":"http:\/\/www.baidu.com\/","sub_button":[]},{"type":"view","name":"视频","url":"http:\/\/v.qq.com\/","sub_button":[]},{"type":"click","name":"赞一下我们","key":"V1001_GOOD","sub_button":[]}]}]}}

习 题

一、选择题

1. 在自定义菜单内容的JSON字符串中，（　　）用于指定菜单按钮的显示文本。
   A. button　　　　B. text　　　　C. name　　　　D. url
2. 在定义个性化菜单的matchrule节点中，用于指定用户标签的参数是（　　）。
   A. userid　　　　B. code　　　　C. openid　　　　D. tag_id

二、填空题

1. 在公众号的底部，用户可以设置自定义菜单。最多可以定义 __【1】__ 个菜单项，每个菜单项里面最多可以包含 __【2】__ 个子菜单项。

2. 在应用程序中可以将指定格式的JSON字符串以 __【3】__ 方式提交到指定的接口，可以创建自定义菜单。

3. 定义个性化菜单的JSON字符串就是在前面介绍的自定义菜单的JSON字符串后面增加 __【4】__ 节点，用于定义菜单匹配规则。

三、问答题

1. 试述使用个性化菜单可以按照哪些条件对用户分类，使不同类型的用户可以看到不同的自定义菜单。

2. 试述调用开发接口创建自定义菜单的流程。

05 消息接口

微信公众平台提供了一组开发接口，用于接收和发送消息。消息包括文本消息、图片消息、语音消息、视频消息、地理位置消息、链接消息等。

本章代码保存在 WebApplicationWeixin 应用程序中的 Controllers\echoController 中。

5.1 接收消息

每当微信公众平台收到消息后，都会将消息封装成 XML 字符串，然后按照配置将 XML 字符串以 POST 方式发送到指定的 URL。这样部署在 Web 服务器上的应用程序就可以接收并处理 POST 数据了。

5.1.1 在程序中接收POST数据

本节介绍在 C#程序里如何接收远程以 POST 方式推送过来的数据。

1. 获取 HTTP 传输数据的方式

HTTP 支持 2 种传输数据的方式，即 POST 方式和 GET 方式。POST 方式用于向 Web 服务器推送数据，传送的数据量较大，可以认为是不受限制的；GET 方式将数据以 URL 参数的形式传输数据，传输数据量比较小，不能超过 2KB。

通常，POST 方式用于向 Web 服务器推送数据，GET 方式用于从 Web 服务器获取数据。

在控制器中可以使用 Request.RequestType 获取 HTTP 传输数据的方式，代码如下。

```
if (Request.RequestType.ToUpper() == "POST")
{
    //处理 POST 数据
}
else
{
    //处理 GET 数据
}
```

2. 接收 POST 数据

在控制器中可以使用 Request.InputStream 接收推送至 Web 服务器的数据流，然后将数据流转换为字节数组，再转换为字符串，从而得到 POST 数据。

例如，在控制器中添加一个 PostInput()方法，可以用于接收 POST 数据，代码如下。

```
// 获取 POST 返回来的数据
private string PostInput()
{
    try
    {
        System.IO.Stream s = Request.InputStream;
        int count = 0;
        byte[] buffer = new byte[1024];
        StringBuilder builder = new StringBuilder();
        while ((count = s.Read(buffer, 0, 1024)) > 0)
        {
            builder.Append(Encoding.UTF8.GetString(buffer, 0, count));
        }
        s.Flush();
        s.Close();
        s.Dispose();
        return builder.ToString();
    }
```

```
            catch (Exception ex)
            { throw ex; }
        }
```

下面对第 3 章介绍的 WebApplicationWeixin 应用程序中 echoController 的 Index()方法进行改造，代码如下。

```
        public ActionResult Index()
        {
            if (Request.RequestType.ToUpper() == "POST")//如果是 POST 的数据，则记录内容
            {
                string message= "收到 POST 数据：<br/>";
                message += PostInput();
                LogService.Write(message);
            }
            else//如果是 GET 的数据，则验证消息
            {
                // 从请求中获取 timestamp 参数、nonce 参数和 signature 参数值
                string echoString = Request.QueryString["echoStr"];
                string signature = Request.QueryString["signature"];
                string timestamp = Request.QueryString["timestamp"];
                string nonce = Request.QueryString["nonce"];
                LogService.Write("echoString:" + echoString);
                LogService.Write("signature:" + signature);
                LogService.Write("timestamp:" + timestamp);
                LogService.Write("nonce:" + nonce);
                // 对 token、timestamp、nonce 三个参数进行加密，得到临时 signature 字符串
                string tmp_signature = weixinService.make_signature(timestamp, nonce);
                LogService.Write("tmp_signature:" + tmp_signature);
                if (tmp_signature == signature && !string.IsNullOrEmpty(echoString))
                {
                    Response.Write(echoString);
                    Response.End();
                }
                else
                {
                    Response.Write("Invalid request!");
                    Response.End();
                }
            }
            return View();
        }
```

首先判断传输数据的方式，如果是 POST 方式，则调用 PostInput()方法接收 POST 数据，然后调用 LogService.Write()方法将接收到的数据记录在日志中。

5.1.2 接收消息的类型

微信公众号可能接收到各种类型的消息，包括消息如下。

- 文本消息。
- 图片消息。
- 语音消息。
- 视频消息。

- 小视频消息。
- 地理位置消息。
- 链接消息。
- 事件推送消息。

用户发送的消息将以 XML 格式以 POST 方式提示到 Web 服务器。XML 是一种标记语言，它是可扩展的，使用者可以创建自定义元素以满足使用的需要，这无疑大大增加了 XML 的灵活性和应用领域。当然，XML 文档也是有限制的，它必须遵守一个特殊的结构。如果一个文档没有适当的结构，那么就不能认为它是 XML。

下面是一个简单的 XML 文档。

```xml
<?xml version="1.0" encoding="gb2312" standalone="no"?>
<!-- 这是一个 XML 文档的示例   -->
<AddressList>
  <Person>
    <Name>小李</Name>
    <Sex>男</Sex>
    <Age>23</Age>
    <Address>北京市海淀区</Address>
    <Mobile>1300XXXXXX</Mobile>
  </Person>
  <Person>
    <Name>小张</Name>
    <Sex>女</Sex>
    <Age>22</Age>
    <Address>北京市西城区</Address>
    <Mobile>1360XXXXXX</Mobile>
  </Person>
</AddressList>
```

第 1 行是 XML 声明，其中，version 属性指明了 XML 的版本；encoding 属性定义了文档中使用的编码格式，如果要在 XML 文档中使用中文，则需要使用 gb2312 格式；standalone 属性等于"no"表示标记声明不独立于文档内部。

在第 2 行中定义了一个元素（element），即<AddressList>。因为 XML 文档可以表现为树状结构，所以它的第一个元素被称为根元素，也叫文档元素。每个 XML 文档只能包含一个根元素。最后一行的</AddressList>是根元素的结束标记，每个 XML 标记都必须有一个对应的结束标记，表明它定义的结束。<Person>是<AddressList>的一个子元素，在<Person>…</Person>之间定义了一个联系人的基本信息，而<Person>元素中又包含姓名（<Name>…</Name>）、性别（<Sex>…</Sex>）、年龄（<Age>…</Age>）、地址（<Address>…</Address>）和手机（<Mobile>…</Mobile>）等子元素。

XML 文档中的注释是由<!--和-->标记分隔的文本段组成，其中包含的文字不作为文档来对待。

微信公众号接收到的各种类型消息对应的 XML 字符串格式不尽相同，本章后面将介绍具体情况。

5.1.3 解析收到的消息

当应用程序接收到消息后，可以使用 XmlDocument 类对其进行解析。

1. 加载 XML 字符串

调用 XmlDocument.loadXml()方法可以从指定的字符串中加载 XML 文档，语法如下。

```
public virtual void LoadXml(string xml)
```

参数 xml 是被解析的 XML 字符串。xml 中包含的 XML 文档信息将被加载到调用方法的 XmlDocument 对象的相关属性中。

2. XmlDocument 类的根节点属性

根节点是 XML 文档中很重要的一个节点。首先，它是 XML 文档的第一个节点；其次，它是所有其他节点的祖先节点。因此，获取到根节点后，就可以根据根节点获取到其他节点。

使用 XmlDocument 类的 DocumentElement 属性可以获取 XML 文档的根节点。DocumentElement 属性的类型是 XmlElement，XmlElement 类用于定义 XML 文档的节点。

XmlElement 类的常用属性如表 5-1 所示。

表 5–1　XmlElement 类的常用属性

属性名	说明
Attributes	获取此节点的属性列表，类型为 XmlAttributeCollection
ChildNodes	获取节点的所有子节点
FirstChild	获取节点的第一个子节点
HasAttributes	获取一个 boolean 值，该值指示当前节点是否有属性
HasChildNodes	获取一个 boolean 值，该值指示当前节点是否有子节点
InnerText	获取或设置当前节点的文本
InnerXml	获取或设置当前节点的标记
LastChild	获取节点的最后一个子节点
Value	获取或设置当前节点的值

XmlElement 类的常用方法如表 5-2 所示。

表 5–2　XmlElement 类的常用方法

属性名	说明
AppendChild(XmlNode)	将指定的节点添加到该节点的子节点列表的末尾
GetAttribute(String)	返回具有指定名称的属性的值
HasAttribute(String)	确定当前节点是否具有指定名称的属性
SelectSingleNode(String)	选择第一个匹配的子节点
SetAttribute(String, String)	设置具有指定名称的属性的值
SetAttributeNode(String, String)	设置结点的属性

5.1.4　接收文本消息

文本消息的格式如下。

```
<xml>
 <ToUserName><![CDATA[toUser]]></ToUserName>
 <FromUserName><![CDATA[fromUser]]></FromUserName>
```

```
<CreateTime>1348831860</CreateTime>
<MsgType><![CDATA[text]]></MsgType>
<Content><![CDATA[this is a test]]></Content>
<MsgId>1234567890123456</MsgId>
</xml>
```

参数说明如下。

- ToUserName：开发者微信号。
- FromUserName：发送方账号，是一个 OpenID（注意，不是用户名）；OpenID 是公众号的普通用户的唯一的标识，只针对当前的公众号有效。开发者可通过 OpenID 来获取用户基本信息。
- CreateTime：消息创建时间（整型）。
- MsgType：消息类型，默认为 text。
- Content：文本消息内容。
- MsgId：消息 id，64 位整型。

可以在 echoController 的 Index()方法中对接收到的消息 XML 字符串进行解析，得到以上这些参数值。首先，在 wxBase 应用程序的 Model 文件夹下创建一个 wxModelMessage 类，用来保存接收到的消息，其属性定义如下。

```
public class wxModelMessage
{
    ///
    /// 消息接收方微信号
    ///
    public string ToUserName { get; set; }
    ///
    /// 消息发送方微信号
    ///
    public string FromUserName { get; set; }
    ///
    /// 创建时间
    ///
    public string CreateTime { get; set; }
    ///
    /// 信息类型 地理位置:location,文本消息:text,消息类型:image ///
    public string MsgType { get; set; }
    ///
    /// 信息内容
    public string Content { get; set; }
    /// <summary>
    /// 消息 ID
    /// </summary>
    public int MsgId { get; set; }……
}
```

在 wxModelMessage 类中定义一个 ParseXML()方法，用于解析接收到的消息 XML 字符串 requestStr，代码如下。

```
public void ParseXML(string requestStr)
{
    if (!string.IsNullOrEmpty(requestStr))
    {
        //封装请求类
```

```csharp
                try
                {
                    requestStr = requestStr.Replace("< ", "<").Replace(" >", ">").Replace("/ ", "/");
                    XmlDocument requestDocXml = new XmlDocument();
                    requestDocXml.LoadXml(requestStr);
                    XmlElement rootElement = requestDocXml.DocumentElement;
                    ToUserName = rootElement.SelectSingleNode("ToUserName").InnerText;
                    FromUserName = rootElement.SelectSingleNode("FromUserName").InnerText;
                    CreateTime = rootElement.SelectSingleNode("CreateTime").InnerText;
                    #region 将整数时间转换为 yyyy-MM-dd 格式
                    Int64 bigtime = 0;
                        try
                        {
                            bigtime = Convert.ToInt64(CreateTime) * 10000000;//100 毫微秒为单位
                        }
                        catch (Exception)
                        {

                        }
                     // 1970-01-01 08:00:00 是基准时间
                    DateTime dt_1970 = new DateTime(1970, 1, 1, 8, 0, 0);
                    long tricks_1970 = dt_1970.Ticks;//1970 年 1 月 1 日刻度
                    long time_tricks = tricks_1970 + bigtime;//日志日期刻度
                    DateTime dt = new DateTime(time_tricks);//转化为 DateTime
                    CreateTime = dt.ToString("yyyy-MM-dd HH:mm:ss");
                    #endregion

                    MsgId = rootElement.SelectSingleNode("MsgId").InnerText;
                    MsgType = rootElement.SelectSingleNode("MsgType").InnerText;
                    switch (MsgType)
                    {
                        case "text":
                            Content = rootElement.SelectSingleNode("Content").InnerText;
                            break;
                        ……
                        default: break;
                    }
                }
                catch (Exception ex)
                {
                    LogService.Write("收到消息:" + requestStr + ",error:" + ex.Message);
                }
```

因为收到的微信消息 XML 字符串中可能包含空格，会影响解析的结果，所以首先要将空格替换掉，然后再通过 XmlDocument 类来解析 XML 字符串。解析的过程如下。

（1）调用 XmlDocument.LoadXml()方法从 XML 字符串中加载 XML 文档。

（2）获取 XML 文档的根节点 rootElement。

（3）调用 rootElement.SelectSingleNode()方法获取各子节点的值，并赋值到 wxModelMessage 对象的属性中。

（4）收到的 CreateTime 数据是一个大整数，它表示从 1971-01-01 08:00:00 开始到指定时间的 Ticks 数，1 个 Tick 等于 100 纳秒。程序中需要将其转换为 DateTime 类型的数据，然后再转换为字符串。

在 echoController 的 Index()方法中，添加下面的代码，对以 POST 方式传送过来的数据调用 wxModelMessage 类的 ParseXML()方法，进行解析，然后记录日志。

```
public ActionResult Index()
{
    if (Request.RequestType.ToUpper() == "POST")//如果是 POST 的数据，则记录内容
    {
         string message= PostInput();
         wxModelMessage mm = new wxModelMessage();
         mm.ParseXML(message);
         LogService.Write("收到来自【"+ mm.FromUserName+"】+的消息。消息类型："+mm.MsgType+"，消息 id:"+mm.MsgId+"，Content:"+mm.Content+"。时间:"+mm.CreateTime);
    }
    else//如果是 GET 的数据，则验证消息
    {
    ......
    }
}
```

发布应用程序后，向公众号发送测试消息，然后查看 Web 服务器上的日志记录，确认可以看到类似下面的日志。

[2016-10-07 22:01:50]： 收到来自【oD15RwLBbA4mr_-T9-2R7zE1mQSI】的消息。消息类型：text，消息 id:6338722759746457682，Content:测试消息。时间:2016-10-07 22:01:40

在实际应用中可以将收到的消息记录在数据库中，以便查看和统计分析。

5.1.5　接收图片消息

图片消息的格式如下。

```
<xml>
 <ToUserName><![CDATA[toUser]]></ToUserName>
 <FromUserName><![CDATA[fromUser]]></FromUserName>
 <CreateTime>1348831860</CreateTime>
 <MsgType><![CDATA[image]]></MsgType>
 <PicUrl><![CDATA[this is a url]]></PicUrl>
 <MediaId><![CDATA[media_id]]></MediaId>
 <MsgId>1234567890123456</MsgId>
</xml>
```

与文本消息相比，图片消息多了下面 2 个参数。
- PicUrl：图片链接。
- media_id：图片消息媒体 id，可以调用第 8 章介绍的多媒体文件下载接口获取数据。

修改 wxBase 应用程序中的 wxModelMessage 类，增加 PicUrl 和 media_id 属性，代码如下。

```
///
/// 图片链接，开发者可以用 HTTP GET 获取
public string PicUrl { get; set; } /// <summary>
```

```
            /// 图片消息媒体 id，可以调用第 8 章介绍的多媒体文件下载接口获取数据
            /// </summary>
            public string media_id { get; set; }
```

修改 **wxModelMessage** 类的 **ParseXML()**方法，增加解析图片消息的内容，代码如下。

```
        switch (MsgType)
        {
            ……
            case "image":
                PicUrl = rootElement.SelectSingleNode("PicUrl").InnerText;
                media_id = rootElement.SelectSingleNode("media_id").InnerText;
                break;
                ……
        }
```

在 echoController 的 Index()方法中，修改记录日志的代码，增加关于图片消息的内容，具体如下。

```
        switch (mm.MsgType.ToLower())
        {
            case "text":
                LogService.Write("收到来自【" + mm.FromUserName + "】的消息。消息类型：" + mm.MsgType + "，消息id:" + mm.MsgId + ", Content:" + mm.Content + "。时间:" + mm.CreateTime);
                break;
            case "image":
                LogService.Write("收到来自【" + mm.FromUserName + "】的消息。消息类型：" + mm.MsgType + "，消息id:" + mm.MsgId + ", PicUrl:" + mm.PicUrl + ", media_id:" + mm.media_id +"。时间:" + mm.CreateTime);
                break;
        }
```

发布应用程序后，向公众号发送测试消息，然后查看 Web 服务器上的日志记录，确认可以看到类似下面的日志。

```
[2016-10-09 21:59:44]:  收到来自【oD15RwLBbA4mr_-T9-2R7zE1mQSI】的消息。消息类型：image,
消息id:6339464397519279779, PicUrl:http://mmbiz.qpic.cn/mmbiz_jpg/
uZUyvibr6Z80u2edx0xO2q5opplAED0dyvntN2gHMkHYcz4qVnqcOqllTLjAvicfvAoafYA6ZWvdU1BoudKr
TCMQ/0, media_id:。时间:2016-10-09 21:59:36
```

5.1.6 接收语音消息

语音消息的格式如下。

```
<xml>
<ToUserName><![CDATA[toUser]]></ToUserName>
<FromUserName><![CDATA[fromUser]]></FromUserName>
<CreateTime>1357290913</CreateTime>
<MsgType><![CDATA[voice]]></MsgType>
<MediaId><![CDATA[media_id]]></MediaId>
<Format><![CDATA[Format]]></Format>
<MsgId>1234567890123456</MsgId>
</xml>
```

与文本消息和图片相比，语音消息多了下面 2 个参数。

- Format：用于描述语音的格式，如 amr、speex 等。
- MediaId：语音消息媒体 id，可以调用第 8 章介绍的多媒体文件下载接口获取数据。

修改 wxBase 应用程序中的 wxModelMessage 类，增加 Format 属性，代码如下。

```
/// <summary>
/// 图片消息媒体 id，可以调用第 8 章介绍的多媒体文件下载接口获取数据
/// </summary>
public string Format { get; set; }
```

修改 wxModelMessage 类的 ParseXML()方法，增加解析图片消息的内容，代码如下。

```
switch (MsgType)
{
    ……
    case "voice":
        PicUrl = rootElement.SelectSingleNode("Format").InnerText;
        media_id = rootElement.SelectSingleNode("MediaId").InnerText;
        break;
        ……
}
```

在 echoController 的 Index()方法中，修改记录日志的代码，增加关于语音消息的内容，具体如下。

```
switch (mm.MsgType.ToLower())
{
    ……
    case "voice":
        LogService.Write("收到来自【" + mm.FromUserName + "】的消息。消息类型：" + mm.MsgType + ", 消息id:" + mm.MsgId + ", Format:" + mm.Format + ", media_id:" + mm.media_id + "。时间:" + mm.CreateTime);
        break;
}
```

发布应用程序后，向公众号发送测试消息，然后查看 Web 服务器上的日志记录，确认可以看到类似下面的日志。

[2016-10-14 20:37:00]: 收到来自【oD15RwLBbA4mr_-T9-2R7zE1mQSI】的消息。消息类型:voice, 消息id:6341298481698800738, Format:amr, media_id:RM6b-eZ3tiE8KiLXck4GpGloAdU4_vBAOhUg9HaWIsttvrXJP8jJw81dVSYt1Mwq。时间:2016-10-14 20:36:47

5.1.7 接收视频消息

视频消息的格式如下。

```
<xml>
<ToUserName><![CDATA[toUser]]></ToUserName>
<FromUserName><![CDATA[fromUser]]></FromUserName>
<CreateTime>1357290913</CreateTime>
<MsgType><![CDATA[video]]></MsgType>
<MediaId><![CDATA[media_id]]></MediaId>
<ThumbMediaId><![CDATA[thumb_media_id]]></ThumbMediaId>
<MsgId>1234567890123456</MsgId>
</xml>
```

MsgType 等于 video 的消息是视频消息，MsgType 等于 shortvideo 的消息是微信小视频消息。与前面介绍的文本消息、图片消息和语音消息相比，视频消息多了下面一个参数 ThumbMediaId，表示视频的封面图媒体 id。

修改 wxBase 应用程序中的 wxModelMessage 类，增加 ThumbMediaId 属性，代码如下。

```
/// <summary>
```

```
            /// 封面图消息媒体 id，可以调用第 7 章介绍的多媒体文件下载接口获取数据
            /// </summary>
            public string ThumbMediaId{ get; set; }
```

修改 wxModelMessage 类的 ParseXML()方法，增加解析视频消息和小视频消息的内容，代码如下。

```
        switch (MsgType)
        {
            ……
            case "video":
                media_id = rootElement.SelectSingleNode("MediaId").InnerText;
                ThumbMediaId = rootElement.SelectSingleNode("ThumbMediaId").InnerText;
                break;
            case "shortvideo":
                try
                {
                    media_id = rootElement.SelectSingleNode("MediaId"). InnerText;
                    ThumbMediaId = rootElement.SelectSingleNode("Thumb MediaId").InnerText;
                }
                catch (Exception)
                {

                    throw;
                }
                break;
            ……
        }
```

在 echoController 的 Index()方法中，修改记录日志的代码，增加关于视频消息的内容，具体如下。

```
        switch (mm.MsgType.ToLower())
        {
            ……
            case "voice":
                LogService.Write("收到来自【" + mm.FromUserName + "】的消息。消息类型: " + mm.MsgType + ", 消息 id:" + mm.MsgId + ", Format:" + mm.Format + ", media_id:" + mm.media_id + "。时间:" + mm.CreateTime);
                break;
    case "shortvideo":
        LogService.Write("收到来自【" + mm.FromUserName + "】的消息。消息类型: " + mm.MsgType + ", 消息 id:" + mm.MsgId + ", ThumbMediaId:" + mm.ThumbMediaId + ", media_id:" + mm.media_id + "。时间:" + mm.CreateTime);
        break;
        }
```

发布应用程序后，向公众号发送测试视频和小视频消息，然后查看 Web 服务器上的日志记录，确认可以看到类似下面的日志。

    [2016-10-15 16:31:45]： 收到来自【oD15RwLBbA4mr_-T9-2R7zE1mQSI】的消息。消息类型：shortvideo, 消息 id:6341606370724387662，ThumbMediaId:，media_id:。时间:2016-10-15 16:31:33

    [2016-10-15 16:31:59]： 收到来自【oD15RwLBbA4mr_-T9-2R7zE1mQSI】的消息。消息类型：video, 消息 id:6341606460918700881，ThumbMediaId:YcwKP_oN-EoPYpyOwdBGlscF6zFXsX6QnQakyp_FKy

AxsuWsQYpeexfSCCRt4zYI, media_id:RQh-aSDbgVguWMjGpRbneIyeBvrn6BBYnTy7I8l3qZPz1Zv5kZVS9S5mJhEPg4Gh。时间：2016-10-15 16:31:54

5.1.8 接收地理位置消息

地理位置消息的格式如下。

```
<xml>
<ToUserName><![CDATA[toUser]]></ToUserName>
<FromUserName><![CDATA[fromUser]]></FromUserName>
<CreateTime>1351776360</CreateTime>
<MsgType><![CDATA[location]]></MsgType>
<Location_X>23.134521</Location_X>
<Location_Y>113.358803</Location_Y>
<Scale>20</Scale>
<Label><![CDATA[位置信息]]></Label>
<MsgId>1234567890123456</MsgId>
</xml>
```

与前面介绍的消息相比，地理位置消息多了下面 4 个参数。

- Location_X：地理位置的维度。
- Location_Y：地理位置的经度。
- Scale：地图的缩放大小。
- Label：地理位置信息。

修改 wxBase 应用程序中的 wxModelMessage 类，增加下面的属性代码。

```
///
/// 地理位置纬度
///
public string Location_X { get; set; }
///
/// 地理位置经度
///
public string Location_Y { get; set; }
///
/// 地图缩放大小
/// ///
public string Scale { get; set; }
/// 地理位置信息
///
public string Label { get; set; }
```

修改 wxModelMessage 类的 ParseXML()方法，增加解析图片消息的内容，代码如下。

```
switch (MsgType)
{
    ……
    case "location":
        try
        {
            Location_X = rootElement.SelectSingleNode("Location_X").InnerText;
            Location_Y = rootElement.SelectSingleNode("Location_Y").InnerText;
            Scale = rootElement.SelectSingleNode("Scale").InnerText;
```

```
            Label = rootElement.SelectSingleNode("Label").InnerText;
        }
        catch (Exception)
        {
            throw;
        }
        break;
        ……
    }
```

在 echoController 的 Index()方法中，修改记录日志的代码，增加关于地理位置消息的内容，具体如下：

```
switch (mm.MsgType.ToLower())
{
    ……
    case "location":
        LogService.Write("收到来自【" + mm.FromUserName + "】的消息。消息类型: " + mm.MsgType + ", 消息 id:" + mm.MsgId + ", 地址:" + mm.Label + "(" + mm.Location_X + ","+mm.Location_Y+"), scale:"+mm.Scale+"时间:" + mm.CreateTime);
        break;
    }
```

发布应用程序后，向公众号发送位置消息，然后查看 Web 服务器上的日志记录，确认可以看到类似下面的日志。

```
[2016-10-15 22:20:18]：    收到信息: <xml><ToUserName><![CDATA[gh_8cbe1b92da0e]]></ToUserName>
<FromUserName><![CDATA[oD15RwLBbA4mr_-T9-2R7zElmQSI]]></FromUserName>
<CreateTime>1476541203</CreateTime>
<MsgType><![CDATA[location]]></MsgType>
<Location_X>39.954662</Location_X>
<Location_Y>116.361241</Location_Y>
<Scale>15</Scale>
<Label><![CDATA[北京市海淀区北京师范大学南红联北村]]></Label>
<MsgId>6341696178490549478</MsgId>
</xml>
```

5.1.9 接收链接消息

链接消息的格式如下。

```
<xml>
<ToUserName><![CDATA[toUser]]></ToUserName>
<FromUserName><![CDATA[fromUser]]></FromUserName>
<CreateTime>1351776360</CreateTime>
<MsgType><![CDATA[link]]></MsgType>
<Title><![CDATA[公众平台官网链接]]></Title>
<Description><![CDATA[公众平台官网链接]]></Description>
<Url><![CDATA[url]]></Url>
<MsgId>1234567890123456</MsgId>
</xml>
```

可以看到，链接消息的 MsgType 属性值为 link。与前面介绍的消息相比，链接消息多了下面 3 个参数。

- Title：消息标题。
- Description：消息描述。
- Url：消息链接。

修改 wxBase 应用程序中的 wxModelMessage 类，增加下面的属性代码。

```
/// <summary>
/// 消息标题
/// </summary>
public string Title;
/// <summary>
/// 消息描述
/// </summary>
public string Description;
/// <summary>
/// 消息链接
/// </summary>
public string Url;
```

修改 wxModelMessage 类的 ParseXML()方法，增加解析图片消息的内容，代码如下。

```
switch (MsgType)
{
    ……
    case " link":
        try
        {
            Title = rootElement.SelectSingleNode("Title").InnerText;
            Description = rootElement.SelectSingleNode("Description ").InnerText;
            Url = rootElement.SelectSingleNode("Url").InnerText;
        }
        catch (Exception)
        {
            throw;
        }
        break;
        ……
}
```

在 echoController 的 Index()方法中，修改记录日志的代码，增加关于链接消息的内容，具体如下。

```
switch(mm.MsgType.ToLower())
{
    ……
    case "link":
        LogService.Write("收到来自【" + mm.FromUserName + "】的消息。消息类型: "
+ mm.MsgType + ", 消息id:" + mm.MsgId + ", 标题:" + mm.Title + "消息描述" + mm. Description
+ "Url:"+mm.Url+"时间:" + mm.CreateTime);
        break;
}
```

发布应用程序后，向公众号发送链接消息，然后查看 Web 服务器上的日志记录，确认可以看到类似下面的日志。

[2016-10-20 20:57:40]：　　收到来自【oD15RwLBbA4mr_-T9-2R7zE1mQSI】的消息。消息类型: link,

```
消息 id:6343530322799516242，标题：任志强点评王石：哈佛前后两个人消息描述 http://
www.greenmine.org.cn/home/app/wxinfo.html?id=b6d0e7ab-4ac2-4b64-a543-ba4705d0ce41&fr
om=timeline&isappinstalled=0Url:http://www.greenmine.org.cn/home/app/wxinfo.html?id=
b6d0e7ab-4ac2-4b64-a543-ba4705d0ce41&from=timeline&isappinstalled=0  时 间 :2016-10-20
20:57:28
```

5.1.10 接收事件推送消息

当公众号的粉丝与公众号产生交互的时候，会触发一些事件。这些事件会被微信服务器推送到开发者设置的 Web 服务器。开发者可以对这些事件进行处理，做出响应。包括的事件如下。

（1）关注/取消关注事件。

（2）扫描带参数二维码事件。

（3）上报地理位置事件。

（4）自定义菜单事件。

1. 接收"关注和取消关注事件"

当用户关注或取消关注公众号时，会把下面格式的 XML 数据包推送至开发者设置的 Web 服务器。

```xml
<xml>
<ToUserName><![CDATA[toUser]]></ToUserName>
<FromUserName><![CDATA[FromUser]]></FromUserName>
<CreateTime>123456789</CreateTime>
<MsgType><![CDATA[event]]></MsgType>
<Event><![CDATA[subscribe]]></Event>
</xml>
```

与前面介绍的消息相比，事件推送消息多了一个参数事件推送 Event，表示事件的类型。例如，关注事件的 Event 值为 subscribe，取消关注事件的 Event 值为 unsubscribe。

修改 wxBase 应用程序中的 wxModelMessage 类，增加下面的属性代码。

```
///
/// 事件类型,subscribe(订阅/扫描带参数二维码订阅)、unsubscribe(取消订阅)、CLICK(自
定义菜单点击事件)、SCAN(已关注的状态下扫描带参数二维码)
///
public string Event { get; set; }
```

修改 wxModelMessage 类的 ParseXML()方法，增加解析事件消息的内容，代码如下。

```
switch (MsgType)
{
    ……
    case "event":
        Event = rootElement.SelectSingleNode("Event").InnerText;
        break;
    ……
}
```

在 echoController 的 Index()方法中，修改记录日志的代码，增加关于事件推送消息的内容，具体如下。

```
switch (mm.MsgType.ToLower())
{
    ……
    case "event":
        LogService.Write("收到来自【" + mm.FromUserName + "】的消息。消息类型：" +
```

```
            mm.MsgType + ", 消息id:" + mm.MsgId + "事件类型:" + mm.Event +", 时间:" + mm.CreateTime);
                break;
        }
```

发布应用程序后，首先取消关注公众号，然后再关注公众号。查看 Web 服务器上的日志记录，确认可以看到类似下面的日志。

```
 [2016-10-21 21:48:30]：    收到来自【oD15RwLBbA4mr_-T9-2R7zE1mQSI】的消息。消息类型: event,
消息id:事件类型:unsubscribe, 时间:2016-10-21 21:48:16
 [2016-10-21 21:50:23]：    收到来自【oD15RwLBbA4mr_-T9-2R7zE1mQSI】的消息。消息类型: event,
消息id:事件类型:subscribe, 时间:2016-10-21 21:50:20
```

2. 扫描带参数二维码事件

用户扫描带场景值二维码时，可能推送两种事件。当用户未关注公众号时，将推送下面的格式的 XML 消息。

```
<xml><ToUserName><![CDATA[toUser]]></ToUserName>
<FromUserName><![CDATA[FromUser]]></FromUserName>
<CreateTime>123456789</CreateTime>
<MsgType><![CDATA[event]]></MsgType>
<Event><![CDATA[subscribe]]></Event>
<EventKey><![CDATA[qrscene_123123]]></EventKey>
<Ticket><![CDATA[TICKET]]></Ticket>
</xml>
```

可以看到，如果未关注公众号的用户扫描二维码，将触发关注事件。与前面介绍的消息相比，链接消息多了下面两个参数。

- EventKey：事件 KEY 值，是一个 32 位无符号整数，这里 qrscene_ 为前缀，后面为二维码的参数值。
- Ticket：二维码的 ticket，可用来获取二维码图片。

当用户已经关注公众号时，扫描二维码将将推送下面的格式的 XML 消息。

```
<xml>
<ToUserName><![CDATA[toUser]]></ToUserName>
<FromUserName><![CDATA[FromUser]]></FromUserName>
<CreateTime>123456789</CreateTime>
<MsgType><![CDATA[event]]></MsgType>
<Event><![CDATA[SCAN]]></Event>
<EventKey><![CDATA[SCENE_VALUE]]></EventKey>
<Ticket><![CDATA[TICKET]]></Ticket>
</xml>
```

事件类型为 SCAN，其他参数的作用与前面介绍的相同。

3. 上报地理位置事件

用户同意上报地理位置后，每次进入公众号会话时，都会上报地理位置，或在进入会话后每 5 秒上报一次地理位置，公众号可以在公众平台网站中修改以上设置。上报地理位置时，微信会将上报地理位置事件推送到开发者填写的 URL。用户上报地理位置时，将推送下面的格式的 XML 消息。

```
<xml>
<ToUserName><![CDATA[toUser]]></ToUserName>
<FromUserName><![CDATA[fromUser]]></FromUserName>
<CreateTime>123456789</CreateTime>
```

```
<MsgType><![CDATA[event]]></MsgType>
<Event><![CDATA[LOCATION]]></Event>
<Latitude>23.137466</Latitude>
<Longitude>113.352425</Longitude>
<Precision>119.385040</Precision>
</xml>
```

上报地理位置事件的事件类型为 LOCATION，Latitude 参数代表地理位置纬度，Longitude 参数代表地理位置经度，Precision 参数代表地理位置精度。

4. 自定义菜单事件

用户单击自定义菜单后，微信会把单击事件推送给开发者，XML 消息的格式如下。

```
<xml>
<ToUserName><![CDATA[toUser]]></ToUserName>
<FromUserName><![CDATA[FromUser]]></FromUserName>
<CreateTime>123456789</CreateTime>
<MsgType><![CDATA[event]]></MsgType>
<Event><![CDATA[CLICK]]></Event>
<EventKey><![CDATA[EVENTKEY]]></EventKey>
</xml>
```

单击自定义菜单的事件类型为 CLICK，参数 EventKey 代表事件 KEY 值，与自定义菜单接口中 KEY 值对应。

单击菜单跳转链接时，将推送下面的格式的 XML 消息。

```
<xml>
<ToUserName><![CDATA[toUser]]></ToUserName>
<FromUserName><![CDATA[FromUser]]></FromUserName>
<CreateTime>123456789</CreateTime>
<MsgType><![CDATA[event]]></MsgType>
<Event><![CDATA[VIEW]]></Event>
<EventKey><![CDATA[www.qq.com]]></EventKey>
</xml>
```

事件类型为 VIEW，参数 EventKey 代表事件 KEY 值，与菜单设置的跳转 URL 对应。

5.2 发送消息

可以通过开发接口向公众号的粉丝发送消息，包括回复用户消息、发送客服消息、发送模板消息和群发消息等。

5.2.1 被动回复用户消息

当应用程序接收到公众号粉丝发送的消息时，可以在响应包中返回特定格式的 XML 数据。

1. 在 ASP.NET 程序中实现发送消息

在 C#语言中，回复用户消息的方法很简单，直接使用下面的语句将要发送的消息直接输出到网页中即可。

```
HttpContext context = HttpContext.Current;
context.Response.Write(xmlMsg);
```

HttpContext 类是.NET Framework 类库中很重要的一个类。它封装有关 HTTP 请求的所有特定的 HTTP 信息。在 ASP.NET 程序中，几乎在任何地方，都可以访问 HttpContext.Current 得到一个 HttpContext 对象。在上面的代码中，xmlMsg 是封装发送消息的 XML 字符串中的。

在 wxBase 应用程序的 wxModelMessage 中添加一个静态方法 Send()，代码如下。

```
Private static void Send(string xmlMsg)
{
    HttpContext context = HttpContext.Current;
context.Response.Write(xmlMsg);
}
```

2. 回复文本消息

文本消息对应的 XML 数据包格式如下。

```
<xml>
<ToUserName><![CDATA[toUser]]></ToUserName>
<FromUserName><![CDATA[fromUser]]></FromUserName>
<CreateTime>12345678</CreateTime>
<MsgType><![CDATA[text]]></MsgType>
<Content><![CDATA[你好]]></Content>
</xml>
```

参数说明如下。

- ToUserName：接收方账号。
- FromUserName：开发者的微信号。
- CreateTime：创建消息的时间（整型）。
- MsgType：消息的类型，文本消息为 text。
- Content：消息的内容。

CreateTime 是 1970 年 1 月 1 日到创建消息时间的秒数。为了得到 CreateTime 的值，在类 wxModelMessage 中添加一个静态方法 GetCreateTime()，代码如下。

```
private static int GetCreateTime()
{
    DateTime startDate = new DateTime(1970, 1, 1, 8, 0, 0);
    return (int)(DateTime.Now - startDate).TotalSeconds;
}
```

在类 wxModelMessage 中添加一个静态方法 sendMessage()，用于发送消息，代码如下。

```
public static void sendMessage(string toUserName, string content)
{
    string FromUserName = "gh_8cbe1b92da0e";
    string xmlMsg = "<xml>" +
    "<ToUserName><![CDATA[" + toUserName + "]]></ToUserName>" +
    "<FromUserName><![CDATA[" + FromUserName + "]]></FromUserName>" +
    "<CreateTime>"+GetCreateTime()+"</CreateTime>" +
    "<MsgType><![CDATA[text]]></MsgType>" +
    "<Content><![CDATA[" + content + "]]></Content>" +
    "</xml>";
    Send(xmlMsg);
}
```

修改 echoController 的 Index() 方法，在收到消息后，自动回复"您好，欢迎光临！"。代码如下。

```
// GET: echo
```

```csharp
public ActionResult Index()
{
    if (Request.RequestType.ToUpper() == "POST")//如果是POST的数据，则记录内容
    {
        string message= PostInput();

        wxModelMessage mm = new wxModelMessage();
        LogService.Write("收到信息：" + message);
        mm.ParseXML(message);
        ……
        wxModelMessage.sendMessage(mm.FromUserName, "您好，欢迎光临！");

    }
    else//如果是GET的数据，则验证消息
    {
        ……

    }
    return View();
}
```

将 WebApplicationWeixin 发布至 Web 服务器，然后给公众号发送测试消息，可以收到回复消息，如图 5-1 所示。

图5-1　通过程序控制自动回复消息

3. 回复图片消息

图片消息对应的 XML 数据包格式如下。

```
<xml>
<ToUserName><![CDATA[toUser]]></ToUserName>
<FromUserName><![CDATA[fromUser]]></FromUserName>
<CreateTime>12345678</CreateTime>
<MsgType><![CDATA[image]]></MsgType>
<Image>
<MediaId><![CDATA[media_id]]></MediaId>
</Image>
</xml>
```

参数 media_id 用于指定图片素材的媒体 id。

在类 wxModelMessage 中添加一个静态方法 sendImageMessage(),用于发送图片消息,代码如下。

```
public static void sendImageMessage(string toUserName, string media_id)
{
    string FromUserName = "gh_8cbe1b92da0e";
    string xmlMsg = "<xml>" +
    "<ToUserName><![CDATA[" + toUserName + "]]></ToUserName>" +
    "<FromUserName><![CDATA[" + FromUserName + "]]></FromUserName>" +
    "<CreateTime>" + GetCreateTime() + "</CreateTime>" +
    "<MsgType><![CDATA[image]]></MsgType>" +
    "<Image><MediaId><![CDATA[" + media_id + "]]></MediaId></Image>" +
    "</xml>";

    LogService.Write("回复信息:" + xmlMsg);
    Send(xmlMsg);
}
```

上传一个欢迎图片,假定其 Media_id 为 D1gMtCf2t2HK8-iPBHVGV77b120z9M6J6L0jn0K8Zaw。修改 echoController 的 Index()方法,在收到消息"文本"后,自动回复"您好,欢迎光临!",收到消息"图片"后,自动回复欢迎图片。代码如下。

```
// GET: echo
public ActionResult Index()
{
    if (Request.RequestType.ToUpper() == "POST")//如果是 POST 的数据,则记录内容
    {
        string message= PostInput();

        wxModelMessage mm = new wxModelMessage();
        LogService.Write("收到信息: " + message);
        mm.ParseXML(message);
        ……
        if (mm.Content == "文本")
            wxModelMessage.sendMessage(mm.FromUserName, "您好,欢迎光临!");
        else if (mm.Content == "图片")
            wxModelMessage.sendImageMessage(mm.FromUserName,
"D1gMtCf2t2HK8-iPBHVGV77b120z9M6J6L0jn0K8Zaw");
```

```
            }
        else//如果是 GET 的数据，则验证消息
        {
            ......

        }
        return View();
    }
```

将 WebApplicationWeixin 发布至 Web 服务器，然后给公众号分别发送测试消息"文本"和"图片"，可以收到回复消息，如图 5-2 所示。

图5-2 通过程序控制自动回复图片消息

4. 回复语音消息

语音消息对应的 XML 数据包格式如下。

```
<xml>
<ToUserName><![CDATA[toUser]]></ToUserName>
<FromUserName><![CDATA[fromUser]]></FromUserName>
<CreateTime>12345678</CreateTime>
<MsgType><![CDATA[voice]]></MsgType>
<Voice>
<MediaId><![CDATA[media_id]]></MediaId>
</Voice>
</xml>
```

语音消息的 MsgType 值为 voice，参数 media_id 用于指定语音素材的媒体 id。

5. 回复视频消息

视频消息对应的 XML 数据包格式如下。

```
<xml>
<ToUserName><![CDATA[toUser]]></ToUserName>
<FromUserName><![CDATA[fromUser]]></FromUserName>
<CreateTime>12345678</CreateTime>
<MsgType><![CDATA[video]]></MsgType>
<Video>
<MediaId><![CDATA[media_id]]></MediaId>
<Title><![CDATA[title]]></Title>
<Description><![CDATA[description]]></Description>
</Video>
</xml>
```

语音消息的 MsgType 值为 video，参数 media_id 用于指定视频素材的媒体 id，参数 title 用于指定消息的标题，参数 Description 指定消息的描述。

6. 回复音乐消息

音乐消息对应的 XML 数据包格式如下。

```
<xml>
<ToUserName><![CDATA[toUser]]></ToUserName>
<FromUserName><![CDATA[fromUser]]></FromUserName>
<CreateTime>12345678</CreateTime>
<MsgType><![CDATA[music]]></MsgType>
<Music>
<Title><![CDATA[TITLE]]></Title>
<Description><![CDATA[DESCRIPTION]]></Description>
<MusicUrl><![CDATA[MUSIC_Url]]></MusicUrl>
<HQMusicUrl><![CDATA[HQ_MUSIC_Url]]></HQMusicUrl>
<ThumbMediaId><![CDATA[media_id]]></ThumbMediaId>
</Music>
</xml>
```

音乐消息的 MsgType 值为 music，其他特殊参数说明如下。

- Title：音乐消息的标题。
- Description：音乐消息的描述。
- MusicUrl：音乐的链接。
- HQMusicUrl：高质量音乐链接，WiFi 环境优先使用该链接播放音乐。
- ThumbMediaId：缩略图的媒体 id。

在类 wxModelMessage 中添加一个静态方法 sendMusicMessage()，用于发送音乐消息，代码如下。

```
        public static void sendMusicMessage(string toUserName, string title, string description, string MusicUrl, string HQMusicUrl, string ThumbMediaId)
        {
            string FromUserName = "gh_8cbe1b92da0e";
            string xmlMsg = "<xml>" +
            "<ToUserName><![CDATA[" + toUserName + "]]></ToUserName>" +
            "<FromUserName><![CDATA[" + FromUserName + "]]></FromUserName>" +
            "<CreateTime>" + GetCreateTime() + "</CreateTime>" +
           "<MsgType><![CDATA[music]]></MsgType>" +
            "<Music><Title><![CDATA[" + title+"]]></Title>" +
           "<Description><![CDATA["+description+"]]></Description>"+
            "<MusicUrl><![CDATA["+MusicUrl+"]]></MusicUrl>" +
"<HQMusicUrl><![CDATA["+HQMusicUrl +"]]></HQMusicUrl>" +
"<ThumbMediaId><![CDATA["+ ThumbMediaId + "]]></ThumbMediaId>" +
"</Music></xml>";

            LogService.Write("回复信息:" + xmlMsg);
            Send(xmlMsg);
        }
```

上传一个音乐文件，假定 URL 如下。

```
http://xxxx.com/media/%E6%B0%B4%E8%BE%B9%E7%9A%84%E9%98%BF%E8%92%82%E4%B8%BD%E5%A8%9C.mp3
```

上传一个封面图片，假定其 Media_id 为 zetp9PuX5LisLjqXI8ZKHOiQ2Sr7uB6U6MbtWQK2QEZzcflSSDMEjnopEIb19Nwj。修改 echoController 的 Index()方法，在收到消息"音乐"后，自动回复音乐消息，相关代码如下。

```
// GET: echo
public ActionResult Index()
{
    if (Request.RequestType.ToUpper() == "POST")//如果是 POST 的数据，则记录内容
    {
        string message= PostInput();

        wxModelMessage mm = new wxModelMessage();
        LogService.Write("收到信息: " + message);
        mm.ParseXML(message);
        ……
        if (mm.Content == "文本")
            wxModelMessage.sendMessage(mm.FromUserName, "您好，欢迎光临! ");
        else if (mm.Content == "图片")
            wxModelMessage.sendImageMessage(mm.FromUserName,
"D1gMtCf2t2HK8-iPBHVGV77b120z9M6J6L0jn0K8Zaw");
        else if (mm.Content == "音乐")
            wxModelMessage.sendMusicMessage(mm.FromUserName,"水边的阿迪丽娜",
"好听的钢琴曲", "http://xxxx.com/media/%E6%B0%B4%E8%BE%B9%E7%9A%84%E9%98%BF%E8%92%82%
E4%B8%BD%E5%A8%9C.mp3","http://xxxx.com/media/%E6%B0%B4%E8%BE%B9%E7%9A%84%E9%98%BF%
E8%92%82%E4%B8%BD%E5%A8%9C.mp3","zetp9PuX5LisLjqXI8ZKHOiQ2Sr7uB6U6MbtWQK2QEZzcflSSDME
jnopEIb19Nwj");
    }
    else//如果是 GET 的数据，则验证消息
    {
        ……
    }
    return View();
}
```

将 WebApplicationWeixin 发布至 Web 服务器，然后给公众号分别发送测试消息"音乐"，可以收到回复消息，如图 5-3 所示。单击音乐消息可以播放该音乐。

图5-3 通过程序控制自动回复音乐消息

5.2.2 消息的加密和解密

为了保障公众号的安全，微信公众平台提供了对消息进行加密和解密的机制。登录微信公众平台，在左侧菜单中选择"开发"下面的"基本配置"，可以设置公众号的开发配置选项，如图 5-4 所示。

图5-4　设置公众号的开发配置选项

单击"修改配置"按钮，可以对开发配置选项进行修改，如图 5-5 所示。

图5-5　修改公众号的开发配置选项

可以看到消息加密和解密的方式，如下。

- 明文模式：默认模式，不适用消息体加解密功能，安全系数较低。

- 兼容模式：明文、密文并存，便于开发者调试和维护。
- 安全模式：消息包为密文，需要开发者加解密。

微信公众平台采用 AES 对称加密算法对推送给公众账号的消息体进行加密，EncodingAESKey 是加密所用的秘钥。公众账号用此对收到的密文消息体进行解密，回复消息体也用此秘钥加密。

微信提供了对消息体进行加、解密的实例，下面我们把这个实例封装到 wxBase 中，并介绍具体代码。首先在 wxBase 应用程序中创建一个文件夹 MessageEncryption，用于保存对消息进行加、解密的类。

1. 类 Cryptography

在文件夹 MessageEncryption 下添加一个类 Cryptography，用于实现 AES 加密和解密。这里只是介绍类 Cryptography 中定义的方法及其具体功能，读者可以无需了解其具体实现方法，直接使用即可。

类 Cryptography 的方法如表 5-3 所示。

表 5–3　类 Cryptography 的方法

方法	说明
HostToNetworkOrder	将一个 32 位整数从主机字节序转换为网络字节序。主机字节序是指整数在内存中保存的顺序，网络字节序是 TCP/IP 中规定好的一种数据表示格式，它与具体的 CPU 类型、操作系统等无关，可以保证数据在不同主机之间传输时能够被正确解释。网络字节顺序采用 big endian 排序方式
AES_decrypt	解密方法，参数 Input 是待解密的密文
AES_encrypt	加密方法，参数 Input 是待加密的字符串
CreateRandCode	生成一个随机字符串，参数 codeLen 指定字符串的长度

2. 类 WXBizMsgCrypt

类 WXBizMsgCrypt 用于实现对消息的加密和解密。类 WXBizMsgCrypt 的属性如下。

```
/// <summary>
/// 微信公众号的令牌
/// </summary>
string m_sToken;
/// <summary>
/// 消息加解密密钥
/// </summary>
string m_sEncodingAESKey;
/// <summary>
/// 微信公众号的 AppID
/// </summary>
string m_sAppID;
```

类 WXBizMsgCrypt 的构造函数代码如下。

```
/// <summary>
/// 构造函数
```

```csharp
        /// </summary>
        /// <param name="sToken">开发者设置的 Token</param>
        /// <param name="sEncodingAESKey">公众平台上,开发者设置的 EncodingAESKey</param>
        /// <param name="sAppID"> 公众账号的 appid</param>
        public WXBizMsgCrypt(string sToken, string sEncodingAESKey, string sAppID)
        {
            m_sToken = sToken;
            m_sAppID = sAppID;
            m_sEncodingAESKey = sEncodingAESKey;
        }
```

程序为类 WXBizMsgCrypt 传递 sToken、sAppID 和 sEncodingAESKey 等 3 个参数。

DecryptMsg()方法用于检验消息的真实性,并且获取解密后的明文,代码如下。

```csharp
        /// <summary>
        ///  检验消息的真实性,并且获取解密后的明文
        /// </summary>
        /// <param name="sMsgSignature">签名串,对应URL参数的msg_signature</param>
        /// <param name="sTimeStamp">时间戳,对应URL参数的timestamp</param>
        /// <param name="sNonce">随机串,对应URL参数的nonce</param>
        /// <param name="sPostData">密文,对应POST请求的数据</param>
        /// <param name="sMsg">解密后的原文,当return返回0时有效</param>
        /// <returns> 成功0,失败返回对应的错误码</returns>
        public int DecryptMsg(string sMsgSignature, string sTimeStamp, string sNonce, string sPostData, ref string sMsg)
        {
            if (m_sEncodingAESKey.Length != 43)
            {
                return (int)WXBizMsgCryptErrorCode.WXBizMsgCrypt_IllegalAesKey;
            }
            XmlDocument doc = new XmlDocument();
            XmlNode root;
            string sEncryptMsg;
            try
            {
                doc.LoadXml(sPostData);
                root = doc.FirstChild;
                sEncryptMsg = root["Encrypt"].InnerText;
            }
            catch (Exception)
            {
                return (int)WXBizMsgCryptErrorCode.WXBizMsgCrypt_ParseXml_Error;
            }
            //verify signature
            int ret = 0;
            ret = VerifySignature(m_sToken, sTimeStamp, sNonce, sEncryptMsg, sMsgSignature);
            if (ret != 0)
                return ret;
            //decrypt
            string cpid = "";
            try
            {
```

```csharp
                sMsg = Cryptography.AES_decrypt(sEncryptMsg, m_sEncodingAESKey, ref cpid);
            }
            catch (FormatException)
            {
                return (int)WXBizMsgCryptErrorCode.WXBizMsgCrypt_DecodeBase64_Error;
            }
            catch (Exception)
            {
                return (int)WXBizMsgCryptErrorCode.WXBizMsgCrypt_DecryptAES_Error;
            }
            if (cpid != m_sAppID)
                return (int)WXBizMsgCryptErrorCode.WXBizMsgCrypt_ValidateAppid_Error;
            return 0;
        }
```

在收到加密消息时，URL 中会提供下面 3 个参数。

- msg_signature：消息的签名串，用于检验消息的真实性。
- timestamp：时间戳。
- nonce：随机字符串。

这些参数将被用于对消息进行解密，并检验消息的真实性。

参数 sPostData 是接收到的包含密文数据的 XML 字符串，格式如下。

```xml
<xml>
            <ToUserName><![CDATA[wx5823bf96d3bd56c7]]></ToUserName>
            <Encrypt><![CDATA[RypEvHKD8QQKFhvQ6QleEB4J58tiPdvo+rtK1I9qca6aM/wvqnLSV5zEPeusUiX5L5X/OlWfrf0QADHHhGd3QczcdCUpj911L3vg3W/sYYvuJTs3TUUkSUXxaccAS0qhxchrRYt66wiSpGLYL42aM6A8dTT+6k4aSknmPj48kzJs8qLjvd4Xgpue06DOdnLxAUHzM6+kDZ+HMZfJYuR+LtwGc2hgf5gsijff0ekUNXZiqATP7PF5mZxZ3Izoun1s4zG4LUMnvw2r+KqCKIw+3IQH03v+BCA9nMELNqbSf6tiWSrXJB3LAVGUcallcrw8V2t9EL4EhzJWrQUax5wLVMNS0+rUPA3k22Ncx4XXZS9o0MBH27Bo6BpNelZpS+/uh9KsNlY6bHCmJU9p8g7m3fVKn28H3KDYA5Pl/T8Z1ptDAVe01XdQ2YoyyH2uyPIGHBZZIs2pDBS8R07+qN+E7Q==]]></Encrypt>
            </xml>
```

Encrypt 节点中包含消息的密文。

EncryptMsg()方法用于将企业号回复用户的消息加密打包，代码如下。

```csharp
        /// <summary>
        /// 将企业号回复用户的消息加密打包
        /// </summary>
        /// <param name="sReplyMsg">企业号待回复用户的消息，xml 格式的字符串</param>
        /// <param name="sTimeStamp">时间戳，可以自己生成，也可以用 URL 参数的 timestamp</param>
        /// <param name="sNonce">随机串，可以自己生成，也可以用 URL 参数的 nonce</param>
        /// <param name="sEncryptMsg">加密后的可以直接回复用户的密文，包括 msg_signature, timestamp, nonce, encrypt 的 xml 格式的字符串，当 return 返回 0 时有效</param>
        /// <returns>成功 0，失败返回对应的错误码</returns>
        public int EncryptMsg(string sReplyMsg, string sTimeStamp, string sNonce, ref string sEncryptMsg)
        {
            if (m_sEncodingAESKey.Length != 43)
            {
                return (int)WXBizMsgCryptErrorCode.WXBizMsgCrypt_IllegalAesKey;
            }
            string raw = "";
```

```csharp
            try
            {
                raw = Cryptography.AES_encrypt(sReplyMsg, m_sEncodingAESKey, m_sApp
ID);
            }
            catch (Exception)
            {
                return (int)WXBizMsgCryptErrorCode.WXBizMsgCrypt_EncryptAES_Error;
            }
            string MsgSigature = "";
            int ret = 0;
            ret = GenarateSinature(m_sToken, sTimeStamp, sNonce, raw, ref
MsgSigature);
            if (0 != ret)
                return ret;
            sEncryptMsg = "";

            string EncryptLabelHead = "<Encrypt><![CDATA[";
            string EncryptLabelTail = "]]></Encrypt>";
            string MsgSigLabelHead = "<MsgSignature><![CDATA[";
            string MsgSigLabelTail = "]]></MsgSignature>";
            string TimeStampLabelHead = "<TimeStamp><![CDATA[";
            string TimeStampLabelTail = "]]></TimeStamp>";
            string NonceLabelHead = "<Nonce><![CDATA[";
            string NonceLabelTail = "]]></Nonce>";
            sEncryptMsg = sEncryptMsg + "<xml>" + EncryptLabelHead + raw + EncryptLabelTail;
            sEncryptMsg = sEncryptMsg + MsgSigLabelHead + MsgSigature + MsgSigLabelTail;
            sEncryptMsg = sEncryptMsg + TimeStampLabelHead + sTimeStamp + TimeStampLabelTail;
            sEncryptMsg = sEncryptMsg + NonceLabelHead + sNonce + NonceLabelTail;
            sEncryptMsg += "</xml>";
            return 0;
        }
```

程序调用Cryptography.AES_encrypt()方法对消息正文进行加密，然后调用GenarateSinature()方法生成签名字符串。最后将密文、时间戳、随机字符串和签名字符串拼接得到 XML 字符串，这就是回复用户的加密数据。

GenarateSinature()方法的代码如下。

```csharp
        public static int GenarateSinature(string sToken, string sTimeStamp, string
sNonce, string sMsgEncrypt, ref string sMsgSignature)
        {
            ArrayList AL = new ArrayList();
            AL.Add(sToken);
            AL.Add(sTimeStamp);
            AL.Add(sNonce);
            AL.Add(sMsgEncrypt);
            AL.Sort(new DictionarySort());
            string raw = "";
            for (int i = 0; i < AL.Count; ++i)
            {
                raw += AL[i];
            }
```

```csharp
            SHA1 sha;
            ASCIIEncoding enc;
            string hash = "";
            try
            {
                sha = new SHA1CryptoServiceProvider();
                enc = new ASCIIEncoding();
                byte[] dataToHash = enc.GetBytes(raw);
                byte[] dataHashed = sha.ComputeHash(dataToHash);
                hash = BitConverter.ToString(dataHashed).Replace("-", "");
                hash = hash.ToLower();
            }
            catch (Exception)
            {
                return (int)WXBizMsgCryptErrorCode.WXBizMsgCrypt_ComputeSignature_Error;
            }
            sMsgSignature = hash;
            return 0;
        }
```

程序对 Token、时间戳、随机字符串和加密后的字符串进行 SHA1 加密，得到签名字符串 sMsgSignature。

VerifySignature()方法用于验证消息的真实性，代码如下。

```csharp
        private static int VerifySignature(string sToken, string sTimeStamp, string sNonce, string sMsgEncrypt, string sSigture)
        {
            string hash = "";
            int ret = 0;
            ret = GenarateSinature(sToken, sTimeStamp, sNonce, sMsgEncrypt, ref hash);
            if (ret != 0)
                return ret;
            //System.Console.WriteLine(hash);
            if (hash == sSigture)
                return 0;
            else
            {
                return (int)WXBizMsgCryptErrorCode.WXBizMsgCrypt_ValidateSignature_Error;
            }
        }
```

程序首先调用 GenarateSinature()方法，根据 sToken、sTimeStamp、sNonce 和加密消息 sMsgEncrypt 进行签名，然后将得到的签名字符串与参数 sSigture 进行比较。如果相等则返回 0，否则返回 WXBizMsgCryptErrorCode.WXBizMsgCrypt_ValidateSignature_Error。

3. 接收加密消息

在 echoController 中，可以接收到加密消息。首先可以从 URL 中获得 timestamp、nonce、msg_signature、encrypt_type 参数，具体说明如下。

- timestamp：时间戳。
- nonce：随机字符串。

- msg_signature：签名字符串。
- encrypt_type：消息的加密类型。

在明文模式下，msg_signature 和 encrypt_type 为空。其他情况下，encrypt_type 为 aes。下面是修改后 echoController 的 Index() 方法，在收到加密消息时进行解密。代码如下。

```csharp
public ActionResult Index()
{
    // 从请求中获取 timestamp 参数、nonce 参数和 signature 参数值
    string echoString = Request.QueryString["echoStr"];
    string signature = Request.QueryString["signature"];
    string timestamp = Request.QueryString["timestamp"];
    string encrypt_type = Request.QueryString["encrypt_type"];
    string msg_signature = Request.QueryString["msg_signature"];
    string nonce = Request.QueryString["nonce"];
    //记录日志
    LogService.Write("msg_signature: " + msg_signature);
    LogService.Write("signature: " + signature);
    LogService.Write("timestamp: " + timestamp);
    LogService.Write("nonce: " + nonce);
    LogService.Write("encrypt_type: " + encrypt_type);

    if (Request.RequestType.ToUpper() == "POST")//如果是 POST 的数据，则记录内容
    {
        string message = PostInput();
        wxModelMessage mm = new wxModelMessage();
        LogService.Write("收到信息：" + message);
        mm.ParseXML(message);

        if (encrypt_type != "")// 收到密文
        {
            LogService.Write("密文信息：" + mm.Encrypt);
            WXBizMsgCrypt wxcpt = new WXBizMsgCrypt(weixinService.token, weixinService.EncodingAESKey, weixinService.appid);
            int ret = 0;
            string sMsg = "";
            // 解密
            ret = wxcpt.DecryptMsg(msg_signature, timestamp, nonce, mm.Encrypt, ref sMsg);
            if (ret != 0)
            {
                LogService.Write("ERR: Decrypt fail, ret: " + ret);
                //return;
            }
            LogService.Write("解析后的明文：" + sMsg);

            mm.ParseXML(sMsg);   // 对解析出来的明文再进行解析
        }
        else
        {
            mm.ParseXML(message);
        }
```

```
            // 下面依据消息类型分别处理接收到的消息，代码与前面介绍的相同
            switch (mm.MsgType.ToLower())
            {
                ……
            }
             //自动回复的代码
            ……
        }
        else//如果是 GET 的数据，则验证消息
        {
            ……
        }
        return View();
    }
```

由于篇幅所限，以上代码省略了部分之前介绍过的代码。

5.2.3 群发消息

公众号可以向自己的粉丝群发消息，群发消息包括文本、图片、语音、视频、图文消息等。群发消息的接口如下。

```
https://api.weixin.qq.com/cgi-bin/message/mass/sendall?access_token=ACCESS_TOKEN
```

将不同类型的数据包以 POST 方式提交到此接口可以群发消息。除了文本之外，其他类型的消息都需要提前将素材上传至公众平台，再调用群发接口。

1. 群发文本消息

按分组群发文本消息或群发文本消息给所有粉丝时，可以将下面格式的 JSON 字符串以 POST 方式提交到上面的接口。

```
{
   "filter":{
      "is_to_all":false,
      "group_id":2
   },
   "text":{
      "content":"CONTENT"
   },
   "":"text"
}
```

参数说明如下。

- filter：指定群发的过滤条件。
- is_to_all：指定是否群发给全部粉丝用户。
- group_id：指定群发的用户组编号。
- text：指定发送的文本消息。
- content：指定发送文本消息的内容。
- msgtype：指定发送消息的类型。

【例 5-1】演示向指定分组的用户群发文本。

首先在 wxBase 中添加一个静态类 wxMessageService，用于实现发送消息的相关功能。在类 wxMessageService 中设计一个 SendtextByGroup()方法，实现按用户组群发消息的功能，代码如下。

```
        public static void SendtextByGroup(int groupid, string content)
        {
            string url = "https://api.weixin.qq.com/cgi-bin/message/mass/sendall?access_token=" + weixinService.Access_token;
            string json = "{\"filter\":{\"is_to_all\":false,\"group_id\":" + groupid
                          + "},\"text\":{\"content\":\"" + content + "\"},\"msgtype\":\"text\"}";
            string result = HttpService.Post(url, json);
        }
```

参数 groupid 用于指定希望群发消息的用户组 id，参数 content 用于指定群发的文本消息的内容。

在第 5 章的主页中添加一个"群发文本消息"超链接，代码如下。

```
@Html.ActionLink("群发文本消息", "sendall")
```

单击"群发消息"超链接会执行 HomeController 的 sendall()方法，代码如下。

```
        public ActionResult sendall()
        {
            wxMessageService.SendtextByGroup(0, "测试消息");
            return View();
        }
```

程序调用 wxMessageService.SendtextByGroup()方法给未分组（groupid=0）的用户发送测试消息。

也可以根据 OpenID 列表群发，接口如下。

```
https://api.weixin.qq.com/cgi-bin/message/mass/send?access_token=ACCESS_TOKEN
```

可以将下面格式的 JSON 字符串以 POST 方式提交到上面的接口。

```
{
   "touser":[
    "OPENID1",
    "OPENID2"
   ],
    "text":{
     "content":"CONTENT"
   },
    "":"text"
}
```

参数 touser 用于指定消息的接收者，参数值是一串 OpenID 列表，OpenID 最少两个，最多 10 000 个。

【例 5-2】演示向指定分组的用户群发文本。

首先在 wxBase 的类 wxMessageService 中设计一个 SendtextByOpenids()方法，实现按用户组群发消息的功能，代码如下。

```
        public static void SendtextByOpenids(List<string> openidlist, string content)
        {
            string url = "https://api.weixin.qq.com/cgi-bin/message/mass/send?access_token=" + weixinService.Access_token;
            string json = "{ \"touser\":[";
            for (int i = 0; i < openidlist.Count; i++)
            {
```

```
                    json+="\""+ openidlist[i]+"\"";
                    if (i < openidlist.Count - 1)
                        json += ",";
                }
                json+="],\"text\":{\"content\":\""  +  content  +  "\"},\"msgtype\":\
"text\"}";
                string result = HttpService.Post(url, json);
            }
```

在第 5 章的主页中添加一个"按 openid 群发消息"超链接，代码如下。

```
@Html.ActionLink("按 openid 群发消息", "SendtextByOpenids")
```

单击"群发消息"超链接会执行 HomeController 的 SendtextByOpenids()方法，代码如下。

```
        public ActionResult SendtextByOpenids()
        {
            List<string> openidslist = new List<string>();
            openidslist.Add("oD15RwLBbA4mr_-T9-2R7zE1mQSI");
            openidslist.Add("oD15RwLShriAALNLcis_mvWLm7BU");

            wxMessageService.SendtextByOpenids(openidslist, "测试消息");
            return View();
        }
```

程序调用 wxMessageService.SendtextByOpenids()方法给两个用户发送测试消息。

2. 群发图文消息

群发图文消息的过程如下。

（1）首先，预先使用上传图文消息内图片接口将图文消息中需要用到的图片上传成功并获得图片 URL。具体方法请参照 8.2.1 理解。

（2）上传图文消息素材，需要用到图片时，请使用上一步获取的图片 URL。具体方法请参照 8.2.1 理解。

（3）使用对用户分组的群发，或对 OpenID 列表的群发，将图文消息群发出去。

按用户分组群发图文消息时，POST 数据的格式如下。

```
{ "filter":{ "is_to_all":false, "group_id":2 }, "mpnews":{"media_id":"123dsda
jkasd231jhksad" }, "msgtype":"mpnews" }
```

按用户 openid 群发图文消息时，POST 数据的格式如下。

```
{
   "touser":[
    "OPENID1",
    "OPENID2"
   ],
   "mpnews":{
      "media_id":"123dsdajkasd231jhksad"
   },
    "msgtype":"mpnews"
}
```

3. 群发语音消息

按用户分组群发语音消息时，POST 数据的格式如下。

```
{
   "filter":{
     "is_to_all":false,
```

```
        "group_id":2
    },
    "voice":{
        "media_id":"123dsdajkasd231jhksad"
    },
    "msgtype":"voice"
}
```

按用户 openid 群发语音消息时，POST 数据的格式如下。

```
{
    "touser":[
    "OPENID1",
    "OPENID2"
    ],
    "voice":{
        "media_id":"mLxl6paC7z2Tl-NJT64yzJve8T9c8u9K2x-Ai6Ujd4lIH9IBuF6-2r66mamn_gIT"
    },
    "msgtype":"voice"
}
```

4. 群发图片消息

按用户分组群发图片消息时，POST 数据的格式如下。

```
{
    "filter":{
        "is_to_all":false,
        "group_id":2
    },
    "image":{
        "media_id":"123dsdajkasd231jhksad"
    },
    "msgtype":"image"
}
```

按用户 openid 群发图片消息时，POST 数据的格式如下。

```
{
    "touser":[
    "OPENID1",
    "OPENID2"
    ],
    "image":{
        "media_id":"BTgN0opcW3Y5zV_ZebbsD3NFKRWf6cb7OPswPi9Q83fOJHK2P67dzxn11Cp7THat"
    },
    "msgtype":"image"
}
```

5. 群发视频消息

按用户分组群发视频消息时，POST 数据的格式如下。

```
{
    "filter":{
        "is_to_all":false,
        "group_id":2
    },
    "mpvideo":{
```

```
            "media_id":"IhdaAQXuvJtGzwwc0abfXnzeezfO0NgPK6AQYShD8RQYMTtfzbLdBIQkQziv2
XJc",
        },
        "msgtype":"mpvideo"
}
```

按用户 openid 群发视频消息时，POST 数据的格式如下。

```
{
    "touser":[
     "OPENID1",
     "OPENID2"
    ],
    "video":{
      "media_id":"123dsdajkasd231jhksad",
      "title":"TITLE",
      "description":"DESCRIPTION"
    },
    "msgtype":"video"
}
```

5.3 发送模板消息

模板消息仅用于公众号向用户发送重要的服务通知，只能用于符合要求的服务场景中。例如，信用卡刷卡通知、商品购买成功通知等。注意，模板消息不支持广告等营销类消息以及其他可能对用户造成骚扰的消息。

5.3.1 申请开通模板功能

通过模板消息接口，公众号可以向关注其账号的用户发送预设模板的消息，如图 5-6 所示所示。模板消息仅用于公众号向用户发送重要服务通知，如信用卡刷卡通知、商品购买成功通知等。请勿使用模板发送垃圾广告或造成骚扰，请勿使用模板发送营销类消息，请在符合模板要求的场景时发送模板。

图5-6 模板消息的例子

公众号需要申请才能开通模板功能。具有支付能力的公众号才可以使用模板消息进行服务。符合使用条件后的服务号登录微信公众平台后都可单击"功能"/"添加功能插件"选项，如图 5-7 所示。

可以看到申请"模板消息"的功能入口。

图5-7 添加功能插件

单击"模板消息",可以打开添加模板消息功能插件页面,如图5-8所示。

图5-8 添加模板消息功能插件

单击"申请"按钮,打开"申请开通模板消息"页面,如图5-9所示。

首先要选择公众号的所属行业。不同行业可以发送不同的模板,可以使用开发接口获取和设置公众号的行业信息。每个公众号可以设置一个主营行业和一个副营行业,每个行业又分为主行业和副行业2级,如表5-4所示。每个行业都有一个代码。

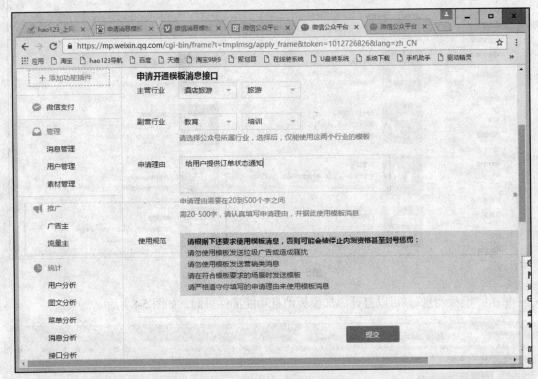

图5-9 添加模板消息功能插件

表5-4 微信公众平台支持的行业信息

主行业	副行业	代码
IT科技	互联网/电子商务	1
IT科技	IT软件与服务	2
IT科技	IT硬件与设备	3
IT科技	电子技术	4
IT科技	通信与运营商	5
IT科技	网络游戏	6
金融业	银行	7
金融业	基金|理财|信托	8
金融业	保险	9
餐饮	餐饮	10
酒店旅游	酒店	11
酒店旅游	旅游	12
运输与仓储	快递	13

续表

主行业	副行业	代码
运输与仓储	物流	14
运输与仓储	仓储	15
教育	培训	16
教育	院校	17
政府与公共事业	学术科研	18
政府与公共事业	交警	19
政府与公共事业	博物馆	20
政府与公共事业	公共事业|非营利机构	21
医药护理	医药医疗	22
医药护理	护理美容	23
医药护理	保健与卫生	24
交通工具	汽车相关	25
交通工具	摩托车相关	26
交通工具	火车相关	27
交通工具	飞机相关	28
房地产	建筑	29
房地产	物业	30
消费品	消费品	31
商业服务	法律	32
商业服务	会展	33
商业服务	中介服务	34
商业服务	认证	35
商业服务	审计	36
文体娱乐	传媒	37
文体娱乐	体育	38
文体娱乐	娱乐休闲	39
印刷	印刷	40
其他	其他	41

5.3.2 管理我的模板

开通模板功能后，可以对"我的模板"进行管理，从模板库中选择添加希望使用的模板。

登录微信公众平台，在左侧菜单栏中单击"模板消息"，打开模板消息管理页面，如图 5-10 所示。

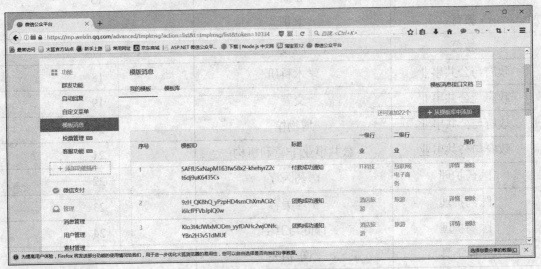

图5-10 消息管理页面

在"我的模板"栏目中可以看到公众号可以使用的消息模板。例如，付款成功通知、团购成功等。可以单击模板后面的"详情"超链接查看模板详情，也可以单击模板后面的"删除"超链接删除指定的模板。

单击"模板库"栏目，可以查看当前公众选择行业所对应的模板库，如图 5-11 所示。

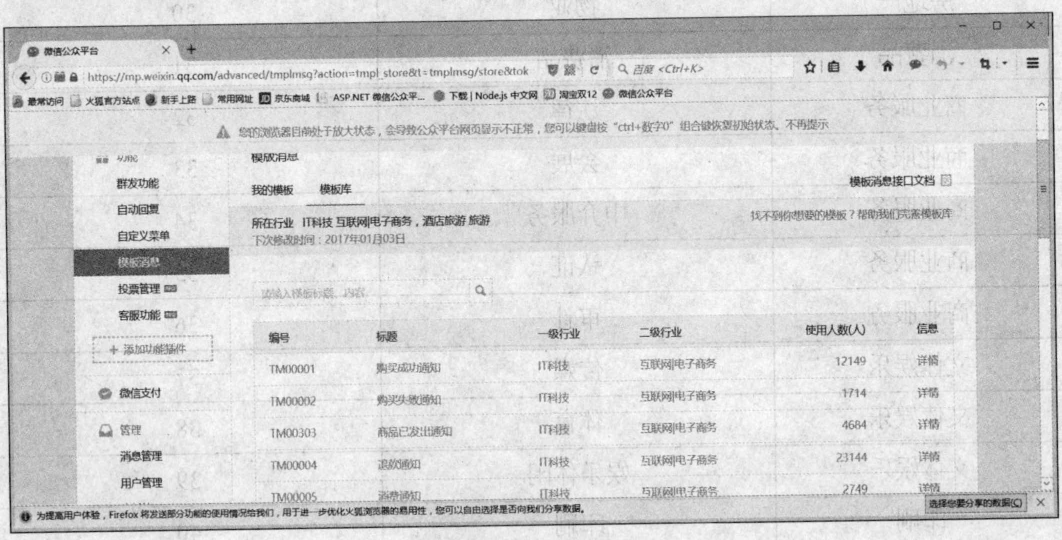

图5-11 模板库页面

单击模板后面的"详情"超链接查看模板详情，如图 5-12 所示。

单击"添加"按钮,可以将模板添加到"我的模板"中。每个公众号最多可以添加 25 个模板。

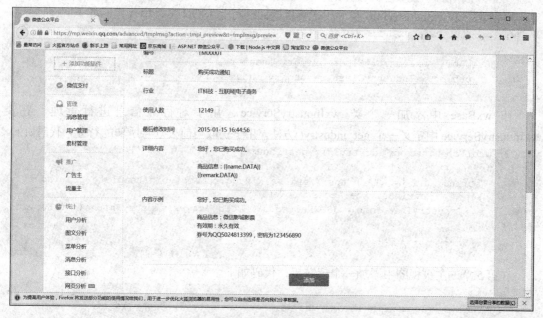

图5-12 查看模板详情

5.3.3 所属行业管理

本节介绍通过开发接口对公众号所属的行业进行管理的方法。

1. 获取所属行业

通过 GET 方式调用下面的接口可以获取当前公众号所属的行业。

https://api.weixin.qq.com/cgi-bin/template/get_industry?access_token=ACCESS_TOKEN

返回结果格式如下。

```
{
"primary_industry":{"first_class":"运输与仓储","second_class":"快递"},
"secondary_industry":{"first_class":"IT科技","second_class":"互联网|电子商务"}
}
```

参数说明如下。

- primary_industry:主营行业。
- secondary_industry:副营行业。
- first_class:主行业。
- second_class:副行业。

【例 5-3】演示测试获取所属行业的方法。

首先,在 wxBase 的 Model 文件夹下创建一个 industry 子文件夹。然后在 industry 子文件夹下创建一个 wxIndustryClass 类,用于解析主行业和副行业信息,代码如下。

```
public class wxIndustryClass
{
```

```
        public string first_class;
        public string second_class;
    }
```

再创建一个 wxIndustryInfo 类，用于解析返回的行业 JSON 字符串，代码如下。

```
public class wxIndustryInfo
{
    public wxIndustryClass primary_industry;
    public wxIndustryClass secondary_industry;
}
```

在 wxBase 中添加一个类 wxIndustryService，用于对行业信息进行管理，在类 wxIndustryService 中定义一个 get_industry()方法，用于获取当前公众号所属的行业，代码如下。

```
public static wxIndustryInfo get_industry()
{
    string url = " https://api.weixin.qq.com/cgi-bin/template/get_industry?access_token=" + weixinService.Access_token;
    wxIndustryInfo info = JSONHelper.JSONToObject<wxIndustryInfo> (HttpService.Get(url));
    return info;
}
```

在第 5 章的主页视图中添加一个超链接，代码如下。

```
<ul>
    <li>@Html.ActionLink("获取行业信息", "get_industry", "Home")</li>
</ul>
```

单击"获取行业信息"超链接，会跳转至控制器 HomeController 的 get_industry()方法，代码如下。

```
public ActionResult get_industry()
{
    wxIndustryInfo minfo = wxIndustryService.get_industry();
    return View(minfo);
}
```

程序调用 wxIndustryService.get_industry()方法，并解析返回结果，然后输出解析得到的用户组数据。

如果没有设置公众号的所属行业信息，则会返回如下的消息。

```
{"errcode":-1,"errmsg":"system error hint: [ozYora0177vr18]"}
```

为 get_industry ()方法创建对应的视图，代码如下。

```
@{
    ViewBag.Title = "Index";
}

<h2>第 5 章 消息接口</h2>


<ul>
    <li>@Html.ActionLink("群发文本消息", "sendall")</li>
    <li>@Html.ActionLink("按 openid 群发消息", "SendtextByOpenids")</li>
    <li>@Html.ActionLink("获取行业信息", "get_industry", "Home")</li>
</ul>
```

2. 设置所属行业

以 POST 方式将包含所属行业信息的 JSON 字符串提交到下面的接口，可以创建所属行业。

```
https://api.weixin.qq.com/cgi-bin/template/api_set_industry?access_token=ACCESS_TOKEN
```

所属行业信息的 JSON 字符串格式如下。

```
{
    "industry_id1":"1",
    "industry_id2":"4"
}
```

industry_id1 指定主营行业的 id，industry_id2 指定副营行业的 id。如果设置成功，则会返回如下格式的 JSON 字符串，如下。

```
{"errcode":0,"errmsg":"ok"}
```

【例 5-4】演示设置所属行业的过程。

在第 5 章的主页中添加一个"群发文本消息"超链接，代码如下。

```
@Html.ActionLink("设置所属行业", "set_industry")
```

单击"设置所属行业"超链接会执行 HomeController 的 set_industry()方法，代码如下。

```html
<h2>设置所属行业</h2>

@using (Html.BeginForm("set", "industry", FormMethod.Post))
{
    <a>选择所属主营行业</a>
    <select name="industry_id1">
        <option value ="1">IT科技/互联网/电子商务</option>
        <option value ="2">IT科技/IT软件与服务</option>
        <option value="3">IT科技/IT硬件与设备</option>
        <option value="4">IT科技/电子技术</option>
        <option value="5">IT科技/通信与运营商</option>
        <option value="6">IT科技/网络游戏</option>
        <option value ="7">金融业/银行</option>
        <option value ="8">金融业/基金|理财|信托</option>
        <option value="9">金融业/保险</option>
        <option value="10">餐饮/餐饮</option>
        <option value ="11">酒店旅游/酒店</option>
        <option value ="12">酒店旅游/旅游</option>
        <option value ="13">运输与仓储/快递</option>
        <option value ="14">运输与仓储/物流</option>
        <option value="15">运输与仓储/仓储</option>
        <option value="16">教育/培训</option>
        <option value ="17">教育/院校</option>
        <option value ="18">政府与公共事业/基金|理财|信托</option>
        <option value ="19">政府与公共事业/保险</option>
        <option value ="20">政府与公共事业/餐饮</option>
        <option value ="21">政府与公共事业/公共事业|非盈利机构</option>
        <option value ="22">医药护理/医药医疗</option>
        <option value="23">医药护理/护理美容</option>
        <option value="24">医药护理/保健与卫生</option>
```

```html
        <option value="25">交通工具/汽车相关</option>
        <option value="26">交通工具/摩托车相关</option>
        <option value ="27">交通工具/火车相关</option>
        <option value ="28">交通工具/飞机相关</option>
        <option value="29">房地产/建筑</option>
        <option value="30">房地产/物业</option>
        <option value ="31">消费品/消费品</option>
        <option value ="32">商业服务/法律</option>
        <option value ="33">商业服务/会展</option>
        <option value="34">商业服务/中介服务</option>
        <option value="35">商业服务/认证</option>
        <option value="36">商业服务/审计</option>
        <option value ="37">文体娱乐/传媒</option>
        <option value ="38">文体娱乐/体育</option>
        <option value ="39">文体娱乐/娱乐休闲</option>
        <option value="40">印刷/印刷</option>
        <option value ="41">其他/其他</option>
</select>
<a>选择所属副营行业</a>
<select name="industry_id2">
        <option value ="1">IT科技/互联网/电子商务</option>
        <option value ="2">IT科技/IT软件与服务</option>
        <option value="3">IT科技/IT硬件与设备</option>
        <option value="4">IT科技/电子技术</option>
        <option value="5">IT科技/通信与运营商</option>
        <option value="6">IT科技/网络游戏</option>
        <option value ="7">金融业/银行</option>
        <option value ="8">金融业/基金|理财|信托</option>
        <option value="9">金融业/保险</option>
        <option value="10">餐饮/餐饮</option>
        <option value ="11">酒店旅游/酒店</option>
        <option value="12">酒店旅游/旅游</option>
        <option value="13">运输与仓储/快递</option>
        <option value="14">运输与仓储/物流</option>
        <option value="15">运输与仓储/仓储</option>
        <option value="16">教育/培训</option>
        <option value="17">教育/院校</option>
        <option value="18">政府与公共事业/基金|理财|信托</option>
        <option value="19">政府与公共事业/保险</option>
        <option value="20">政府与公共事业/餐饮</option>
        <option value ="21">政府与公共事业/公共事业|非盈利机构</option>
        <option value="22">医药护理/医药医疗</option>
        <option value="23">医药护理/护理美容</option>
        <option value="24">医药护理/保健与卫生</option>
        <option value="25">交通工具/汽车相关</option>
        <option value="26">交通工具/摩托车相关</option>
        <option value ="27">交通工具/火车相关</option>
        <option value ="28">交通工具/飞机相关</option>
```

```html
            <option value="29">房地产/建筑</option>
            <option value="30">房地产/物业</option>
            <option value ="31">消费品/消费品</option>
            <option value ="32">商业服务/法律</option>
            <option value="33">商业服务/会展</option>
            <option value="34">商业服务/中介服务</option>
            <option value="35">商业服务/认证</option>
            <option value="36">商业服务/审计</option>
            <option value ="37">文体娱乐/传媒</option>
            <option value ="38">文体娱乐/体育</option>
            <option value="39">文体娱乐/娱乐休闲</option>
            <option value="40">印刷/印刷</option>
            <option value ="41">其他/其他</option>
        </select>
        <input type="submit" value="提交"/>
    }
```

提交表单时，将会把用户分组名数据提交至控制器 industry 的 set()方法，代码如下。

```csharp
        [HttpPost]
        public ActionResult set(FormCollection form)
        {
            string industry_id1 = form["industry_id1"];
            string industry_id2 = form["industry_id2"];
            string str_json = "{\" industry_id1\":\"" + industry_id1+ "\",
\"industry_id1\"= \""+industry_id1+"\"}";
            string url = " https://api.weixin.qq.com/cgi-bin/template/api_set_
industry?access_token=" + weixinService.Access_token;
            string result = HttpService.Post(url, str_json);

            return View();
        }
```

5.3.4 模板管理

开发者可以对公众号的消息模板进行管理。

1. 获得模板 ID

申请开通消息模板功能后，即可在公众号管理后台中的左侧菜单中看到模板消息菜单项。单击该菜单项，可以打开模板消息管理页面，如图 5-13 所示。

在模板消息管理页面中，可以查看到公众号所属的行业以及对应的消息模板列表。每个消息模板都有一个对应的编号。在应用程序中可以利用这个编号获取模板的 ID。而消息模板 ID 是对模板进行管理和发送模板消息的依据。下面介绍根据消息模板编号获取消息模板 ID 的方法。

将包含消息模板编号的 JSON 字符串以 POST 方式提交到下面的开发接口可以获取消息模板 ID。

```
https://api.weixin.qq.com/cgi-bin/template/api_add_template?access_token==ACCESS_TOKEN
```

包含消息模板编号的 JSON 字符串格式如下。

```json
    {
        "template_id_short":"TM00015"
    }
```

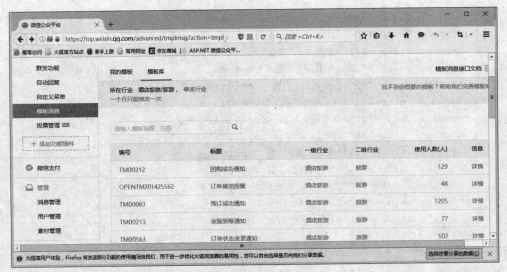

图5-13 模板消息管理页面

参数 template_id_short 就是消息模板编号。如果查询成功，则会返回如下格式的 JSON 字符串。

```
{
    "errcode":0, "errmsg":"ok",
    "template_id":"Docly15uP7Aciu-qZ7mJNPtWkbkYnWBWVja26EGbNyk"
}
```

为了解析返回的数据，下面在 wxBase 项目的 Model\Message 文件夹中创建一个 wxModelTemplate，代码如下。

```
public class wxModelTemplate
{
    public int errcode;
    public string errmsg;
    public string template_id;
}
```

【例5-5】演示获得模板 ID 的过程。

在第 5 章的主页中添加一个"获得模板 ID"超链接，代码如下。

```
@Html.ActionLink("获得模板 ID", "api_add_template")
```

单击"获得模板 ID"超链接会执行 HomeController 的 api_add_template()方法，在对应的视图中定义了一个表单，代码如下。

```
<h2>获得模板 ID</h2>

@using (Html.BeginForm("GetTemplateID", "Template", FormMethod.Post))
{
    <a>消息模板编号</a><input type="text" name="template_id_short"/>
    <input type="submit" value="提交"/>
}
```

提交表单时，将会把消息模板编号数据提交至控制器 Template 的 GetTemplateID()方法，代码如下。

```
        [HttpPost]
        public ActionResult GetTemplateID(FormCollection form)
        {
            string template_id_short = form["template_id_short"];
            string str_json = "{ \"template_id_short\": \"" + template_id_short + "\"}";
            string url = "https://api.weixin.qq.com/cgi-bin/template/api_add_template?access_token=" + weixinService.Access_token;
            string result = HttpService.Post(url, str_json);

            return View();
        }
```

程序接收网页提交的用户备注名数据，然后以用户 openid 和备注名为参数，调用设置用户备注名的接口。

运行应用程序浏览 Message/Index，如图 5-14 所示。

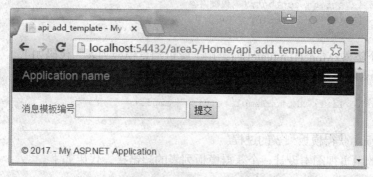

图5-14　浏览【例5-5】页面结果

输入用户模板编号，然后单击"提交"按钮。

2. 获取模板列表

以 GET 方式调用到下面的开发接口可以获取消息模板列表。

```
https://api.weixin.qq.com/cgi-bin/template/get_all_private_template?access_token=ACCESS_TOKEN
```

如果查询成功，则会返回如下格式的 JSON 字符串。

```
{
 "template_list": [{
     "template_id": "iPk5sOIt5X_flOVKn5GrTFpncEYTojx6ddbt8WYoV5s",
     "title": "领取奖金提醒",
     "primary_industry": "IT科技",
     "deputy_industry": "互联网|电子商务",
     "content": "{ {result.DATA} }\n\n 领奖金额:{ {withdrawMoney.DATA} }\n 领奖时间 :{ {withdrawTime.DATA} }\n 银行信息 :{ {cardInfo.DATA} }\n 到账时间 :{ {arrivedTime.DATA} }\n{ {remark.DATA} }",
     "example": "您已提交领奖申请\n\n 领奖金额：xxxx 元\n 领奖时间：2013-10-10 12:22:22\n 银行信息：xx 银行(尾号 xxxx)\n 到账时间：预计 xxxxxxx\n\n 预计将于 xxxx 到达您的银行卡"
 }]
}
```

参数说明如下。

- template_id：模板 id。

- title：模板标题。
- primary_industry：模板所属的主行业。
- deputy_industry：模板所属的副行业。
- content：模板内容。
- example：模板例子。

为了解析返回的结果，需要在 wxBase 中添加一个类 wxModelTemplateInfo，代码如下。

```
public class wxModelTemplateInfo
{
    public string template_id;// 模板 id。
    public string titl;// 模板标题。
    public string primary_industry;// 模板所属的主行业。
    public string deputy_industry;// 模板所属的副行业。
    public string content;// 模板内容。
    public string example;//模板例子。
}
```

再添加一个类 wxModelTemplateList，用于解析消息模板列表，代码如下。

```
public class wxModelTemplateList
{
    public List<wxModelTemplateInfo> template_list;
}
```

【例 5-6】演示获得模板列表的过程。

在第 5 章的主页视图中设计一个获得模板列表的超链接，代码如下。

```
@Html.ActionLink("获取模板列表", "get_all_private_template")
```

单击超链接时会跳转至控制器 HomeController 的 get_all_private_template()方法，代码如下。

```
public ActionResult get_all_private_template()
{
    string url = "https://api.weixin.qq.com/cgi-bin/template/get_all_private_template?access_token=" + weixinService.Access_token;
    wxModelTemplateList tlist = JSONHelper.JSONToObject<wxModelTemplateList>(HttpService.Get(url));

    return View();
}
```

5.3.5 发送模板消息

参照 5.3.2 介绍的方法查看模板消息，可以看到模板消息的具体内容。例如，付款成功通知模板的内容如下。

```
{{first.DATA}}

订单金额：{{orderProductPrice.DATA}}
商品详情：{{orderProductName.DATA}}
收货信息：{{orderAddress.DATA}}
订单编号：{{orderName.DATA}}
{{remark.DATA}}
```

模板消息里面包含一些参数，可以把这些参数包含在模板消息 JSON 字符串发送。发送模板消息开发接口如下。

```
https://api.weixin.qq.com/cgi-bin/message/template/send?access_token=ACCESS_TOKEN
```

模板消息对应的 JSON 字符串格式如下。

```
{
           "touser":"OPENID",
           "template_id":"ngqIpbwh8bUfcSsECmogfXcV14J0tQlEpBO27izEYtY",
           "url":"http://weixin.qq.com/download",
           "data":{
               "first": {
                   "value":"恭喜你购买成功!",
                   "color":"#173177"
               },
               "keynote1":{
                   "value":"巧克力",
                   "color":"#173177"
               },
               "keynote2": {
                   "value":"39.8 元",
                   "color":"#173177"
               },
               "keynote3": {
                   "value":"2014 年 9 月 22 日",
                   "color":"#173177"
               },
               "remark":{
                   "value":"欢迎再次购买!",
                   "color":"#173177"
               }
           }
}
```

参数说明如下。

- touser：指定发送模板消息的对象用户。
- template_id：指定要发送的消息模板 ID。
- url：指定单击消息跳转至的 URL。
- data：指定消息模板里的参数。
- value：指定参数值。
- color：指定参数的颜色。

【例 5-7】演示向指定用户发送模板消息的方法。

首先在 wxBase 项目的类 wxMessageService 中设计一个 send_template()方法，实现发送模板消息的功能，代码如下。

```
         public    static    void    send_template(string   url,   string  touser,   string
template_id, string data)
         {

             string posturl = "https://api.weixin.qq.com/cgi-bin/message/template/
send?access_token=" + weixinService.Access_token;
             string postdata = "{\"touser\":\"" + touser + "\",\"template_id\":\"" +
template_id + "\",\"url\":\"" + url + "\",\"data\":" + data + "}";
```

```
            string result = HttpService.Post(posturl, postdata);
    }
```

参数说明如下。

- url：用于指定单击模板消息跳转至的 URL。
- touser：用于指定发送模板消息的对象用户的 openid。
- template_id：用于指定发送模板消息的 id。
- data：用于指定模板消息中的数据。

在第 5 章的主页视图中添加一个"发送模板消息"超链接，代码如下。

```
@Html.ActionLink("发送模板消息", "send_template")
```

单击"发送模板消息"超链接会执行 HomeController 的 send_template()方法，代码如下。

```
        public ActionResult send_template()
        {
            string touser = "o0e8Yw9IgsBt_yUh_uxv3uQilgS0";
            string url = "http://weixin.qq.com/download";
            string   data   =   "{\"first\":{\"value\":\" 恭  喜  你  购  买  成  功  !
\",\"color\":\"#173177\"},\"hotelName\":{\"value\":\"   香  格  里  拉  大  酒  店  \",
\"color\":\"#ff0000\"},\"vouchernumber\":{\"value\":\"001123456\",\"color\":\"#ff000
0\"},\"remark\":{\"value\":\"点击查看更多酒店详情；部分酒店已开通网上预约及退款服务。
\",\"color\":\"#173177\"}}";
            string template_id = "Klo3t4clWlxMODm_yyfDAHc2wjONfcYBn2H3v51dMUE";

            wxMessageService.send_template(url, touser, template_id, data);
            return View();
        }
```

用户收到的模板消息如图 5-15 所示。

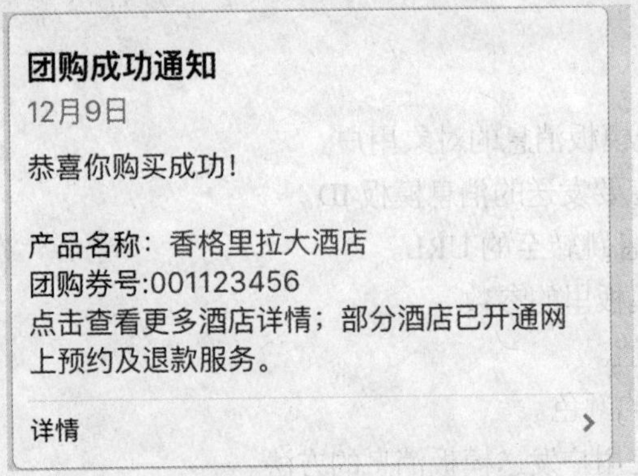

图5-15　用户收到的模板消息

习　题

一、选择题

1. 微信公众号不能接收到（　　）类型的消息。
   A. 小视频消息　　B. 图片消息　　C. 地理位置消息　　D. 名片消息

2. 使用XmlDocument类的（　　）属性可以获取XML文档的根节点。
   A. DocumentElement　　　　　　　B. RootElement
   C. FirstChild　　　　　　　　　　D. FirstElement
3. 在地理位置消息中表示地理位置维度参数为（　　）。
   A. Location_X　　B. Location_Y　　C. Scale　　D. Label

二、填空题

1. HTTP支持2种传输数据的方式，即　【1】　方式和　【2】　。
2. 当应用程序接收到消息XML后，可以使用　【3】　类对其进行解析。
3. 调用XmlDocument.　【4】　方法可以从指定的字符串中加载XML文档。
4. 上报地理位置事件的事件类型为　【5】　，　【6】　参数代表地理位置纬度，　【7】　参数代表地理位置经度，　【8】　参数代表地理位置精度。
5. 单击自定义菜单的事件类型为　【9】　。
6. 微信公众平台采用　【10】　对称加密算法对推送给公众账号的消息体进行加密。
7. 公众号可以向自己的粉丝群发消息，群发消息包括　【11】　、　【12】　、　【13】　、　【14】　、　【15】　等。
8. 每个公众号可以设置一个主营行业和一个副营行业，每个行业又分为　【16】　和　【17】　2级。

三、简答题

1. 文本消息的格式如下。
```
<xml>
<ToUserName><![CDATA[toUser]]></ToUserName>
<FromUserName><![CDATA[fromUser]]></FromUserName>
<CreateTime>1348831860</CreateTime>
<MsgType><![CDATA[text]]></MsgType>
<Content><![CDATA[this is a test]]></Content>
<MsgId>1234567890123456</MsgId>
</xml>
```
试述各参数的含义。
2. 当公众号的粉丝与公众号产生交互的时候，会触发一些事件。这些事件会被微信服务器推送到开发者设置的Web服务器。开发者可以对这些事件进行处理，做出响应。试述这些事件包括哪些？
3. 试述微信公众平台中消息加密和解密的方式。
4. 试述群发图文消息的过程。
5. 模板消息对应的JSON字符串格式如下。
```
{
        "touser":"OPENID",
        "template_id":"ngqIpbwh8bUfcSsECmogfXcV14J0tQlEpBO27izEYtY",
        "url":"http://weixin.qq.com/download",
        "data":{
                "first": {
                        "value":"恭喜你购买成功！",
```

```
            "color":"#173177"
        },
        "keynote1":{
            "value":"巧克力",
            "color":"#173177"
        },
        "keynote2": {
            "value":"39.8元",
            "color":"#173177"
        },
        "keynote3": {
            "value":"2014年9月22日",
            "color":"#173177"
        },
        "remark":{
            "value":"欢迎再次购买！",
            "color":"#173177"
        }
    }
}
```
试述各参数的含义。

06 用户管理

可以通过本章介绍的开发接口,对微信公众平台的粉丝(用户)进行管理,包括分组、修改备注信息和获取用户基本信息等。

在 WebApplicationWeixin 应用程序中,本章实例的主页为\Areas\area6\Views\Home\ Index.cshtml。

6.1 用户分组管理

开发者可以将公众号的粉丝进行分组管理。可以通过开发接口对用户分组管理，包括创建、修改、删除和查询用户分组等。

6.1.1 查询所有用户分组

可以通过 GET 方式调用下面的接口可以获取所有用户分组。
https://api.weixin.qq.com/cgi-bin/groups/get?access_token=ACCESS_TOKEN
返回结果格式如下。

```
{
    "groups": [
        {
            "id": 0,
            "name": "未分组",
            "count": 72596
        },
        {
            "id": 1,
            "name": "黑名单",
            "count": 36
        },
        {
            "id": 2,
            "name": "组1",
            "count": 8
        },
        {
            "id": 104,
            "name": "组2",
            "count": 4
        },
        {
            "id": 106,
            "name": "组3",
            "count": 1
        }
    ]
}
```

参数说明如下。
- groups：用户组列表。
- id：用户组的 id。
- name：用户组名字。
- count：用户组内的用户数。

【例 6-1】下面通过实例演示获取用户分组的方法。

首先，在 wxBase 的 Model 文件夹下创建一个 Users 子文件夹。然后在 Users 子文件夹下创建一个 wxUserGroup 类，用于解析返回的用户组 JSON 字符串，代码如下。

```
public class wxUserGroup
{
    public int id;
    public string name;
    public int count;
}
```

在 wxBase 中添加一个类 wxUsersService，用于对用户信息进行管理，在类 wxUsersService 中定义一个 get_groups ()方法，用于获取用户分组数据，代码如下。

```
public static wxUserGroup get_groups()
{
    string url = "https://api.weixin.qq.com/cgi-bin/groups/get?access_token=" + weixinService.Access_token;
    wxUserGroup group = JSONHelper.JSONToObject<wxUserGroup> (HttpService.Get(url));
    return group;
}
```

在 WebApplicationWeixin 应用程序中的控制器 area6\Controllers\HomeController 的 Index() 中调用 wxUsersService.get_groups()方法，获取用户组列表，并将其传递至对应的视图中，代码如下。

```
namespace WebApplicationWeixin.Areas.area6.Controllers
{
    public class HomeController : Controller
    {
        // GET: area6/Home
        public ActionResult Index()
        {
            wxUserGroups mgroup = wxUsersService.get_groups();
            return View(mgroup);
        }
    }
}
```

在视图\Areas\area6\Views\Home\Index.cshtml 中将模型中包含的用户组列表数据显示在页面中，代码如下。

```
@{
    ViewBag.Title = "第 6 章 用户管理";
}
<br/><br /><br /><br /><br /><br />
<h2>第 6 章 用户管理</h2>

<table border="1">
    <tr><td width="200" bgcolor="#eeeeee">用户组名</td><td width="100" bgcolor="#eeeeee">用户数</td></tr>

    @for (int i = 0; i < @Model.groups.Count; i++)
    {
        <tr><td width="200">@Model.groups[i].name</td><td width="100">@Model.groups[i].count</td></tr>
    }
</table>
```

程序遍历模型中的用户数据，然后以表格的形式输出在网页中。运行 WebApplicationWeixin 应用程序，在浏览器中访问\area6\Home，如图 6-1 所示。

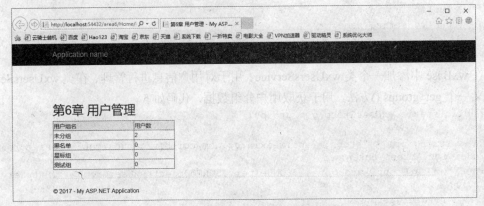

图6-1　访问\area6\Home的显示效果

6.1.2　创建用户分组

以 POST 方式将包含用户分组的 JSON 字符串提交到下面的接口，可以创建用户分组。

```
https://api.weixin.qq.com/cgi-bin/groups/create?access_token=ACCESS_TOKEN
```

包含用户分组的 JSON 字符串格式如下。

```
{"group":{"name":"test"}}
```

提示　　一个公众账号，最多支持创建100个分组。

如果创建成功，则会返回如下格式的 JSON 字符串。

```
{
    "group": {
        "id": 100,
        "name": "test"
    }
}
```

参数说明如下。
- id：新增用户组的 id。
- name：新增用户组的名字。

【例 6-2】演示添加用户组的过程。

在第 6 章的主页视图中添加一个超链接，代码如下。

```
@Html.ActionLink("添加用户组", "addgroup", "Home", new { area = "area6" }, null)
```

单击此超链接会跳转至视图\Areas\area6\Views\Home\ addgroup.cshtml。在其中设计一个添加用户组的表单，代码如下。

```
<h2>创建用户分组</h2>

@using (Html.BeginForm("addgroup", "Users", FormMethod.Post))
```

```
{
    <a>输入用户分组名</a><input type="text" name="groupname"/>
    <input type="submit" value="提交"/>
}
```

提交表单时，将会把用户分组名数据提交至控制器 usergroup 的 add()方法，代码如下。

```
[HttpPost]
public ActionResult addgroup(FormCollection form)
{
    string groupname = form["groupname"];
    string str_json = "{ \"group\":{ \"name\":\"" + groupname + "\"}}";
    string url = "https://api.weixin.qq.com/cgi-bin/groups/create?access_token=" + weixinService.Access_token;
    string result = HttpService.Post(url, str_json);

    return View();
}
```

程序接收网页提交的用户分组数据，然后以它为参数，调用添加用户组的接口。

运行应用程序，浏览第 6 章的主页，单击"添加用户组"超链接，打开创建用户分组页面，如图 6-2 所示。

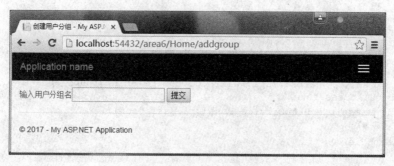

图6-2 创建用户分组页面

输入一个新的用户组名字，然后单击"提交"按钮。如果添加成功，则会返回类似下面的 JSON 字符串。

```
{"group":{"id":101,"name":"newgroup"}}
```

6.1.3 修改用户分组名

以 POST 方式将包含用户分组的 JSON 字符串提交到下面的接口，可以修改用户分组名。
```
https://api.weixin.qq.com/cgi-bin/groups/update?access_token=ACCESS_TOKEN
```
包含用户分组的 JSON 字符串格式如下。
```
{"group":{"id":108,"name":"test2_modify2"}}
```

【例 6-3】演示修改用户组的过程。

在【例 6-1】的页面中每个用户分组后面增加一个修改用户分组名超链接，代码如下。

```
<table border="1">
    <tr><td width="200" bgcolor="#eeeeee">用户组名</td><td width="100" bgcolor="#eeeeee">用户数</td></tr>

    @for (int i = 0; i < @Model.groups.Count; i++)
    {
```

```
            <tr><td width="200">@Model.groups[i].name</td><td width="100">@Model.groups[i].count</td><td>@Html.ActionLink("修改用户分组名", "editgroup", "Home", new { groupid = @Model.groups[i].id }, null)</td></tr>
        }
    </table>
```

单击"修改用户分组名"超链接会跳转至视图/Areas/area9/Views/Home/ editgroup.cshtml，视图的代码如下。

```
<h2>修改用户分组</h2>

@using (Html.BeginForm("modifygroup", "Home", FormMethod.Post))
{
    <a>输入用户分组 id</a><input type="text" name="groupid"/>
    <a>输入用户分组的新名字</a><input type="text" name="groupname"/>
    <input type="submit" value="提交"/>
}
```

提交表单时，将会把用户分组名数据提交至控制器 HomeController 的 modifygroup ()方法，代码如下。

```
[HttpPost]
public ActionResult modifygroup(FormCollection form)
{
    string groupid = form["groupid"];
    string groupname = form["groupname"];
    string str_json = "{ \"group\":{ \"id\":" + groupid + ", \"name\":\"" + groupname + "\"}}";
    string url = " https://api.weixin.qq.com/cgi-bin/groups/update?access_token=" + weixinService.Access_token;
    string result = HttpService.Post(url, str_json);

    return View();
}
```

程序接收网页提交的用户分组数据，然后以用户组 id 和新的用户名为参数，调用修改用户组的接口。

运行应用程序浏览【例 6-3】的页面，单击用户组后面的"修改用户分组名"超链接，打开修改用户分组页面，如图 6-3 所示。

图6-3　在用户组管理页面中修改用户分组

输入要修改的用户组 id 和名字，然后单击"提交"按钮。如果修改成功，则会返回下面的 JSON 字符串。

```
{"errcode":0,"errmsg":"ok"}
```

6.1.4 删除用户分组

以 POST 方式将包含用户分组的 JSON 字符串提交到下面的接口，可以删除用户分组。

```
https://api.weixin.qq.com/cgi-bin/groups/delete?access_token=ACCESS_TOKEN
```

包含要删除的用户分组信息的 JSON 字符串格式如下。

```
{"group":{"id":108}}
```

如果删除成功，则会返回如下格式的 JSON 字符串。

```
{"errcode": 0, "errmsg": "ok"}
```

【例 6-4】演示删除用户组的过程。

在【例 6-1】的页面中每个用户分组后面增加一个删除用户分组名超链接，代码如下。

```
<table border="1">
    <tr><td width="200" bgcolor="#eeeeee">用户组名</td><td width="100" bgcolor="#eeeeee">用户数</td></tr>

    @for (int i = 0; i < @Model.groups.Count; i++)
    {
        <tr><td width="200">@Model.groups[i].name</td><td width="100">@Model.groups[i].count</td><td>@Html.ActionLink(" 修改用户分组名 ", "editgroup", "Home", new { groupid = @Model.groups[i].id },null )<br/>@Html.ActionLink(" 删除用户分组名 ", "deletegroup", "Home", new { groupid = @Model.groups[i].id }, null)</td></tr>

    }
</table>
```

单击"删除用户分组名"超链接会跳转至控制器 HomeController 的 deletegroup() 方法，代码如下。

```
    public ActionResult deletegroup(FormCollection form)
    {
        string groupid = form["groupid"];
        string str_json = "{ \"group\":{ \"id\":" + groupid + "}";
        string url = " https://api.weixin.qq.com/cgi-bin/groups/delete?access_token=" + weixinService.Access_token;
        string result = HttpService.Post(url, str_json);

        Response.Redirect("~/area6/Home/");
        return View();
    }
```

程序接收网页提交的用户分组数据，然后以用户组 id 和新的用户名为参数，调用删除用户组的接口。如果删除成功，则会返回下面的 JSON 字符串。

```
{"errcode":0,"errmsg":"ok"}
```

6.2 用户管理

可以通过开发接口获取公众号的粉丝（用户）信息，设置用户组信息、设置用户备注名等。

163

6.2.1 获取用户列表

可以通过 GET 方式调用下面的接口可以获取所有用户。

https://api.weixin.qq.com/cgi-bin/user/get?access_token=ACCESS_TOKEN&next_openid=NEXT_OPENID

参数 next_openid 指定第一个获取的用户的 OPENID。如果不指定，则从头开始获取。OPENID 是加密后的微信号，每个用户对每个公众号的 OPENID 是唯一的。

返回结果格式如下。

```
{
  "total":23000,
  "count":10000,
  "data":{"
    openid":[
      "OPENID1",
      "OPENID2",
      ...,
      "OPENID10000"
    ]
  },
  "next_openid":"OPENID10000"
}
```

参数说明如下。

- total：关注该公众账号的总用户数。
- count：本次调用获取的 OPENID 个数，最大值为 10 000。
- data：OPENID 的列表。
- next_openid：拉取列表的最后一个用户的 OPENID，可以使用它为 next_openid 参数来获取下一组用户数据。

【例 6-5】演示测试获取用户列表的方法。

首先，在 wxBase 的 Model/Users 子文件夹下创建一个 wxUserData 类，用于解析返回的用户 JSON 字符串中的用户数据，代码如下。

```
public class wxUserData
{
    public List<string> openid;
}
```

然后定义一个类 wxUsersSummary，用于解析返回的用户 JSON 字符串，其中包含一个 wxUserData 对象，代码如下。

```
public class wxUsersSummary
{
    public string total;
    public string count;
    public wxUserData data;
    public string next_openid;
}
```

在 wxBase 中添加一个类 wxUsersService，用于对用户信息进行管理，在类 wxUsersService 中定义一个 get_users ()方法，用于获取用户数据，代码如下。

```
public static wxUsersSummary get_users()
```

```
    {
        string url = " https://api.weixin.qq.com/cgi-bin/user/get?access_token=" + 
weixinService.Access_token;
        wxUsersSummary user = JSONHelper.JSONToObject<wxUsersSummary> (HttpService.
Get(url));
        return user;
    }
```

在第 6 章的主页中添加一个超链接，代码如下。

```
<ul>
    <li>@Html.ActionLink("获取用户信息", "get_users", "Home")</li>
</ul>
```

单击"获取用户信息"超链接，会跳转至控制器 HomeController 的 get_users()方法。get_ users ()方法的代码如下。

```
            public ActionResult get_users()
    {
        wxUsersSummary user = wxUsersService.get_users();
        return View(user);
    }
```

程序调用 wxUsersService.get_ users()方法，并解析返回结果，然后将用户数据以 Model 的形式传递到视图中。

为 get_users()方法创建对应的视图，并在其中显示 Model 数据，代码如下。

```
@model wxBase.Model.Users.wxUsersSummary
@{
    ViewBag.Title = "粉丝用户列表";
}

<h2>粉丝用户列表</h2>

<div><label>粉丝总数:</label>@Html.DisplayFor(m => m.count)</div>

@foreach (var item in Model.data.openid)
{
    <div>openid: @item</div>
}
```

运行 WebApplicationWeixin 应用程序，在浏览器中访问第 6 章主页。单击"获取用户信息"超链接。正常情况下会输出统计数据，如图 6-4 所示。

6.2.2 设置备注名

将包含用户备注名信息的 JSON 字符串以 POST 方式提交到下面的开发接口可以设置用户的备注名。

https://api.weixin.qq.com/cgi-bin/user/info/updateremark?access_token=ACCESS_TOKEN

包含用户备注名信息的 JSON 字符串格式如下。

```
{
    "openid":"oDF3iY9ffA-hqb2vVvbr7qxf6A0Q",
    "remark":"pangzi"
}
```

图6-4 输出用户信息数据

参数 remark 就是用户的备注名。如果设置成功,则会返回如下格式的 JSON 字符串。

```
{
    "errcode":0,
    "errmsg":"ok"
}
```

【例6-6】演示设置用户备注名的过程。

在第 6 章的主页中添加一个超链接,代码如下。

```
@Html.ActionLink("设置用户备注名", "Remark", "Home")
```

单击"设置用户备注名"超链接,会跳转至控制器 HomeController 的 Remark()方法。

在 Remark()方法对应的视图中设计一个设置用户备注名的表单,代码如下。

```
<h2>设置用户备注名</h2>

@using (Html.BeginForm("SetRemark", "Home", FormMethod.Post))
{
    <a>输入用户 openid</a><input type="text" name="openid"/>
    <a>输入用户的备注名</a><input type="text" name="remark"/>
    <input type="submit" value="提交"/>
}
```

提交表单时,将会把用户分组名数据提交至控制器 Users 的 SetRemark()方法,代码如下。

```
[HttpPost]
public ActionResult SetRemark(FormCollection form)
{
    string openid = form["openid"];
    string remark = form["remark"];
    string str_json = "{ \" openid\": \"" + openid + "\", remark\":\"" + remark + "\"}";
    string url = " https://api.weixin.qq.com/cgi-bin/user/info/updateremark?
```

```
access_token=" + weixinService.Access_token;
        string result = HttpService.Post(url, str_json);

        return View();
    }
```

程序接收网页提交的用户备注名数据,然后以用户 openid 和备注名为参数,调用设置用户备注名的接口。

运行应用程序浏览【例 6-6】的页面,如图 6-5 所示。

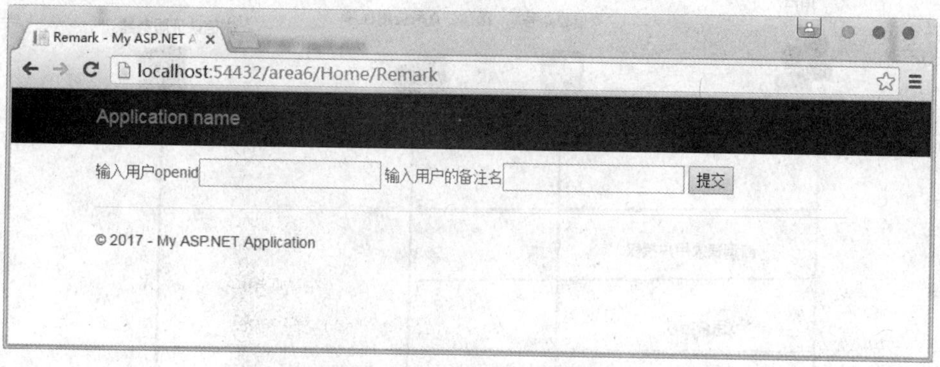

图6-5　修改用户备注名

输入用户 openid 和备注名,单击"提交"按钮,即可修改用户备注名。

6.2.3　获取用户基本信息

在有些情况下,需要获取当前微信用户的一些信息,包括 openid 和收货地址等。而要获取用户信息,就要通过用户授权。当用户使用微信浏览器访问集成 OAuth 2.0 授权功能的网页时,会出现类似图 6-6 所示的页面,要求用户确认登录。

图6-6　微信应用授权界面

如果用户单击"确认登录"按钮,就会授权网页获取自己的公开信息,例如昵称、头像等。

1. OAuth 2.0 工作原理

OAuth 是目前广泛应用的关于授权的开放网络协议,目前最新的版本是 OAuth 2.0。它允许用户让第三方应用以安全且标准的方式获取该用户在某一网站、移动或桌面应用上存储的私密的资源(例如用户个人信息、照片、视频、联系人列表等),而无需将用户名和密码提供给第三方应用。在微信公众平台中使用 OAuth 2.0 实现用户授权的过程如图 6-7 所示。

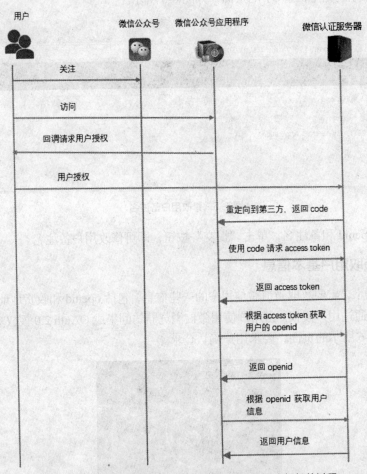

图6-7 在微信公众平台中使用OAuth 2.0实现用户授权的过程

具体描述如下。

(1)首先用户要关注微信公众账号。

(2)微信公众账号为来访的用户提供微信公众号应用程序的入口。

(3)用户访问微信公众号应用程序,获取请求授权的页面 URL。

(4)单击请求授权的页面 URL,向认证服务器发起用户授权请求。

(5)认证服务器询问用户是否同意授权给微信公众号应用程序。

(6)用户同意授权。

(7)认证服务器通过回调将 code 传给微信公众号应用程序。

（8）微信公众号应用程序使用 code 获取 access token。
（9）认证服务器通过回调将 access token 传给微信公众号应用程序。
（10）微信公众号应用程序使用 access token 获取用户的 openid。
（11）认证服务器通过回调将 openid 传给微信公众号应用程序。
（12）微信公众号应用程序使用 openid 获取用户信息。
（13）认证服务器通过回调将用户信息传给微信公众号应用程序。

2. 配置接口权限

要实现在网页中授权获取微信用户信息，还需要在公众号后台进行必要的配置。

登录微信公众平台，然后在左侧菜单中选择"开发/接口权限"，可以在权限列表中找到"网页授权获取用户基本信息"项目，如图 6-8 所示。

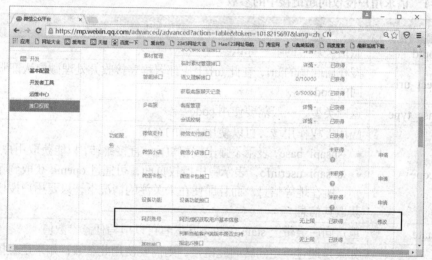

图6-8 找到"网页授权获取用户基本信息"权限

单击后面的"修改"超链接，打开"授权回调域名配置"对话框，如图 6-9 所示。

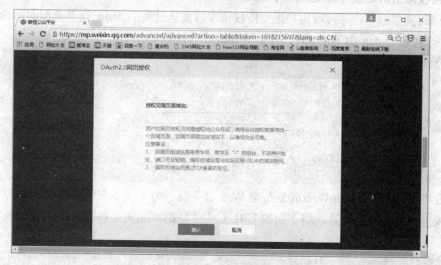

图6-9 "授权回调域名配置"对话框

授权回调域名配置规范为不带 http:// 的全域名，例如 www.yourdomain.com。配置以后此域名下面的页面，例如，http://www.yourdomain.com/news.html、http://www.yourdomain.com/login.html 都可以进行 OAuth2.0 鉴权。但 http://pay.yourdomain.com 下面的网页就不会进行 OAuth2.0 鉴权。

3. 设计请求用户授权的超链接

在需要得到用户授权的网页里，需要定义一个请求用户授权的超链接，类似下面样式。

```
<a href=" https://open.weixin.qq.com/connect/oauth2/authorize?appid=APPID&redirect_uri=REDIRECT_URI&response_type=code&scope=SCOPE&state=STATE#wechat_redirect"> OAuth 2.0 授权演示</a>
```

参数说明如表 6-1 所示。

表 6-1　请求用户授权的超链接中的参数

参数	说明
appid	微信公众号的唯一标识
redirect_uri	授权后回调的 url，在此 url 上应部署程序接收并处理微信认证服务器返回的 code
response_type	返回类型，一般需要使用 code
scope	应用授权作用域，可以使用下面的选项。 • snsapi_base，表示不弹出授权页面，直接跳转，只能获取用户 openid。 • snsapi_userinfo，表示弹出授权页面，可通过 openid 获取到昵称、性别、所在地等信息。而且即使在未关注的情况下，只要用户授权，也能获取其信息
state	重定向后会带上 state 参数，开发者可以填写任意参数值
#wechat_redirect	如果是通过重定向转向此链接，则需要使用此参数；如果是直接在微信中打开此链接，则不需要使用此参数

4. 接收微信认证服务器发送来的 code

接下来，需要编写程序接收用户提交授权请求后发送过来的 code。在 WebApplicationWeixin 中创建一个控制器 Auth2Controller，其中的 Index() 方法代码如下。

```
public ActionResult Index()
{
    string code = Request.QueryString["code"];
    if (!string.IsNullOrEmpty(code))
    {
        return Content(code);
    }
    return View("NO CODE");
}
```

然后将 WebApplicationWeixin 发布至 Web 服务器。为了演示在线授权的效果，可以搜索一个在线生成二维码的工具，将下面的 URL（注意根据实际情况替换其中的参数）生成一个二维码。

```
https://open.weixin.qq.com/connect/oauth2/authorize?appid=APPID&redirect_uri=REDIRECT_URI&response_type=code&scope=snsapi_userinfo&state=STATE #wechat_redirect
```

然后用微信扫一扫功能扫描二维码，会弹出一个要求用户授权的页面，如图6-10所示。

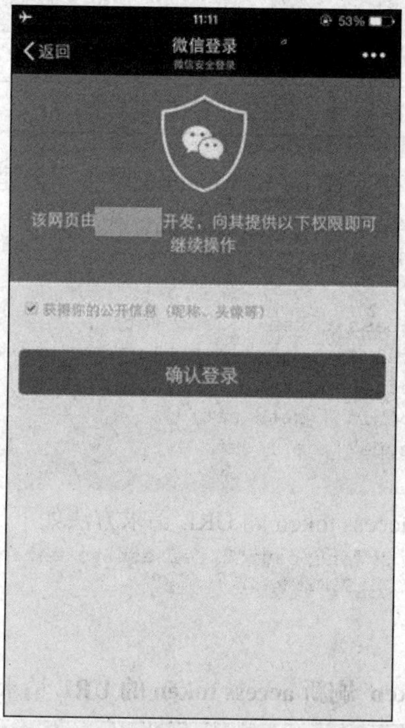

图6-10　要求用户授权的页面

单击"确认登录"按钮后可以将用户的 code 发送至 redirect_uri 参数指定的 URL。

5. 根据 code 获取用户的 access token

现在，我们已经获取到了用户的 code。接下来可以通过下面的接口根据 code 获取用户的 access token。

```
https://api.weixin.qq.com/sns/oauth2/access_token?appid=wx8888888888888888&secret=xxxxxxxxxxxxxxx&code=用户的code&grant_type=authorization_code
```

可以得到类似下面格式的 JSON 字符串。

```
{"access_token":"_zkqS141gsP7l9C9451Alf6rHetGhmW6-cj09mNkrJlncsrxFySmZNdSPr1jSYsO9pUzVQJ3DxluCEl40XbutbgtHYnYRyPd6up3gwsvQTQ","expires_in":7200,"refresh_token":"E1y2HVqnYVUvbNA3q8oBGXXpkY3H0Jtci4B3bUMfbYSTvIUaZO2Db44eA17Fqxgzg-ZQnjyzSY18gCvXqWCsQQ8hQzu-gghpXBDbiULNaBI","openid":"o0e8Yw9IgsBt_yUh_uxv3uQilgS0","scope":"snsapi_userinfo"}
```

参数明如表 6-2 所示。

表 6-2　获取到用户 access token JSON 字符串中的参数

参数	说明
access_token	网页授权接口调用凭证。注意，此 access_token 与微信公众号的 access_token 不同
expires_in	access_token 的有效期，单位为秒
refresh_token	专用于刷新 access token 的 token。access token 过期后，可以使用 refresh_token 来刷新 access token

续表

参数	说明
openid	用户的唯一标识
scope	用户授权的作用域，使用逗号（,）分隔

为了能够解析此字符串，在 wxBase 的 Model 文件夹下创建一个 OAuth2 子文件夹，然后在 OAuth2 子文件夹下定义一个类 UserAccessToken，代码如下。

```
public class UserAccessToken
{
    public string access_token { get; set; }
    public int expires_in { get; set; }
    public string refresh_token { get; set; }
    public string openid { get; set; }
    public string scope { get; set; }
}
```

根据 refresh_token 刷新 access token 的 URL 请求方法如下。

```
https://api.weixin.qq.com/sns/oauth2/refresh_token?appid=APPID&grant_type=refresh_token&refresh_token=REFRESH_TOKEN
```

参数说明如表 6-3 所示。

表 6-3 根据 refresh_token 刷新 access token 的 URL 请求参数

参数	说明
appid	公众号的唯一标识
grant_type	授权类型，填写为 refresh_token
refresh_token	专用于刷新 access token 的 token

调用此接口会得到与前面介绍的根据 code 获取 access token 返回的同样格式的 JSON 数据，类似如下样式。

```
{"access_token":"_zkqS141gsP7l9C945lAlf6rHetGhmW6-cj09mNkrJlncsrxFySmZNdSPr1jSYsO9pUzVQJ3DxluCEl40XbutbgtHYnYRyPd6up3gwsvQTQ","expires_in":7200,"refresh_token":"E1y2HVqnYVUvbNA3q8oBGXXpkY3H0Jtci4B3bUMfbYSTvIUaZO2Db44eA17Fqxgzg-ZQnjyzSY18gCvXqWCsQQ8hQzu-gghpXBDbiULNaBI","openid":"o0e8Yw9IgsBt_yUh_uxv3uQilgS0","scope":"snsapi_userinfo"}
```

在 wxBase 应用程序中创建一个 Auth2Service 类，用于封装 OAuth 2.0 授权的基本功能。在 Auth2Service 中添加一个 get_accesstoken_bycode() 方法，用于根据 code 获取用户的 access token，然后将收到的 JSON 字符串解析成 UserAccessToken 对象，代码如下。

```
public static UserAccessToken get_accesstoken_bycode(string code)
{
    string url = "https://api.weixin.qq.com/sns/oauth2/access_token?appid=" + weixinService.appid + "&secret=" + weixinService.appsecret + "&code=" + code + "&grant_type=authorization_code";
    string result = HttpService.Get(url);
    UserAccessToken t = JSONHelper.JSONToObject<UserAccessToken>(result);

    return t;
}
```

修改控制器 Auth2Controller 的 Index()方法，接收用户同意授权后发送过来的 code，然后根据 code 获取用户的 access token，并记录日志。代码如下。

```csharp
public ActionResult Index()
{
    string code = Request.QueryString["code"];
    if (!string.IsNullOrEmpty(code))
    {
        LogService.Write("收到用户授权 code:" + code);
        UserAccessToken t = OAuth2Service.get_accesstoken_bycode(code);

        LogService.Write("获取到了用户 accesstoken:" + t.access_token+", refresh token:"+t.refresh_token+", openid="+t.openid+ ", scope:"+t.scope+ ", expires_in:" + t.expires_in);
        return View();

    }
    return Content("NO CODE");
}
```

如果一切正常，在用户同意授权后，服务器会记录类似下面的日志信息。

```
[2016-10-16 15:42:11]: 获取到了用户 accesstoken:sVwJ4YHC5Qoey22Z60X8s8q5gVlZHTYyjg
WgmfEQ3oHfNms7TEuJzf9IvK-eGvPM-AgkwNkEphfaAzU1pXVXDPlmrCR4AcHs_47TrDeH4sg, refresh
token:KCXT31zIdhZA-MRpwnE3rX9NphNPIdhK0QOJbwQcI7qdX_GqK9bOYX1By7yQJUql2_6qwsWpSdAVT4
LdTKISiFPms1iEujUZ9mh3cmiuPTA, openid=o0e8Yw9IgsBt_yUh_uxv3uQilgS0, scope:snsapi_userinfo,
expires_in:7200
```

6. 根据 access_token 和用户的 openid 获取用户信息

通过调用下面的接口，可以根据 access_token 和用户的 openid 获取用户信息。

```
https://api.weixin.qq.com/sns/userinfo?access_token=ACCESS_TOKEN&openid=OPENID
```

返回的 JSON 字符串格式如下。

```
{
    "openid": OPENID,
    "nickname": 昵称,
    "sex": 性别, 0 代表女, 1 代表男
    "language": 使用的语言,
    "city": 所在城市,
    "province": 省份,
    "country": 国家,
    "headimgurl": 头像链接",
    "privilege": 权限数组
}
```

6.2.4　查询用户所在分组

将包含用户 openid 信息的 JSON 字符串以 POST 方式提交到下面的开发接口可以查询用户所在分组。

```
https://api.weixin.qq.com/cgi-bin/groups/getid?access_token=ACCESS_TOKEN
```

包含用户 openid 信息的 JSON 字符串格式如下。

```
{"openid":OPENID}
```

如果查询成功，则会返回如下格式的 JSON 字符串。

{

```
            "groupid": GROUPID
}
```

【例 6-7】演示查询用户所在分组的过程。

在第 6 章的主页中添加一个超链接,代码如下。

```
@Html.ActionLink("查询用户所在分组", "GetGroupId", "Home")
```

单击"设置用户备注名"超链接,会跳转至控制器 HomeController 的 GetGroupId()方法。

在 GetGroupId()方法对应的视图中设计一个查询用户所在分组的表单,代码如下。

```
<h2>查询用户所在分组</h2>

@using (Html.BeginForm("Get", "GetGroupId", FormMethod.Post))
{
    <a>输入用户openid</a><input type="text" name="openid"/>
    <input type="submit" value="提交"/>
}
```

提交表单时,将会把用户分组名数据提交至控制器 GetGroupId 的 Get ()方法,代码如下。

```
[HttpPost]
public ActionResult Get(FormCollection form)
{
    string openid = form["openid"];
    string str_json = "{ \"openid\": \"" + openid + "\"}";
    string url = "https://api.weixin.qq.com/cgi-bin/groups/getid?access_token="
 + weixinService.Access_token;
    string result = HttpService.Post(url, str_json);

    return View();
}
```

程序接收网页提交的用户 openid,然后以此为参数,调用查询用户所在分组的接口。

运行应用程序浏览【例 6-7】页面,如图 6-11 所示。

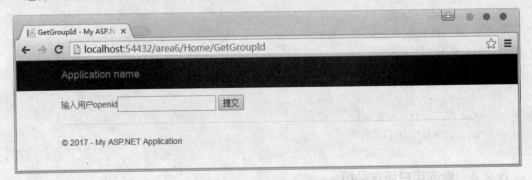

图6-11 在用户组管理页面中修改用户分组

输入用户 openid,然后单击"提交"按钮。如果成功,则获取的数据格式如下。

```
{"groupid":0}
```

6.2.5 移动用户到指定分组

将包含用户 openid 和用户组 groupid 信息的 JSON 字符串以 POST 方式提交到下面的开发接口可以移动用户到指定分组。

```
https://api.weixin.qq.com/cgi-bin/groups/members/update?access_token=ACCESS_TOKEN
```

包含用户 openid 和用户组 groupid 信息的 JSON 字符串格式如下。

```
{
"openid":OPENID
,"to_groupid":108}
}
```

如果执行成功，则会返回如下格式的 JSON 字符串。

```
{"errcode": 0, "errmsg": "ok"}
```

【例 6-8】演示移动用户到指定分组的方法。

在第 6 章的主页视图中添加一个超链接，代码如下。

```
@Html.ActionLink("移动用户到指定分组", " updatemembers", "Home", new { area = "area6" }, null)
```

单击此超链接会跳转至视图\Areas\area6\Views\Home\updatemembers.cshtml。在其中设计一个添加用户组的表单，代码如下。

```
<h2>移动用户到指定分组</h2>

@using (Html.BeginForm("updateGroup", "Users", FormMethod.Post))
{
    <a>输入用户 openid</a><input type="text" name="openid"/>
    <a>输入用户组 groupid</a><input type="text" name="groupid"/>
    <input type="submit" value="提交"/>
}
```

提交表单时，将会把用户分组名数据提交至控制器 HomeController 的 updateGroup()方法，代码如下。

```
[HttpPost]
public ActionResult updateGroup(FormCollection form)
{
    string openid = form["openid"];
    string groupid = form["groupid"];
    string str_json = "{ \"openid\": \"" + openid + "\",\"groupid\ "=\" "+groupid+"\"}";
    string url = "https://api.weixin.qq.com/cgi-bin/groups/members/update?access_token=" + weixinService.Access_token;
    string result = HttpService.Post(url, str_json);

    return View();
}
```

程序接收网页提交的用户 openid 和用户组 groupid，然后以此为参数，调用移动用户到指定分组的接口。

也可以通过下面的开发接口实现批量移动用户到指定分组的功能。

```
https://api.weixin.qq.com/cgi-bin/groups/members/batchupdate?access_token=ACCESS_TOKEN
```

包含用户 openid 和用户组 groupid 信息的 JSON 字符串格式如下。

```
{"openid_list":["oDF3iYx0ro3_7jD4HFRDfrjdCM58","oDF3iY9FGSSRHom3B-0w5j4jlEyY"],"to_groupid":108}
```

参数 openid_list 指定要移动的用户 openid 列表。

如果执行成功，则会返回如下格式的 JSON 字符串。

```
{"errcode": 0, "errmsg": "ok"}
```

【例 6-9】 演示批量移动用户到指定分组的方法。

在第 6 章的主页视图中添加一个超链接，代码如下。

```
@Html.ActionLink("批量移动用户到指定分组", "batchupdate", "Home", new { area = "area6" }, null)
```

单击此超链接会跳转至视图\Areas\area6\Views\Home\batchupdate.cshtml。在其中设计一个添加用户组的表单，代码如下。

```
<h2>批量移动用户到指定分组</h2>
@using (Html.BeginForm("batchupdateGroup", "Home", FormMethod.Post))
{
    <a>输入用户 openid1</a><input type="text" name="openid1"/>
    <a>输入用户 openid2</a><input type="text" name="openid2"/>
    <a>输入用户组 groupid</a><input type="text" name="groupid"/>
    <input type="submit" value="提交"/>
}
```

提交表单时，将会把用户分组名数据提交至控制器 HomeController 的 batchupdateGroup() 方法，代码如下。

```
[HttpPost]
public ActionResult batchupdateGroup (FormCollection form)
{
    string openid1 = form["openid1"];
    string openid2 = form["openid2"];
    string groupid = form["groupid"];
    string str_json = "{ \"openid_list\": [\"" + openid1 + "\", openid2\" ],\"to_groupid\"=\""+groupid+"\"}";
    string url = "https://api.weixin.qq.com/cgi-bin/groups/members/batchupdate?access_token=" + weixinService.Access_token;
    string result = HttpService.Post(url, str_json);

    return View();
}
```

程序接收网页提交的用户 openid 和用户组 groupid，然后以此为参数，调用移动用户到指定分组的接口。

习 题

一、选择题

1. 一个公众账号，最多支持创建（　　）个分组。

　　A. 10　　　　　B. 50　　　　　C. 100　　　　　D. 500

2. 以POST方式将包含用户分组的JSON字符串提交到下面的接口（　　），可以创建用户分组。

　　A. https://api.weixin.qq.com/cgi-bin/groups/create?access_token=ACCESS_TOKEN

B. https://api.weixin.qq.com/cgi-bin/groups/add?access_token=ACCESS_TOKEN

C. https://api.weixin.qq.com/cgi-bin/ create groups/?access_token=ACCESS_TOKEN

D. https://api.weixin.qq.com/cgi-bin/addgroups?access_token=ACCESS_TOKEN

3. 删除用户分组的开发接口为（　　）。

A. https://api.weixin.qq.com/cgi-bin/groups/delete?access_token=ACCESS_TOKEN

B. https://api.weixin.qq.com/cgi-bin/groups/remove?access_token=ACCESS_TOKEN

C. https://api.weixin.qq.com/cgi-bin/deletegroups/?access_token=ACCESS_TOKEN

D. https://api.weixin.qq.com/cgi-bin/removegroups?access_token=ACCESS_TOKEN

4. 将包含用户备注名信息的JSON字符串以POST方式提交到开发接口（　　）可以设置用户的备注名。

A. https://api.weixin.qq.com/cgi-bin/user/info/setmemo?access_token=ACCESS_TOKEN

B. https://api.weixin.qq.com/cgi-bin/user/info/updateremark?access_token=ACCESS_TOKEN

A. https://api.weixin.qq.com/cgi-bin/user/setmemo?access_token=ACCESS_TOKEN

B. https://api.weixin.qq.com/cgi-bin/user/updateremark?access_token=ACCESS_TOKEN

二、填空题

1. 以POST方式将包含用户分组的JSON字符串提交到下面的接口，可以　【1】　。

https://api.weixin.qq.com/cgi-bin/groups/update?access_token=ACCESS_TOKEN

2. 　【2】　是目前广泛应用的关于授权的开放网络协议，目前最新的版本是　【3】　。它允许用户让第三方应用以安全且标准的方式获取该用户在某一网站、移动或桌面应用上存储的私密的资源（例如用户个人信息、照片、视频、联系人列表等），而无需将用户名和密码提供给第三方应用。

3. 通过调用下面的接口，可以根据access_token和用户的　【4】　获取用户信息。

https://api.weixin.qq.com/sns/userinfo?access_token=ACCESS_TOKEN&openid=OPENID

4. 将包含用户openid信息的JSON字符串以POST方式提交到下面的开发接口可以　【5】　。

https://api.weixin.qq.com/cgi-bin/groups/getid?access_token=ACCESS_TOKEN

5. 将包含用户openid和用户组groupid信息的JSON字符串以POST方式提交到下面的开发接口可以　【6】　。

https://api.weixin.qq.com/cgi-bin/groups/members/update?access_token=ACCESS_TOKEN

三、操作题

1. 试述在微信公众平台中使用OAuth 2.0实现用户授权的过程。

2. 在需要得到用户授权的网页里，需要定义一个请求用户授权的超链接，类似下面样式。

<a href=" https://open.weixin.qq.com/connect/oauth2/authorize?appid=APPID&redirect_uri=REDIRECT_URI&response_type=code&scope=SCOPE&state=STATE#wechat_redirect "> OAuth 2.0 授权演示</a>

试述scope参数的作用。

07 客服管理

公众号可以通过客服与粉丝进行沟通。一个公众号可以有多个客服,每个客服都有自己的头像和昵称。本章将介绍对客服账号的管理和发送客服消息的方法。

在 WebApplicationWeixin 应用程序中,本章实例的主页为\Areas\area7\Views\Home\ Index.cshtml。

7.1 客服账号管理

可以在应用程序中对微信公众号的客服账号进行管理,包括获取客服账号的列表信息、添加客服账号、设置客服账号的属性、删除客服账号等。

7.1.1 开通客服功能

客服功能需要在微信公众平台的后台开通后才可以使用。登录微信公众平台,单击左侧菜单栏中的"添加功能插件"按钮,打开添加功能插件页面,如图7-1所示。

图7-1 添加功能插件页面

单击"客服功能"图标,打开添加客服功能插件页面。单击"开通"按钮,可以申请添加客服功能插件。申请的条件是公众号必须通过认证。

7.1.2 获取客服账号的列表信息

使用下面的接口可以获取客服账号的列表信息。

```
https://api.weixin.qq.com/cgi-bin/customservice/getkflist?access_token=ACCESS_TOKEN
```

如果查询成功,则会返回如下格式的 JSON 字符串。

```
{
    "kf_list": [
        {
            "kf_account" : "test1@test",
            "kf_headimgurl" : "http://mmbiz.qpic.cn/mmbiz/4whpV1VZl2iccsvYbHvnphkyGtnvjfUS8Ym0GSaLic0FD3vN0V8PILcibEGb2fPfEOmw/0",
            "kf_id" : "1001",
```

179

```
            "kf_nick" : "ntest1"
        },
        {
            "kf_account" : "test2@test",
            "kf_headimgurl" :
"http://mmbiz.qpic.cn/mmbiz/4whpV1VZl2iccsvYbHvnphkyGtnvjfUS8Ym0GSaLic0FD3vN0V8PILci
bEGb2fPfEOmw/0",
            "kf_id" : "1002",
            "kf_nick" : "ntest2"
        },
        {
            "kf_account" : "test3@test",
            "kf_headimgurl" :
"http://mmbiz.qpic.cn/mmbiz/4whpV1VZl2iccsvYbHvnphkyGtnvjfUS8Ym0GSaLic0FD3vN0V8PILci
bEGb2fPfEOmw/0",
            "kf_id" : "1003",
            "kf_nick" : "ntest3"
        }
    ]
}
```

参数说明如下。

- kf_account：客服的账号，格式为：账号前缀@公众号微信号。
- kf_nick：客服的昵称。
- kf_headimgurl：客服头像的URL。
- kf_id：客服的编号。

为了解析返回的 JSON 字符串，在 wxBase 应用程序的 Model 文件夹下创建一个 Kefu 文件夹，用于保存与客服管理有关的模型类。在 Kefu 文件夹下创建一个 wxModelKf_info 类，代码如下。

```
public class wxModelKf_info
{
    public string kf_account { get; set; }
    public string kf_headimgurl { get; set; }
    public string kf_id { get; set; }
    public string kf_nick { get; set; }
}
```

然后在 Kefu 文件夹下创建一个客服列表类 wxModelKf_list，代码如下。

```
public class wxModelKf_list
{
    public List<wxModelKf_info> kf_list { get; set; }
}
```

【例 7-1】通过一个实例演示获取客服账号列表信息的过程。

在 area7 中创建一个控制器 KefuController，并为其添加视图 area7\Views\Kefu\Index.cshtml。在此视图中将获取并显示客服账号列表信息。

在\Areas\area7\Views\Home\Index.cshtml 中添加一个获取客服账号的列表信息的超链接，代码如下。

```
@Html.ActionLink("获取客服账号的列表信息", "Index","Kefu", new { area = "area7" }, null)
```

单击此超链接将打开视图 area7\Views\Kefu\Index.cshtml。

在 KefuController 的 Index()方法中获取客服账号的列表信息并将其传递至对应的视图，代码如下。

```
namespace WebApplicationWeixin.Areas.area7.Controllers
{
    public class KefuController : Controller
    {
        // GET: area7/Kefu
        public ActionResult Index()
        {
            string url = "https://api.weixin.qq.com/cgi-bin/customservice/getkflist?access_token=" + weixinService.Access_token;
            string result = HttpService.Get(url);
            wxModelKf_list kflist = JSONHelper.JSONToObject<wxModelKf_list>(result);

            return View(kflist);
        }
    }
}
```

程序访问获取客服账号的开发接口，得到客户账号列表，并将其作为模型传递至视图。在视图中用表格显示客服账号，代码如下。

```
@model wxBase.Model.Kefu.wxModelKf_list
@{
    ViewBag.Title = "客服账号列表信息";
    Layout = null;
}

<h2>客服账号列表信息</h2>

<table border="1">
@for (int i = 0; i < Model.kf_list.Count; i++)
{
    <tr>
        <td width="200"><p>@Model.kf_list[i].kf_account</p></td>
        <td width="200"><p>@Model.kf_list[i].kf_nick</p></td>
    </tr>
}
</table>
```

7.1.3 添加客服账号

将包含客服账号信息的 JSON 字符串以 POST 方式提交到下面的开发接口可以添加客服账号。

```
https://api.weixin.qq.com/customservice/kfaccount/add?access_token=ACCESS_TOKEN
```

包含客服账号信息的 JSON 字符串格式如下。

```
{
    "kf_account" : "客服账号",
    "nickname" : "客服1",
    "password" : "客服密码",
}
```

客服账号的格式为"账号前缀@微信公众号账号"。

如果添加成功,则会返回如下格式的JSON字符串。

```
{
    "errcode":0,
    "errmsg":"ok"
}
```

【例 7-2】演示添加客服账号的过程。

在第 7 章的主页中添加如下超链接。

```
<li>@Html.ActionLink("添加客服账号", "Index", "kfaccount_add", new { area = "area7" }, null)</li>
```

单击此链接会跳转至视图/Areas/area7/Views/kfaccount_add/Index.cshtml。在视图中设计一个添加客服账号的表单,代码如下。

```
<h2>添加客服账号</h2>
@using (Html.BeginForm("add", "kfaccount_add", FormMethod.Post))
{
    <a>输入客服账号</a><input type="text" name="kfaccount" />
    <a>输入客服昵称</a><input type="text" name="nickname" />
    <a>输入密码</a><input type="password" name="password" />
    <input type="submit" value="提交" />
}
```

提交表单时,将会把客服数据提交至控制器 kfaccount_add 的 add()方法,代码如下。

```
[HttpPost]
public ActionResult add_kfaccount(FormCollection form)
{
    string kfaccount = form["kfaccount"] + "@公众号";
    string nickname = form["nickname"];
    string password = form["password"];
    string str_json = "{ \"kf_account\": \"" + kfaccount + "\",\"nickname\":\"" + nickname + "\", \"password\":\"" + password + "\"}";
    string url = "https://api.weixin.qq.com/customservice/kfaccount/add?access_token=" + weixinService.Access_token;
    string result = HttpService.Post(url, str_json);

    return View();
}
```

程序接收网页提交的客服账号数据,然后以客服账号、昵称和密码为参数,调用设置客服信息的接口。

运行应用程序浏览添加客服账号的视图,如图 7-2 所示。

输入客服账号、昵称和密码,然后单击"提交"按钮,即可添加客服账号。

7.1.4 修改客服账号

将包含客服账号信息的 JSON 字符串以 POST 方式提交到下面的开发接口可以修改客服账号。

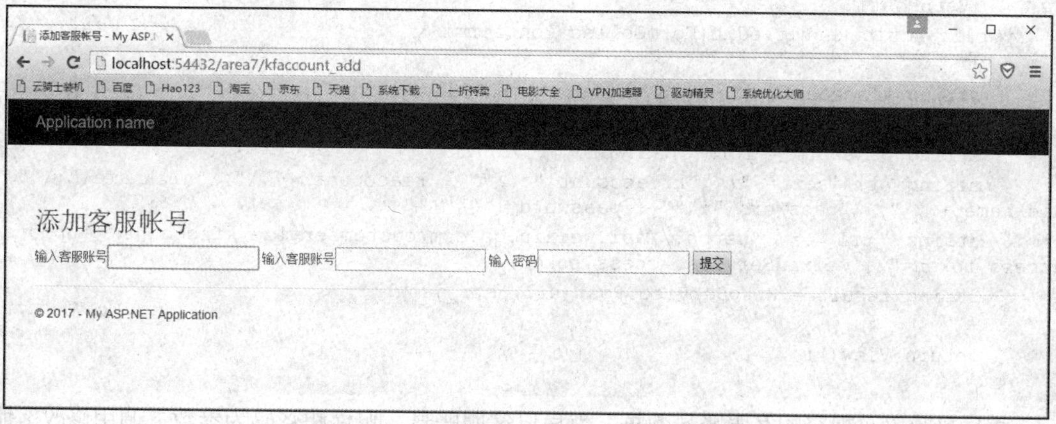

图7-2 添加客服账号

```
https://api.weixin.qq.com/customservice/kfaccount/update?access_token=ACCESS_TOKEN
```
包含客服账号信息的 JSON 字符串格式如下。

```
{
    "kf_account" : "客服账号",
    "nickname" : "客服1",
    "password" : "客服密码"
}
```

客服账号的格式为"账号前缀@微信公众号账号"。

如果修改成功，则会返回如下格式的 JSON 字符串。

```
{
    "errcode":0,
    "errmsg":"ok"
}
```

【例7-3】 演示修改客服信息的过程。

在第 7 章的主页中添加如下超链接。

```
<li>@Html.ActionLink("修改客服账号", "Index", "kfaccount_edit", new { area = "area7" }, null)</li>
```

单击此链接会跳转至视图/Areas/area7/Views/kfaccount_edit/Index.cshtml。在视图中设计一个删除客服账号的表单，代码如下。

```
<h2>修改客服账号</h2>

@using (Html.BeginForm("edit", "kfaccount", FormMethod.Post))
{
    <a>输入旧客服账号</a><input type="text" name="kfaccount" />
    <a>输入新客服账号</a><input type="text" name="nickname" />


    <a>输入密码</a><input type="password" name="password"/>
    <input type="submit" value="提交" />
}
```

提交表单时，将会把客服数据提交至控制器 kfaccount 的 edit ()方法，代码如下。

```
    [HttpPost]
public ActionResult edit(FormCollection form)
{
    string kfaccount = form["kfaccount"] + "@deyuyanxue";
    string nickname = form["nickname"];
    string password = form["password"];
    string str_json = "{ \"kf_account\": \"" + kfaccount + "\",\"nickname\":\"" + nickname + "\", \"password\":\"" + password + "\"}";
    string url = "https://api.weixin.qq.com/customservice/kfaccount/ update?access_token=" + weixinService.Access_token;
    string result = HttpService.Post(url, str_json);

    return View();
}
```

程序接收网页提交的客服账号数据，然后以客服账号、昵称和密码为参数，调用修改客服账号的接口。

运行应用程序浏览修改客服账号页面，如图7-3所示。

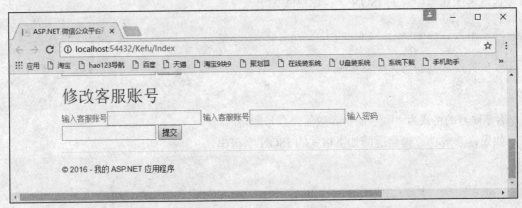

图7-3　修改客服账号

输入客服账号、昵称和密码，然后单击"提交"按钮，即可修改客服账号。

7.1.5　删除客服账号

以 GET 方式调用下面的开发接口可以删除客服账号。

```
https://api.weixin.qq.com/customservice/kfaccount/del?access_token=ACCESS_TOKEN&kf_account=KFACCOUNT
```

参数 KFACCOUNT 是指定要删除的客服账号。

如果删除成功，则会返回如下格式的 JSON 字符串。

```
{
"errcode":0,
"errmsg":"ok"
}
```

【例 7-4】演示删除客服账号的过程。

在第 7 章的主页中添加如下超链接。

```
    <li>@Html.ActionLink("删除客服账号", "Index", "kfaccount_delete", new { area = "area7" }, null)</li>
```

单击此链接会跳转至视图/Areas/area7/Views/kfaccount_delete/Index.cshtml。在视图中设计一个修改客服账号的表单，代码如下。

```
<h2>删除客服账号</h2>

@using (Html.BeginForm("del", "kfaccount", FormMethod.Post))
{
    <a>输入客服账号</a><input type="text" name="kfaccount" />
    <input type="submit" value="提交" />
}
```

提交表单时，将会把客服数据提交至控制器 Kefu 的 del_kfaccount()方法，代码如下。

```
[HttpPost]
public ActionResult del(FormCollection form)
{
    string kfaccount = form["kfaccount"] + "@deyuyanxue";
    string url = "https://api.weixin.qq.com/customservice/kfaccount/del?access_token=" + weixinService.Access_token+"&kf_account="+kfaccount;
    string result = HttpService.Get(url);

    return View();
}
```

程序接收网页提交的客服账号数据，然后以客服账号为参数，调用删除客服账号的接口。运行应用程序浏览【例 7-4】页面，如图 7-4 所示。

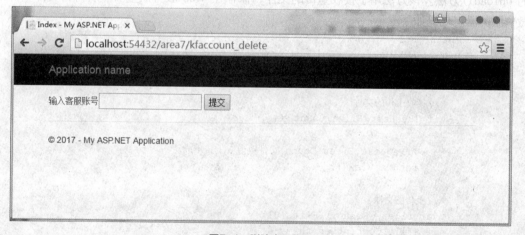

图7-4　删除客服账号

输入客服账号，然后单击"提交"按钮，即可删除客服账号。

7.1.6　设置客服账号的头像

使用下面的接口可以向微信公众平台上传客服账号的头像。

```
https://api.weixin.qq.com/customservice/kfaccount/uploadheadimg?access_token=ACCESS_TOKEN&kf_account=KFACCOUNT
```

注意，这里需要使用安全的 HTTP 数据传输协议 https，参数 kf_account 用于指定客服账号。

【例 7-5】演示向微信公众平台上传客服账号头像的过程。上传过程可以分为下面 2 步。

（1）将临时素材从本地计算机上传至 Web 服务器。

（2）将临时素材从 Web 服务器上传至微信公众平台。

在第 7 章的主页中添加如下超链接。

```
<li>@Html.ActionLink("上传客服头像", "Index", "Upload_headimg", new { area = "area7" }, null)</li>
```

单击此链接会跳转至视图/Areas/area7/Views/Upload_headimg/Index.cshtml。在视图中设计一个上传客服头像的网页，代码如下。

```
<h2>上传客服头像</h2>
@using (Html.BeginForm("Upload", " Upload_headimg ", FormMethod.Post, new { enctype = "multipart/form-data" }))
{
    <a>输入客服账号</a><input type="text" name="kfaccount" />
    <p>选择上传文件：</p><input name="file_headimg" type="file" id="file_thumb" />
    <br />
    <br />
    <input type="submit"  value="上传" />
}
```

网页里使用 Html.BeginForm()方法定义了一个表单，其中包含一个上传文件的控件和一个提交按钮。

表单参数可以定义表单的 id、name 等参数。在本例中，指定 enctype = "multipart/form-data"，表示表单用于上传文件。提交表单时，将会把数据提交至控制器 Upload_headimgController 的 Upload()方法。该方法用于接收上传的文件，保存在 Web 服务器上。然后再将文件上传至微信服务器。代码如下。

```
[HttpPost]
public ActionResult Upload(FormCollection form)
{
    string kfaccount = form["kfaccount"] + "@deyuyanxue";
    //接收上传的文件
    if (Request.Files.Count == 0)
    {
        //Request.Files.Count 文件数为 0 上传不成功
        return View();
    }
    //上传的文件
    var file = Request.Files[0];
    if (file.ContentLength == 0)
    {
        //文件大小大（以字节为单位）为 0 时，做一些操作
        return View();
    }
    else
    {
        //文件大小不为 0
        HttpPostedFileBase uploadfile = Request.Files[0];
        int pos = Request.Files[0].FileName.LastIndexOf('.');
        string  ext  =  Request.Files[0].FileName.Substring(pos, Request.Files[0].FileName.Length - pos);
        //保存成自己的文件全路径,newfile 就是你上传后保存的文件,
```

```
            string newFile = DateTime.Now.ToString("yyyyMMddHHmmss") + ext;
            string path = Server.MapPath("/upload");
            if (!Directory.Exists(path))
                Directory.CreateDirectory(path);
            path += "//" + newFile;
            uploadfile.SaveAs(path);

            #region 将图片上传至微信服务器
            string url = string.Format("https://api.weixin.qq.com/customservice/kfaccount/uploadheadimg?access_token=" + weixinService.Access_token+ "&kf_account="+ kfaccount);
            string json = wxMediaService.HttpUploadFile(url, path);
            #endregion
            return View();
        }
    }
```

在 Upload()方法中，可以使用 Request.Files 获取上传的文件。本例中，uploadfile 对象代表上传文件对象。

uploadfile.FileName 是上传文件的文件名，对其进行解析可以获取上传文件的扩展名。在服务端为文件生成一个新的名字（扩展名相同），然后调用 uploadfile.SaveAs(path)方法将文件保存在服务器的/upload 文件夹下。

接下来，程序调用 wxMediaService.HttpUploadFile()方法将图片上传至微信服务器。wxMediaService.HttpUploadFile()方法的具体代码将在第 8 章中介绍，请参照理解。

运行应用程序浏览 Kefu/Index，如图 7-5 所示。

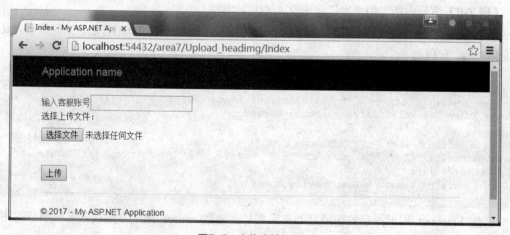

图7-5　上传素材的页面

单击"浏览"按钮，选择上传的头像文件。然后单击"上传"按钮，即可上传客服头像。

7.2　通过客服接口发送消息

公众号可以通过客服接口向自己的粉丝发送消息，客服消息包括文本、图片、语音、视频、音乐、图文消息等。发送客服消息的接口如下。

```
https://api.weixin.qq.com/cgi-bin/message/custom/send?access_token=ACCESS_TOKEN
```

将不同类型的数据包以 POST 方式提交到此接口可以发送客服消息。除了文本之外，其他类型的消息都需要提前将素材上传至公众平台，再调用上面的接口。

1. 发送文本消息

可以将下面格式的 JSON 字符串以 POST 方式提交到上面的接口以发送客服文本消息。

```
{
 "touser":"OPENID",
 "msgtype":"text",
 "customservice":
 {
 "kf_account": "test1@kftest" },
 "text":
 {
 "content":"Hello World"
 }
}
```

参数说明如下。

- touser：指定接收消息的粉丝用户的 openid。
- msgtype：指定是否发送消息的类型，text 表示文本消息。
- customservice：指定发送消息的客服信息。
- kf_account：指定发送消息的客服账号。
- text：指定发送文本消息的信息。
- content：指定发送消息的内容。

【例 7-6】演示向指定用户发送客服文本消息的方法。

首先在 wxBase 的静态类 wxMessageService 中设计一个 Sendkftext()方法，实现按用户发送消息的功能，代码如下。

```
public static void Sendkftext(string kfacount, string touser, string content)
{
    string url = "https://api.weixin.qq.com/cgi-bin/message/custom/ send?access_token=" + weixinService.Access_token;

    string json = "{\"touser\":\"" + touser + "\", \"msgtype\":\"text\",\"customservice\":" +"{\"kf_account\": \"" + kfacount + "\" },\"text \":{\"content\":\"" + content +"\"}}";
    string result = HttpService.Post(url, json);
}
```

参数 kfacount 用于指定发送消息的客服账号，参数 touser 指定希望收到客服消息的用户 openid，参数 content 用于指定发送的文本消息的内容。

在第 7 章的主页视图中添加如下代码。

```
@Html.ActionLink("群发消息", "sendall", "Home")
```

单击"群发消息"超链接会执行 HomeController 的 sendall()方法，代码如下。

```
public ActionResult sendall()
{
    wxMessageService.SendtextByGroup(0, "测试消息");
    return View();
}
```

程序调用wxMessageService.SendtextByGroup()方法给未分组（groupid=0）的用户发送测试消息。

也可以根据 OpenID 列表群发，接口如下。

```
https://api.weixin.qq.com/cgi-bin/message/mass/send?access_token=ACCESS_TOKEN
```

可以将下面格式的 JSON 字符串以 POST 方式提交到上面的接口。

```
{
  "touser":[
   "OPENID1",
   "OPENID2"
  ],
   "text":{
    "content":"CONTENT"
  },
   "":"text"
}
```

参数 touser 用于指定消息的接收者，参数值是一串 OpenID 列表，OpenID 最少两个，最多10 000 个。

【例 7-7】演示向指定分组的用户群发客服文本消息。

首先在 wxBase 的类 wxMessageService 中设计一个 SendtextByOpenids()方法，实现按用户组群发消息的功能，代码如下。

```
        public static void SendtextByOpenids(List<string> openidlist, string content)
        {
            string url = "https://api.weixin.qq.com/cgi-bin/message/mass/send?access_token=" + weixinService.Access_token;
            string json = "{ \"touser\":[";
            for (int i = 0; i < openidlist.Count; i++)
            {
                json+="\""+ openidlist[i]+"\"";
                if (i < openidlist.Count - 1)
                    json += ",";
            }
            json+="],\"text\":{\"content\":\"" + content + "\"},\"msgtype\":\"text\"}";
            string result = HttpService.Post(url, json);
        }
```

在第 7 章的主页视图中添加一个"按 openid 群发消息"超链接，代码如下。

```
@Html.ActionLink("按 openid 群发消息", "SendtextByOpenids")
```

单击"群发消息"超链接会执行 HomeController 的 SendtextByOpenids()方法，代码如下。

```
        public ActionResult SendtextByOpenids()
        {
            List<string> openidslist = new List<string>();
            openidslist.Add("oD15RwLBbA4mr_-T9-2R7zE1mQSI");
            openidslist.Add("oD15RwLShriAALNLcis_mvWLm7BU");

            wxMessageService.SendtextByOpenids(openidslist, "测试消息");
            return View();
        }
```

程序调用 wxMessageService.SendtextByOpenids()方法给两个用户发送测试消息。

2. 发送图片消息

可以将下面格式的 JSON 字符串以 POST 方式提交到上面的接口以发送客服图片消息。

```
{
    "touser":"OPENID",
    "msgtype":"image",
"customservice":
 {
 "kf_account": "test1@kftest" },
    "image":
    {
      "media_id":"MEDIA_ID"
    }
}
```

参数 media_id 为发送图片的媒体 ID。

3. 发送语音消息

可以将下面格式的 JSON 字符串以 POST 方式提交到上面的接口以发送客服语音消息。

```
{
    "touser":"OPENID",
    "msgtype":"voice",
"customservice":
 {
 "kf_account": "test1@kftest" },
    "voice":
    {
      "media_id":"MEDIA_ID"
    }
}
```

参数 media_id 为发送语音的媒体 id。

4. 发送视频消息

可以将下面格式的 JSON 字符串以 POST 方式提交到上面的接口以发送客服视频消息。

```
{
    "touser":"OPENID",
    "msgtype":"video",
"customservice":
 {
 "kf_account": "test1@kftest" },
    "video":
    {
      "media_id":"MEDIA_ID",
      "thumb_media_id":"MEDIA_ID",
      "title":"TITLE",
      "description":"DESCRIPTION"
    }
}
```

参数 media_id 为发送视频的媒体 id。参数 thumb_media_id 为视频封面图的媒体 id。

5. 发送音乐消息

可以将下面格式的 JSON 字符串以 POST 方式提交到上面的接口以发送客服音乐消息。

```
{
    "touser":"OPENID",
    "msgtype":"music",
"customservice":
 {
 "kf_account": "test1@kftest" },
    "music":
    {
      "title":"MUSIC_TITLE",
      "description":"MUSIC_DESCRIPTION",
      "musicurl":"MUSIC_URL",
      "hqmusicurl":"HQ_MUSIC_URL",
      "thumb_media_id":"THUMB_MEDIA_ID"
    }
}
```

参数说明如下。

- title：指定音乐消息的标题。
- description：指定音乐消息的描述。
- musicurl：指定音乐消息的链接。
- hqmusicurl：指定音乐消息的高品质音乐链接。WiFi 环境优先使用该链接播放音乐。
- thumb_media_id：指定音乐消息封面图的媒体 ID。

6. 发送图文消息

可以将下面格式的 JSON 字符串以 POST 方式提交到上面的接口以发送客服图文消息。

```
{
    "touser":"OPENID",
    "msgtype":"news",
"customservice":
 {
 "kf_account": "test1@kftest" },
    "news":{
       "articles": [
        {
           "title":"Happy Day",
           "description":"Is Really A Happy Day",
           "url":"URL",
           "picurl":"PIC_URL"
        },
        {
           "title":"Happy Day",
           "description":"Is Really A Happy Day",
           "url":"URL",
           "picurl":"PIC_URL"
        }
       ]
    }
}
```

参数说明如下。

- articles：指定图文消息。
- title：指定图文消息的标题。
- description：指定图文消息的描述。
- url：指定点击图文消息后跳转的链接。
- picurl：指定图文消息的图片链接，支持 JPG、PNG 格式，较好的效果为大图 640×320 像素，小图 80×80 像素。

注意　发送图文消息时，图文消息条数应限制在10条以内。如果图文数超过10，则将会无响应。

习 题

一、选择题

1. 获取客服账号的列表信息的开发接口是（　　）。

    A. https://api.weixin.qq.com/cgi-bin/customservice/getlist?access_token=ACCESS_TOKEN

    B. https://api.weixin.qq.com/cgi-bin/getkflist?access_token=ACCESS_TOKEN

    C. https://api.weixin.qq.com/cgi-bin/customservice/getkflist?access_token=ACCESS_TOKEN

    D. https://api.weixin.qq.com/cgi-bin/getlist?access_token=ACCESS_TOKEN

2. 添加客服账号的开发接口是（　　）。

    A. https://api.weixin.qq.com/customservice/account/add?access_token=ACCESS_TOKEN

    B. https://api.weixin.qq.com/customservice/account/addkf?access_token=ACCESS_TOKEN

    C. https://api.weixin.qq.com/customservice/kfaccount/add?access_token=ACCESS_TOKEN

    D. https://api.weixin.qq.com/customservice/kfaccount/addkf?access_token=ACCESS_TOKEN

3. 修改客服账号的开发接口是（　　）。

    A. https://api.weixin.qq.com/customservice/kfaccount/update?access_token=ACCESS_TOKEN

    B. https://api.weixin.qq.com/customservice/kfaccount/set?access_token=ACCESS_TOKEN

    C. https://api.weixin.qq.com/customservice/kfaccount/edit?access_token=ACCESS_TOKEN

    D. https://api.weixin.qq.com/customservice/kfaccount/modify?access_token=ACCESS_TOKEN

4. 发送客服文本消息的接口为（　　）。

    A. https://api.weixin.qq.com/cgi-bin/message/custom/sendtext?access_token=ACCESS_TOKEN

    B. https://api.weixin.qq.com/cgi-bin/message/custom/send?access_token=ACCESS_TOKEN

    C. https://api.weixin.qq.com/cgi-bin/message/kefu/sendtext?access_token=ACCESS_TOKEN

    D. https://api.weixin.qq.com/cgi-bin/message/kefu/send?access_token=ACCESS_TOKEN

二、填空题

1. 申请添加客服功能插件的条件是公众号必须___【1】___。
2. 客服账号的格式为"___【2】___@___【3】___"。
3. 使用接口可以向微信公众平台上传客服账号的头像。

   https://api.weixin.qq.com/customservice/kfaccount/uploadheadimg?access_token=ACCESS_TOKEN&kf_account=KFACCOUNT

   参数kf_account用于指定___【4】___。
4. 客服消息包括___【5】___、___【6】___、___【7】___、___【8】___、___【9】___、___【10】___等。

三、简答题

1. 试述发送文本客服消息时，以POST方式提交到开发接口的JSON字符串格式。
2. 试述发送视频客服消息时，以POST方式提交到开发接口的JSON字符串格式。

08 素材管理

微信公众平台可以对素材进行管理,包括图文消息、图片、语音、视频等。通过使用接口可以在程序中对素材进行新增、删除、获取信息等操作。素材可以分为临时素材和永久素材两种,对它们进行管理和操作的方法不同。

在 WebApplicationWeixin 应用程序中,本章实例的主页为\Areas\area8\Views\Home\ Index.cshtml。

8.1 临时素材管理

公众号经常会需要用到一些临时的资源，例如，在发送消息时，会引用一些临时的多媒体。临时素材具有如下特点。

（1）临时图片支持 bmp/png/jpeg/jpg/gif 格式，大小不超过 2MB。
（2）临时语音支持 mp3/wma/wav/amr 格式，大小不超过 2MB，长度不超过 60 秒。
（3）临时视频支持 MP4 格式，大小不超过 10MB。
（4）临时缩略图支持 JPG 格式，大小不超过 64KB。
（5）开发者或粉丝都可以上传临时素材，发送到微信服务器 3 天后自动删除。
（6）每个临时素材都有一个 media_id，可以用来获取临时素材。3 天后 media_id 失效。

8.1.1 新增临时素材

使用下面的接口可以向微信公众平台上传临时素材。

```
https://api.weixin.qq.com/cgi-bin/media/upload?access_token=ACCESS_TOKEN&type=TYPE
```

注意，这里需要使用安全的 HTTP 数据传输协议 https，参数 type 用于指定媒体文件类型，如下。

- 图片（image）。
- 语音（voice）。
- 视频（video）。
- 缩略图（thumb）。

该接口以表单（Form）的形式将素材文件以 POST 方式提交到信公众平台。

如果上传成功，则会返回如下格式的 JSON 字符串。

```
{"type":"TYPE","media_id":"MEDIA_ID","created_at":123456789}
```

参数说明如下。

- type：新增素材的类型，包括图片（image）、语音（voice）、视频（video）和缩略图（thumb，主要用于视频与音乐格式的缩略图）等。
- media_id：新增素材的唯一标识。
- created_at：新增素材的时间戳。

如果出现错误，则会返回如下格式的 JSON 字符串。

```
{"errcode":错误编码,"errmsg":错误描述信息}
```

为了解析上传成功时返回的 JSON 字符串，在 wxBase 应用程序的 Model 文件夹下创建一个 Media 文件夹，用于保存与素材管理有关的模型类。在 Media 文件夹下创建一个 UploadMediaResult 类，代码如下。

```
public class UploadMediaResult
{
    public string type { get; set; }
    public string media_id { get; set; }
    public int created_at { get; set; }
}
```

【例 8-1】演示向微信公众平台上传临时素材的过程。上传过程可以分为下面 2 步。

（1）将临时素材从本地计算机上传至 Web 服务器。

（2）将临时素材从 Web 服务器上传至微信公众平台。

在第 8 章的主页中添加如下超链接。

```
<ul>
    <li>@Html.ActionLink("8.1.1 新增临时素材","Index", "uploadmedia", new { area = "area8" }, null) </li>
</ul>
```

在控制器 uploadmediaController 的 Index()方法对应的视图 Views 中设计一个上传文件的表单，代码如下。

```
@{
    ViewBag.Title = "Index";
}

<h2>上传素材</h2>
@using (Html.BeginForm("Upload", "uploadmedia", FormMethod.Post, new { enctype = "multipart/form-data" }))
{
    <p>选择上传文件：</p><input name="file" type="file" id="file" />
    <br />
    <br />
    <input type="submit" name="Upload" value="上传" />
}
```

当 type="file"时，input 控件为上传文件的控件，当 type="subimt"时，input 控件为提交按钮。

网页里使用 Html.BeginForm()方法定义了一个表单，其中包含一个上传文件的控件和一个提交按钮。Html.BeginForm()方法的语法如下。

```
Html.BeginForm (Action 方法,控制器,FormMethod.method, 表单参数)
```

FormMethod.method 用于指定提交表单的方法，包括 FormMethod.Post 和 FormMethod.Get。GET 请求的数据会附在 URL 之后，POST 把提交的数据则放置在 HTTP 包的包体中。GET 方式提交的数据最多只能是 1 024 字节；理论上 POST 没有限制，可传输较大量的数据。POST 的安全性要比 GET 的安全性高。

表单参数可以定义表单的 id、name 等参数。本例中，指定 enctype = "multipart/form-data"，表示表单用于上传文件。提交表单时，将会把数据提交至 area8 下面控制器 uploadmediaController 的 Upload()方法。

Upload()方法用于接收上传的文件，保存在 Web 服务器上。然后再将文件上传至微信服务器。接收上传文件并保存将其在 Web 服务器上的代码如下。

```
[HttpPost]
public ActionResult Upload(FormCollection form)
{

    //接收上传的文件
    if (Request.Files.Count == 0)
    {
        //Request.Files.Count 文件数为 0 上传不成功
        return View();
    }
```

```csharp
            //上传的文件
            var file = Request.Files[0];
            if (file.ContentLength == 0)
            {
                //文件大小大(以字节为单位)为 0 时,做一些操作
                return View();
            }
            else
            {
                //文件大小不为 0
                HttpPostedFileBase uploadfile = Request.Files[0];
                int pos = Request.Files[0].FileName.LastIndexOf('.');
                string ext = Request.Files[0].FileName.Substring(pos, Request.Files[0].FileName.Length - pos );
                //保存成自己的文件全路径,newfile 就是你上传后保存的文件,
                string newFile = DateTime.Now.ToString("yyyyMMddHHmmss")+ext;
                string path = Server.MapPath("/upload");
                if (!Directory.Exists(path))
                    Directory.CreateDirectory(path);
                path += "//" + newFile;
                uploadfile.SaveAs(path);
       //下面是将图片上传至微信服务器的代码
       // ……
```

在 Upload()方法中,可以使用 Request.Files 获取上传的文件。本例中,uploadfile 对象代表上传文件对象。

uploadfile.FileName 是上传文件的文件名,对其进行解析可以获取上传文件的扩展名。在服务器端为文件生成一个新的名字(扩展名相同),然后调用 uploadfile.SaveAs(path)方法将文件保存在服务器的 upload 文件夹下。

下面介绍将文件上传至微信服务器的方法。在 wxBase 应用程序中创建一个静态类 wxMediaService,用于对素材进行管理。在 wxMediaService 中定义 HttpUploadFile()方法,用于将文件提交到微信服务器,代码如下。

```csharp
        /// <summary>
        /// 将图片 Post 到微信
        /// </summary>
        /// <param name="url">上传素材开发接口</param>
        /// <param name="path">本地图片路径</param>
        /// <returns></returns>
        public static string HttpUploadFile(string url, string path)
        {
            // 设置参数
            HttpWebRequest request = WebRequest.Create(url) as HttpWebRequest;
            CookieContainer cookieContainer = new CookieContainer();
            request.CookieContainer = cookieContainer;
            //设置请求随重定向响应
            request.AllowAutoRedirect = true;
            // 提交方式
            request.Method = "POST";
            string boundary = DateTime.Now.Ticks.ToString("X"); // 随机分隔线
            request.ContentType = "multipart/form-data;charset=utf-8;boundary=" +
```

```
boundary;
                byte[] itemBoundaryBytes = Encoding.UTF8.GetBytes("\r\n--" + boundary +
"\r\n");
                byte[] endBoundaryBytes = Encoding.UTF8.GetBytes("\r\n--" + boundary +
"--\r\n");

                int pos = path.LastIndexOf("\\");
                string fileName = path.Substring(pos + 1);
                //请求头部信息
                StringBuilder sbHeader = new StringBuilder(string.Format("Content-
Disposition:form-data;name=\"file\";filename=\"{0}\"\r\nContent-Type:application/oct
et-stream\r\n\r\n", fileName));
                byte[] postHeaderBytes = Encoding.UTF8.GetBytes(sbHeader.ToString());

                FileStream fs = new FileStream(path, FileMode.Open, FileAccess.Read);
                byte[] bArr = new byte[fs.Length];
                fs.Read(bArr, 0, bArr.Length);
                fs.Close();

                Stream postStream = request.GetRequestStream();
                postStream.Write(itemBoundaryBytes, 0, itemBoundaryBytes.Length);
                postStream.Write(postHeaderBytes, 0, postHeaderBytes.Length);
                postStream.Write(bArr, 0, bArr.Length);
                postStream.Write(endBoundaryBytes, 0, endBoundaryBytes.Length);
                postStream.Close();

                //发送请求并获取相应回应数据
                HttpWebResponse response = request.GetResponse() as HttpWebResponse;
                //直到request.GetResponse()程序才开始向目标网页发送Post请求
                Stream instream = response.GetResponseStream();
                StreamReader sr = new StreamReader(instream, Encoding.UTF8);
                //返回结果网页(html)代码
                string content = sr.ReadToEnd();
                return content;
            }
```

程序使用 HttpWebRequest 对象向微信服务器提交数据。要想理解这段代码的原理，就要知道上传文件的 HTTP 请求包的数据格式。HTTP 请求包可以分为状态行、请求头、请求体 3 个部分。

在上传文件时使用的是 multipart/form-data 类型的请求包，multipart/form-data 的请求头必须包含一个特殊的头信息：Content-Type，其值也必须为 multipart/form-data，同时还需要规定一个内容分割符用于分割请求体中的多个 POST 的内容，将文件内容和文本内容分割开来，不然接收方就无法正常解析和还原这个文件了。具体的头信息如下。

```
Content-Type: multipart/form-data; boundary=${bound}
```

下面是 multipart/form-data 数据包格式的一个例子。

```
--${bound}
Content-Disposition: form-data; name="Filename"

1.jpg
--${bound}
Content-Disposition: form-data; name="file000"; filename="1.jpg "
```

```
Content-Type: application/octet-stream

%1.jpg
file content
%%EOF


--${bound}
Content-Disposition: form-data; name="Upload"

Submit Query
--${bound}--
```

在控制器 uploadmedia 的 Upload()方法中,增加如下代码,用于将素材文件上传至微信服务器。

```
#region 讲图片上传至微信服务器
string url = string.Format("http://file.api.weixin.qq.com/cgi-bin/media/ upload?access_token={0}&type={1}", weixinService.Access_token, "image");

string json = wxMediaService.HttpUploadFile(url, path);

UploadMediaResult um = JSONHelper.JSONToObject <UploadMediaResult>(json);
return Content("媒体id:" + um.media_id+"");
#endregion
```

运行应用程序浏览 area8/uploadmedia/Index,如图 8-1 所示。

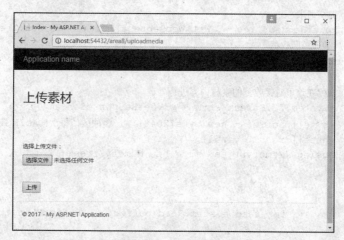

图8-1 上传素材的页面

单击"浏览"按钮,选择上传的素材文件。然后单击"上传"按钮。如果上传成功,则会输出新素材的 media_id,如图 8-2 所示。记录新素材的 media_id,以备后用。

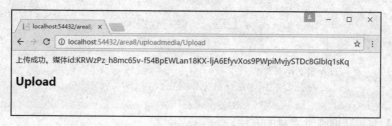

图8-2 上传成功

8.1.2 获取临时素材

上传临时素材后，可以通过调用下面的接口获取临时素材，以便在应用程序中使用。

https://api.weixin.qq.com/cgi-bin/media/get?access_token=ACCESS_TOKEN&media_id=MEDIA_ID

可以看到，获取临时素材时需要提供 ACCESS_TOKEN 和 MEDIA_ID 两个参数。

以 HTTP GET 方式调用此接口可以获得返回的素材流，经过处理后，可以将流保存为媒体文件，留备后用。

在 wxBase 应用程序的 wxMediaService 类中定义一个 Get() 方法，用于从微信获取临时素材，代码如下。

```csharp
/// <summary>
/// 获取临时素材
/// </summary>
/// <param name="media_id">临时素材 id</param>
/// <param name="path">保存临时素材的文件的绝对路径</param>
public static void Get(string media_id, string path)
{
    string token = weixinService.Access_token;
    //准备获取临时素材的接口 url
    string url = "https://api.weixin.qq.com/cgi-bin/media/get?access_token=" + token + "&media_id=" + media_id;
    //提交请求
    HttpWebRequest req = (HttpWebRequest)HttpWebRequest.Create(url);
    // 处理返回数据
    using (WebResponse wr = req.GetResponse())
    {
        //在这里对接收到的素材内容进行处理
        System.IO.Stream strm = wr.GetResponseStream();
        byte[] buffer = new byte[2048];// 缓冲区，每次读取 2K 数据
        byte[] result = null;
        using (MemoryStream ms = new MemoryStream())
        {
            while (true)
            {
                int read = strm.Read(buffer, 0, buffer.Length);

                // 直到读取完最后的 2K 数据就可以返回结果了
                if (read <= 0)
                {
                    result = ms.ToArray();
                    break;
                }
                ms.Write(buffer, 0, read);
            }
        }
        //保存到文件
        File.WriteAllBytes(path, result);
    }
}
```

【例 8-2】演示获取临时素材的方法。

首先在第 8 章主页视图中添加一个超链接，代码如下。

```
<ul>
    ……
<li>@Html.ActionLink("8.1.2  获取临时素材","Index","getmedia",new{area = "area8"},
null)</li>
    ……
</ul>
```

单击此超链接，会打开视图\Areas\area8\Views\getmedia\Index.cshtml。在视图中设计一个表单，用于输入要获取的临时素材 id，定义代码如下。

```
@{
    ViewBag.Title = "Index";
}
<div style="width:100%;border:1px solid red; height:100px;margin-top:100px;">

    @using (Html.BeginForm("get", "getmedia", FormMethod.Post))
    {
        <a>输入media id:</a><input name="Mediaid" type="text" />
            <input type="submit" value="获取">
    }
</div>
```

表单中包含一个 name 为 Mediaid 的文本框，用于输入要获取的临时素材 id。当提交表单时，将会把数据提交至控制器 getmedia 的 Get()方法，代码如下。

```
[HttpPost]
public ActionResult Get(FormCollection form)
{
    // 创建images 目录
    string images_dir = Server.MapPath("~/images/");
    if (!Directory.Exists(images_dir))
        Directory.CreateDirectory(images_dir);
    string mediaid = form["Mediaid"];
    string filename = DateTime.Now.ToString("yyyyMMddHHmmddfff") + ".jpg";
    string path =images_dir+"\\" + filename;
    wxMediaService.Get(mediaid, path);
    Response.Redirect("~/images/" + filename);
    return View();
}
```

参数 form 是一个集合，其中包含所有提交到后端代码的表单数据。程序的运行步骤如下。

（1）临时素材文件将被保存在文件夹 images，如果文件夹 images 不存在将会被创建。

（2）生成临时素材的新的文件名 filename，变量 path 中保存包含绝对路径的临时素材文件名。

（3）从参数 form 中获得 mediaid。

（4）以 mediaid 和 path 为参数调用 wxMediaService.Get()方法，获取临时素材，并将其保存为 path 所指定的位置。

（5）调用 Response.Redirect()方法跳转至新获取的临时素材文件，从而在网页中打开下载的临时素材。

8.2 永久素材管理

除了只能保存 3 天的临时素材外，微信公众平台还支持可以永久保存的永久素材。永久素材的数量是有上限的，请谨慎新增。图文消息素材和图片素材的上限为 5 000，其他类型的上限为 1 000。

8.2.1 新增永久素材

微信提供了新增永久图文素材和新增其他永久素材两种开发接口，用于新增永久素材。本节将对这 2 个开发接口的具体情况进行介绍。

1. 新增永久图文素材

在 Web 应用程序中，以 POST 方式将图文素材的定义提交到下面的接口，可以向微信公众平台上传永久图文素材。

```
https://api.weixin.qq.com/cgi-bin/media/uploadnews?access_token=ACCESS_TOKEN
```

如果上传成功，则会返回类似如下格式的 JSON 字符串。

```
{"type":"news","media_id":"o_2a1EUsvdItBNw0uCMBntXs3jbbpCwuQcDOWur6QzLX_QUAnH9T5lMxePQAuWZe","created_at":1474769813}
```

参数说明如下。

- type：新增素材的类型，news 表示图文素材。
- media_id：新增素材的唯一标识，可以用于获取该素材。
- created_at：图文素材上传的时间戳。

上传的图文素材可以使用下面格式的 JSON 字符串定义。

```
{
  "articles": [{
     "title": TITLE,
     "thumb_media_id": THUMB_MEDIA_ID,
     "author": AUTHOR,
     "digest": DIGEST,
     "show_cover_pic": SHOW_COVER_PIC(0 / 1),
     "content": CONTENT,
     "content_source_url": CONTENT_SOURCE_URL
   }
  ]
}
```

参数说明如下。

- articles：定义一个图文素材。如果新增的是多图文素材，则 JSON 字符串可以包含以逗号分割的几段 articles 结构，最多可以包含 8 段。
- title：图文消息的标题。
- thumb_media_id：图文消息的封面图片素材 id。
- author：图文消息的作者。
- digest：图文消息的摘要。
- show_cover_pic：指定是否显示图文消息的封面图片。0 表示不显示，1 表示显示。
- content：指定图文消息的具体内容，支持 HTML 标签，必须少于 20 000 个字符，小于 1M。

- content_source_url：指定图文消息的原文地址，即单击"阅读原文"后的 URL。

2. 上传永久图文素材的封面图

如果在图文消息中需要指定封面图片，那么在新增图文消息之前，就要首先通过调用下面的开发接口的上传封面图片素材。

```
http://file.api.weixin.qq.com/cgi-bin/media/upload?access_token=ACCESS_TOKEN&type=TYPE
```

是不是看着眼熟呢？没错，这就是 8.1.1 中介绍的新增临时素材的开发接口。也就是说，利用 8.1.1 中介绍的实例就可以上传永久图文素材的封面图，记录返回的 media_id，以备新增图文素材时使用。

在上传封面图时，type 参数需要使用 thumb，即缩略图类型。如果上传缩略图成功，则返回类似下面的 JSON 字符串。

```
{
  "type":"thumb",
  "thumb_media_id":"7FWpm-RR9Kwu-CZPBz7Pzrshr5HD7NJmVnbErURGJdry7Ci-CqxIuLu-1-WB_ahY",
  "created_at":1474900673
}
```

为了能够解析上传缩略图的返回结果，在 wxBase 应用程序中的 Model 文件夹下创建一个类 UpoladThumbResult，代码如下。

```
namespace wxBase.Model.Media
{
    public class UpoladThumbResult
    {
        public string type { get; set; }
        public string thumb_media_id { get; set; }
        public int created_at { get; set; }

    }
}
```

【例 8-3】上传永久图文素材封面图的实例。

在第 8 章的主页中添加如下超链接：

```
<ul>
    <li>@Html.ActionLink("【例 8-3】  上传永久图文素材封面图","Index"," Uploadthumb ", new { area = "area8" }, null) </li>
</ul>
```

在控制器 UploadthumbController 的 Index()方法对应的视图中设计一个上传文件的表单，代码如下。

```
<h2>上传永久图文素材封面图</h2>
@using (Html.BeginForm("Upload", "Uploadthumb", FormMethod.Post, new { enctype = "multipart/form-data" }))
{
    <p>选择上传文件：</p><input name="file_thumb" type="file" id="file_thumb" />
    <br />
        <br />
        <input type="submit" name="Upload_thumb" value="上传" />
}
```

提交表单时，将会把数据提交至控制器 Uploadthumb 的 Upload()方法。Upload()方法用于接收上传的文件，保存在 Web 服务器上。然后再将文件上传至微信服务器。它的代码与 8.1.1 中介绍的 Upload()方法几乎一样，只是在将素材文件上传至微信服务器的代码中，将 type 参数设置为 "thumb" 即可，具体如下。

```csharp
[HttpPost]
public ActionResult Upload(FormCollection form)
{
    //接收上传的文件
    if (Request.Files.Count == 0)
    {
        //Request.Files.Count 文件数为 0 上传不成功
        return View();
    }
    //上传的文件
    var file = Request.Files[0];
    if (file.ContentLength == 0)
    {
        //文件大小大（以字节为单位）为 0 时，做一些操作
        return View();
    }
    else
    {
        //文件大小不为 0
        HttpPostedFileBase uploadfile = Request.Files[0];
        int pos = Request.Files[0].FileName.LastIndexOf('.');
        string ext = Request.Files[0].FileName.Substring(pos, Request.Files[0].FileName.Length - pos);
        //保存成自己的文件全路径,newfile 就是你上传后保存的文件,
        string newFile = DateTime.Now.ToString("yyyyMMddHHmmss") + ext;
        string path = Server.MapPath("/upload");
        if (!Directory.Exists(path))
            Directory.CreateDirectory(path);
        path += "//" + newFile;
        uploadfile.SaveAs(path);

        #region 将图片上传至微信服务器
        string url = string.Format("http://file.api.weixin.qq.com/cgi-bin/media/upload?access_token={0}&type={1}", weixinService.Access_token, "thumb");
        string json = wxMediaService.HttpUploadFile(url, path);
        #endregion
        UpoladThumbResult um = JSONHelper.JSONToObject<UpoladThumbResult>(json);

        Response.Write("上传成功。媒体id:" + um.thumb_media_id + "");
        return View();
    }
}
```

运行应用程序浏览【例8-3】的页面，然后上传一个封面图素材，并记下返回的 mediaid。这里假定是 i90xnAnEDNBaWDE7ODeXQXBahykDCXtSw1jOGnztGnY4zRWjmzD7LtvxgU-5fflU。下面

通过一个实例演示新增永久图文素材，其中会使用此 mediaid 作为封面图。

【例8-4】新增永久图文素材的实例。

在第 8 章的主页中添加如下超链接。

```
<ul>
    ……
    <li>@Html.ActionLink("8.2.1  新增永久图文素材","Index", "add_news",  new { area = "area8" }, null) </li>
</ul>
```

单击此超链接会跳转至控制器 add_newsController 的 Index()方法，代码如下。

```
    public ActionResult add_news()
    {
        string content = "{\"articles\": [{" +
"\"title\":\"中国民营企业 500 强发布，华为超联想夺第一\"," +
"\"thumb_media_id\":\"o9YI27ymlMObdJxgY9mGdDY0fGMEzJn9UEWZiACjWqxJvDcRS-r5RUbZlqMLgo8g\",\"author\": \"亿欧\"," +
"\"digest\": \"今天上午，2016 中国民营企业 500 强发布会在北京召开。榜单显示，华为控股有限公司以营收总额 3590.09 亿元排名第一，苏宁控股、山东魏桥集团分别以 3502.88 亿元、3332.38 亿元分列二三位。\",\"show_cover_pic\":\"1\"," +
"\"content\": \"亿欧 8 月 25 日消息：……。\"," +
+ "\"content_source_url\":\"http://iyiou.baijia.baidu.com/article/600491\" }" +
"] }";
        UploadMediaResult  result  =  JSONHelper.JSONToObject<  UploadMediaResult
>(wxMediaService.add_news(content));
        Response.Write("mediaid:"+ result.media_id);
        return View();
    }
```

考虑到篇幅因素，代码中省略了部分 content 属性的内容。注意，代码中 thumb_media_id 属性的值可以为【例 8-1】中上传的临时素材图片的 media_id。

运行应用程序，浏览第 8 章的主页，单击"新增永久图文素材"，如果添加成功，则会输出新增永久图文素材的 mediaid。

3. 上传永久图文素材里面的图片

在图文消息中是不允许使用外部图片链接的。因此，图文素材里面的图片需要通过下面的接口以 POST 方式单独上传。

```
https://api.weixin.qq.com/cgi-bin/media/uploadimg?access_token=ACCESS_TOKEN
```

【例8-5】演示上传永久图文素材内容图的方法。

在第 8 章的主页中添加如下超链接。

```
<ul>
    <li>@Html.ActionLink("【例8-5】 上传永久图文素材内容图","Index", "Upload_newsimg", new { area = "area8" }, null) </li>
</ul>
```

在控制器 Upload_newsimg 的 Index()方法对应的视图中设计一个上传永久图文素材内容图的表单，代码如下：

```
<h2>上传永久图文素材内容图</h2>
@using (Html.BeginForm("Upload", "Upload_newsimg", FormMethod.Post, new { enctype = "multipart/form-data" }))
    {
        <p>选择上传文件：</p><input name="file_newsimg" type="file" id="file_newsimg" />
```

```
        <br />
        <br />
            <input type="submit" name="Upload_newsimg" value="上传" />
    }
```

提交表单时，将会把数据提交至控制器 Upload_newsimg 的 Upload()方法。Upload()方法用于接收上传的文件，保存在 Web 服务器上。然后再将文件上传至微信服务器。它的代码与 8.1.1 中介绍的 Upload()方法几乎一样，只是在将素材文件上传至微信服务器的代码中，使用了不同的接口，具体如下。

```
#region 讲图片上传至微信服务器
            string url = string.Format("http://file.api.weixin.qq.com/cgi-bin/media/upload?access_token={0}&type={1}", weixinService.Access_token, "thumb");
            string json = wxMediaService.HttpUploadFile(url, path);
#endregion
```

上传一个内容图素材，并记下返回的 JSON 字符串，类似如下样式。

```
{"url":"http:\/\/mmbiz.qpic.cn\/mmbiz_jpg\/lfjNgyAvbNKlSPWKuGFYZhIl1j3jmibAgL7HoJuaJu47p3ibDrGicQbl6Erbhiat3VCqpnUSeeKYYRt2w1MlR5TXcA\/0"}
```

其中 url 是上传图的 URL，可以将其放置在图文消息中。

4．新增其他永久素材

除了图文素材外，新增其他永久素材的开发接口是统一的。在 Web 应用程序中，以 POST 方式将素材文件提交到下面的接口，就可以向微信公众平台上传其他永久素材。

```
https://api.weixin.qq.com/cgi-bin/material/add_material?access_token=ACCESS_TOKEN
```

如果上传成功，则会返回如下格式的 JSON 字符串。

```
{"media_id":"D1gMtCf2t2HK8-iPBHVGVw4Uf3vDynDxJXSfNLd6opQ","url":"http:\/\/mmbiz.qpic.cn\/mmbiz_png\/lfjNgyAvbNKlSPWKuGFYZhIl1j3jmibAgGhXbbW4OEOARWswXEgzQeGAGQxIcVocKfxQeL8ySvYqfCpHhpXrDSw\/0?wx_fmt=png"}
```

参数说明如下。

- media_id：新增素材的唯一标识。
- url：引用新增素材的 url。

【例 8-6】演示上传永久素材图片的方法。

首先在 wxBase 应用程序的 wxMediaService 中添加一个 add_material()方法，用于上传永久素材图片，代码如下。

```
        public static string add_material(string url, string path)
        {
            var boundary = "fbce142e-4e8e-4bf3-826d-cc3cf506cccc";  // 分隔符
            var client = new HttpClient();// 使用 HttpClient 对象实现文件上传
            // 设置默认请求包头
            client.DefaultRequestHeaders.Add("User-Agent", "KnowledgeCenter");
            client.DefaultRequestHeaders.Remove("Expect");
            client.DefaultRequestHeaders.Remove("Connection");
            client.DefaultRequestHeaders.ExpectContinue = false;
            client.DefaultRequestHeaders.ConnectionClose = true;
            // 设置默认请求包体
            var content = new MultipartFormDataContent(boundary);
            content.Headers.Remove("Content-Type");
            content.Headers.TryAddWithoutValidation("Content-Type", "multipart/form-data; boundary=" + boundary);
```

```
                //处理图片
                Image image = Image.FromFile("path");
                byte[] ImageByte = ImageToBytes(image);
                var contentByte = new ByteArrayContent(ImageByte);
                content.Add(contentByte);
                string filename = Path.GetFileName(path);
                string ext = Path.GetExtension(path).ToLower();
                string content_type = "";
                if (ext == ".jpeg")
                    content_type = "image/jpeg";
                if (ext == ".png")
                    content_type = "image/png";
                if (ext == ".gif")
                    content_type = "image/gif";

                contentByte.Headers.Remove("Content-Disposition");
                contentByte.Headers.TryAddWithoutValidation("Content-Disposition", "form-data; name=\"media\";filename=\""+filename+"\"" + "");
                contentByte.Headers.Remove("Content-Type");
                contentByte.Headers.TryAddWithoutValidation("Content-Type", content_type);
                // 上传文件
                try
                {
                    var result = client.PostAsync(url, content);
                    if (result.Result.StatusCode != HttpStatusCode.OK)
                        throw new Exception(result.Result.Content.ReadAsStringAsync().Result);
                    if (result.Result.Content.ReadAsStringAsync().Result.Contains("media_id"))
                    {
                        var resultContent = result.Result.Content.ReadAsStringAsync().Result;
                        return resultContent;
                    }
                    throw new Exception(result.Result.Content.ReadAsStringAsync().Result);
                }
                catch (Exception ex)
                {
                    throw new Exception(ex.Message + ex.InnerException.Message);
                }
            }
```

在第 8 章的主页中添加如下超链接。

```
<ul>
    <li>@Html.ActionLink("【例 8-6】 上传永久素材图片","Index", "add_material", new { area = "area8" }, null) </li>
</ul>
```

在控制器 add_material 的 Index()方法对应的视图中设计一个上传文件的表单，代码如下。

```
<h2>上传永久素材图片</h2>
@using (Html.BeginForm("add_material", "Home", FormMethod.Post, new { enctype = "multipart/form-data" }))
{
    <p>选择上传文件：</p><input type="file" id="add_material" name="add_material" />
```

```
        <br /><br />
        <input type="submit" value="上传" />
    }
```

提交表单时,将会把数据提交至控制器 HomeController 的 add_material()方法。add_material()方法用于接收上传的文件,保存在 Web 服务器上。然后再将文件上传至微信服务器。它的代码与 7.1.1 中介绍的 Upload()方法几乎一样,只是在将素材文件上传至微信服务器的代码中,使用了不同的接口,具体如下。

```
#region 将图片上传至微信服务器
string url = string.Format("http://api.weixin.qq.com/cgi-bin/ material/add_material?access_token={0}", weixinService.Access_token);
string json = add_material(url, path);
#endregion
```

程序调用 add_material(url, path)方法,实现将图片上传至微信服务器的功能,具体如下。

```
public static string add_material(string url, string path)
{
    var boundary = "fbce142e-4e8e-4bf3-826d-cc3cf506cccc";
    var client = new HttpClient();   //使用 HttpClient 对象将永久图片上传至微信服务器
    client.DefaultRequestHeaders.Add("User-Agent", "KnowledgeCenter");
    // 准备默认请求包头
    client.DefaultRequestHeaders.Remove("Expect");
    client.DefaultRequestHeaders.Remove("Connection");
    client.DefaultRequestHeaders.ExpectContinue = false;
    client.DefaultRequestHeaders.ConnectionClose = true;
    //将图片内容放入请求包体
    var content = new MultipartFormDataContent(boundary);
    content.Headers.Remove("Content-Type");
    content.Headers.TryAddWithoutValidation("Content-Type", "multipart/form-data; boundary=" + boundary);
    //处理图片
    Image image = Image.FromFile(path);
    byte[] ImageByte = ImageToBytes(image);
    var contentByte = new ByteArrayContent(ImageByte);
    content.Add(contentByte);
    string filename = Path.GetFileName(path);
    string ext = Path.GetExtension(path).ToLower();
    string content_type = "";
    if (ext == ".jpg" || ext == ".jpeg")
        content_type = "image/jpeg";
    if (ext == ".png")
        content_type = "image/png";
    if (ext == ".gif")
        content_type = "image/gif";

    contentByte.Headers.Remove("Content-Disposition");
    contentByte.Headers.TryAddWithoutValidation("Content-Disposition", "form-data; name=\"media\";filename=\"" + filename + "\"" + "");
    contentByte.Headers.Remove("Content-Type");
    contentByte.Headers.TryAddWithoutValidation("Content-Type", content_type);
    try
```

```
                {
                    //提交至微信服务器
                    var result = client.PostAsync(url, content);
                    if (result.Result.StatusCode != HttpStatusCode.OK)
                        throw new Exception(result.Result.Content.ReadAsStringAsync().Result);
                    // 返回结果
                    if (result.Result.Content.ReadAsStringAsync().Result.Contains("media_id"))
                    {
                        var resultContent = result.Result.Content.ReadAsStringAsync().Result;
                        //   var materialEntity = JsonConvert.DeserializeObject<Material
ImageReturn>(resultContent);

                        return resultContent;
                    }
                    throw new Exception(result.Result.Content.ReadAsStringAsync().Result);
                }
                catch (Exception ex)
                {
                    throw new Exception(ex.Message + ex.InnerException.Message);
                }
            }
```

请参照注释理解。运行应用程序浏览【例 8-6】的页面，然后上传一个图片素材，并记下返回的 JSON 字符串，类似如下样式。

```
{"media_id":"D1gMtCf2t2HK8-iPBHVGV0UW_Mav1Do4EkzhUFFJhn0","url":"http:\/\/mmbiz.qpic.cn\/mmbiz_jpg\/lfjNgyAvbNJNEtvoeibQ0dcb14bKsuzf3931iatAOYLQvZXHaqLCAddooqXtVy8Ic9yl4bZa6ia8arYBn6vdeoLXQ\/0?wx_fmt=jpeg"}
```

其中 media_id 是上传图的唯一标识，可以用于获取永久素材；url 是引用上传图片的 URL。

8.2.2 获取永久素材

上传永久素材后，可以通过将 media_id 以 POST 方式提交到下面的接口获取永久素材，以便在应用程序中使用。

```
https://api.weixin.qq.com/cgi-bin/material/get_material?access_token=ACCESS_TOKEN
```

提交 media_id 的格式如下。

```
{
"media_id":MEDIA_ID
}
```

以 HTTP POST 方式调用此接口可以获得返回的素材流，经过处理后，可以将流保存为媒体文件，以供使用。

在 wxBase 应用程序的 wxMediaService 类中定义一个 Get_material()方法，用于从微信获取临时素材，代码如下。

```
        /// <summary>
        /// 获取永久素材
        /// </summary>
        /// <param name="media_id">永久素材 id</param>
```

```csharp
/// <param name="path">保存永久素材的文件的绝对路径</param>
public static void Get_material(string media_id, string path)
{
    string token = weixinService.Access_token;
    //准备获取临时素材的接口url
    string url = "https://api.weixin.qq.com/cgi-bin/material/get_material?access_token=" + token;          //提交请求

    string media = "{\"media_id\":\""+ media_id+"\"}";

    //转换输入参数的编码类型，获取bytep[]数组
    byte[] byteArray = Encoding.UTF8.GetBytes(media);
    //初始化新的webRequst
    //1. 创建httpWebRequest对象
    HttpWebRequest webRequest = (HttpWebRequest)WebRequest.Create(new Uri(url));
    //2. 初始化HttpWebRequest对象
    webRequest.Method = "POST";
    webRequest.ContentType = "text/html";
    webRequest.ContentLength = byteArray.Length;
    //3. 附加要POST给服务器的数据到HttpWebRequest对象(附加POST数据的过程比较特殊，它并没有提供一个属性给用户存取，需要写入HttpWebRequest对象提供的一个stream里面。)
    Stream newStream = webRequest.GetRequestStream();//创建一个Stream,赋值是写入HttpWebRequest对象提供的一个stream里面
    newStream.Write(byteArray, 0, byteArray.Length);
    newStream.Close();
    // 处理返回数据
    using (WebResponse wr = webRequest.GetResponse())
    {
        //在这里对接收到的素材内容进行处理
        System.IO.Stream strm = wr.GetResponseStream();
        byte[] buffer = new byte[2048];// 缓冲区，每次读取2K数据
        byte[] result = null;
        using (MemoryStream ms = new MemoryStream())
        {
            while (true)
            {
                int read = strm.Read(buffer, 0, buffer.Length);

                // 直到读取完最后的2K数据就可以返回结果了
                if (read <= 0)
                {
                    result = ms.ToArray();
                    break;
                }
                ms.Write(buffer, 0, read);
            }
        }
        //保存到文件
        File.WriteAllBytes(path, result);
    }
}
```

请参照注释理解。

【例 8-7】 演示获取永久素材的方法。

在第 8 章的主页中添加如下超链接。

```
<ul>
    <li>@Html.ActionLink("【例 8-7】 获取永久素材","Index", "Get_Material",  new { area = "area8" }, null) </li>
</ul>
```

在控制器 Get_MaterialController 的 Index()方法对应的视图中设计一个表单,用于输入要获取的临时素材 id,定义代码如下。

```
<h2>获取永久素材图片</h2>

<div style="width:100%;border:1px solid red; height:100px;">
    @using (Html.BeginForm("Get_Material", "Home", FormMethod.Post))
    {
        <a>输入media id:</a><input name="Mediaid" type="text" />
            <input type="submit" value="获取">
    }
</div>
```

表单中包含一个名为 Mediaid 的文本框,用于输入要获取的临时素材 id。当提交表单时,将会把数据提交至控制器 HomeController 的 Get_Material ()方法,代码如下。

```
        [HttpPost]
        public ActionResult Get_Material(FormCollection form)
        {
            // 创建images 目录
            string images_dir = Server.MapPath("~/images/");
            if (!Directory.Exists(images_dir))
                Directory.CreateDirectory(images_dir);
            string mediaid = form["Mediaid"];
            string filename = DateTime.Now.ToString("yyyyMMddHHmmddfff") + ".jpg";
            string path = images_dir + filename;
            wxMediaService.Get_material(mediaid, path);
            Response.Redirect("~/images/" + filename);
            return View();
        }
```

参数 form 是一个集合,其中包含所有提交到后端代码的所有表单数据。程序的运行步骤如下。

(1)永久素材文件将被保存在文件夹 images 中。如果文件夹 images 不存在,将会被创建。

(2)生成永久素材的新的文件名 filename,变量 path 中保存包含绝对路径的临时素材文件名。

(3)从参数 form 中获得 mediaid。

(4)以 mediaid 和 path 为参数调用 wxMediaService.Get_material()方法,获取临时素材,并将其保存为 path 所指定的位置。

(5)调用 Response.Redirect()方法跳转至新获取的永久素材文件。

8.2.3 修改永久图文素材

在 Web 应用程序中,以 POST 方式将图文素材的定义提交到下面的接口,可以修改永久图文素材。

```
https://api.weixin.qq.com/cgi-bin/material/update_news?access_token=ACCESS_TOKEN
```

将要修改的图文素材定义以下面格式的 JSON 字符串提交到微信公众平台。

```
{
  "media_id":MEDIA_ID,
  "index":INDEX,
  "articles": {
      "title": TITLE,
      "thumb_media_id": THUMB_MEDIA_ID,
      "author": AUTHOR,
      "digest": DIGEST,
      "show_cover_pic": SHOW_COVER_PIC(0 / 1),
      "content": CONTENT,
      "content_source_url": CONTENT_SOURCE_URL
    }
}
```

参数说明如下。

- media_id：待修改的图文素材的 id。
- index：待更新的文章在图文消息中的位置，第一篇为 0。只有在多图文消息时，此字段才有意义。
- articles：定义一个图文素材。如果新增的是多图文素材，则 JSON 字符串可以包含以逗号分割的几段 articles 结构，最多可以包含 8 段。
- title：图文消息的标题。
- thumb_media_id：图文消息的封面图片素材 id。
- author：图文消息的作者。
- digest：图文消息的摘要。
- show_cover_pic：指定是否显示图文消息的封面图片。0 表示不显示，1 表示显示。
- content：指定图文消息的具体内容，支持 HTML 标签，必须少于 20 000 个字符，小于 1MB。
- content_source_url：指定图文消息的原文地址，即单击"阅读原文"后的 URL。

如果修改成功，则会返回类似如下格式的 JSON 字符串。

```
{"type":"news","media_id":"o_2a1EUsvdItBNw0uCMBntXs3jbbpCwuQcDOWur6QzLX_QUAnH9T5lMxePQAuWZe","created_at":1474769813}
```

参数说明如下。

- type：新增素材的类型，news 表示图文素材。
- media_id：新增素材的唯一标识，可以用于获取该素材。
- created_at：图文素材上传的时间戳。

8.2.4 删除永久素材

在 Web 应用程序中，以 POST 方式将永久素材的定义提交到下面的接口，可以删除永久图文素材。

```
https://api.weixin.qq.com/cgi-bin/material/del_material?access_token=ACCESS_TOKEN
```

将要删除的永久素材定义以下面格式的 JSON 字符串提交到微信公众平台。

```
{
```

```
    "media_id":MEDIA_ID
}
```

参数 media_id 指定删除的永久素材的 id。

调用接口会返回类似如下格式的 JSON 字符串。如果删除成功，则 errcode 等于 0。

```
{
    "errcode":ERRCODE,
    "errmsg":ERRMSG
}
```

【例 8-8】通过调用开发接口删除永久素材。

首先，在类 wxMediaService 中定义一个 delete()方法，用于删除自定义菜单，代码如下。

```
public static string delete()
{
    string url = " https://api.weixin.qq.com/cgi-bin/material/del_material?access_token="+weixinService.Access_token;
    string result = HttpService.Post(url);
    return result;
}
```

在第 8 章的主页视图中添加如下超链接。

```
<ul>
    <li>@Html.ActionLink("【例 8-8】 删除永久素材图片","Index", "del_material", new { area = "area8" }, null) </li>
</ul>
```

在控制器 del_material 的 Index()方法对应的视图中设计一个输入待删除的永久素材图片 id 的表单，代码如下。

```
<h2>删除永久素材</h2>

<div style="width:100%;border:1px solid red; height:100px;">
    @using (Html.BeginForm("delete", "Home", FormMethod.Post))
    {
        <a>输入 media id:</a><input name="Mediaid" type="text" />
        <input type="submit" value="删除">
    }
```

单击"删除"按钮，会将用户输入的 Mediaid 数据提交至控制器 HomeController 的 delete() 方法。

delete()方法的代码如下：

```
public ActionResult delete(string Mediaid)
{
    wxResult result = JSONHelper.JSONToObject<wxResult>(wxMediaService.delete(Mediaid));
    if (result.errcode == "0")
        Response.Write("操作成功");
    else
        Response.Write("操作失败: " + result.errmsg);

    return View();
}
```

程序调用 wxMediaService.delete()方法，并对返回结果进行解析。如果 errcode 等于 0，则输出"操作成功"；否则输出具体的错误信息 result.errmsg。

为 delete ()方法创建对应的视图。然后运行 WebApplicationWeixin 应用程序，在浏览器中访问第 8 章的主页视图。单击"【例 8-8】删除永久素材图片"超链接。如果操作成功，则网页中会输出"操作成功"。

8.3 获取素材汇总信息

本节介绍通过接口获取素材汇总信息的方法，包括获取素材总数和获取素材列表。

8.3.1 获取素材总数

可以通过 GET 方式调用下面的接口获取素材总数信息。

```
https://api.weixin.qq.com/cgi-bin/material/get_materialcount?access_token=ACCESS_TOKEN
```

返回结果格式如下。

```
{
  "voice_count":COUNT,
  "video_count":COUNT,
  "image_count":COUNT,
  "news_count":COUNT
}
```

参数说明如下。
- voice_count：语音素材的总数量。
- video_count：视频素材的总数量。
- image_count：图片素材的总数量。
- news_count：图文素材的总数量。

【例 8-9】演示获取素材总数的方法。

首先，在 wxBase 的 Model/Media 文件夹下创建一个 wxMaterialcount 类，用于解析返回的素材数量 JSON 字符串，代码如下。

```csharp
public class wxMaterialcount
{
    public int voice_count;
    public int video_count;
    public int image_count;
    public int news_count;
}
```

在 wxBase 的类 wxMediaService 中定义一个 get_materialcount()方法，用于获取素材总数数据，代码如下。

```csharp
public static string get_materialcount()
{
    string url = " https://api.weixin.qq.com/cgi-bin/material/get_materialcount?access_token=" + weixinService.Access_token;
    string result = HttpService.Get(url);

    return result;
}
```

在第 8 章主页中添加一个超链接，代码如下。

```
    <ul>
        <li>@Html.ActionLink("【例8-9】 获取素材总数", "get_materialcount", "Home")</li>
    </ul>
```

单击"【例8-9】获取素材总数"超链接，会跳转至控制器 HomeController 的 get_materialcount()方法。

get_materialcount()方法的代码如下。

```
        public ActionResult get_materialcount()
        {
            string json = wxMediaService.get_materialcount();
            wxMaterialcount mcount = JSONHelper.JSONToObject<wxMaterialcount>(json);
            Response.Write("您的公众号共有"+ mcount.voice_count+"个语音消息, "+mcount.image_count+"个图片消息,"+mcount.news_count+"个图文消息,"+mcount.video_count+"个视频消息。");
            return View();
        }
```

程序调用 wxMediaService.get_materialcount()方法，并解析返回结果，然后输出解析得到的素材总数数据。

为 get_materialcount ()方法创建对应的视图。然后运行 WebApplicationWeixin 应用程序，在浏览器中访问【例8-9】的页面，单击"【例8-9】获取素材总数"超链接。正常情况下会输出统计数据，如图 8-3 所示。

图8-3　输出素材总数统计数据

8.3.2　获取素材列表

可以通过 POST 方式将查询条件推送至下面的接口获取永久素材的列表。

```
https://api.weixin.qq.com/cgi-bin/material/batchget_material?access_token=ACCESS_TOKEN
```

查询条件以 JSON 字符串形式组成，格式如下。

```
{
    "type":TYPE,
    "offset":OFFSET,
    "count":COUNT
}
```

参数说明如下。

- type：素材的类型，可取值为图片（image）、视频（video）、语音 （voice）、图文（news）。
- offset：从全部素材的该偏移位置开始返回，0 表示从第一个素材返回。

- count：返回素材的数量，取值在 1~20。

查询永久图文消息素材列表的返回结果格式如下。

```
{
   "total_count": TOTAL_COUNT,
   "item_count": ITEM_COUNT,
   "item": [{
      "media_id": MEDIA_ID,
      "content": {
         "news_item": [{
            "title": TITLE,
            "thumb_media_id": THUMB_MEDIA_ID,
            "thumb_url": THUMB_URL,
            "show_cover_pic": SHOW_COVER_PIC(0 / 1),
            "author": AUTHOR,
            "digest": DIGEST,
            "content": CONTENT,
            "url": URL,
            "content_source_url": CONTETN_SOURCE_URL
         },
         //多图文消息会在此处有多篇文章
         ]
      },
      "update_time": UPDATE_TIME
   },
   //可能有多个图文消息item结构
   ]
}
```

查询其他类型（图片、语音、视频）素材列表的返回结果格式如下。

```
{
   "total_count": TOTAL_COUNT,
   "item_count": ITEM_COUNT,
   "item": [{
      "media_id": MEDIA_ID,
      "name": NAME,
      "update_time": UPDATE_TIME,
      "url":URL
   },
   //可能会有多个素材
   ]
}
```

【例 8-10】演示获取图片素材列表的方法。

首先，在 wxBase 的 Model/Media 文件夹下创建一个 wxMaterialinfo 类，用于解析返回的素材信息 JSON 字符串中的一个项目，代码如下。

```
public class wxMaterialitem
{
   public string media_id;
   public string name;
   public string update_time;
   public string url;
}
```

在 Model/Media 文件夹下创建一个 wxMateriallist 类，用于解析返回的素材列表 JSON 字符串,代码如下。

```
public class wxMateriallist
{
    public int total_count;
    public int item_count;
    public List<wxMaterialitem> item;
}
```

在 wxBase 的类 wxMediaService 中定义一个 batchget_material()方法,用于获取素材列表数据,代码如下。

```
public static string batchget_material(string materialtype)
{
    string json = "{\"type\":\"" + materialtype + "\",\"offset\":0,\"count\":10 }";

    string url = "https://api.weixin.qq.com/cgi-bin/material/ batchget_material?access_token=" + weixinService.Access_token;
    string result = HttpService.Post(url, json);

    return result;
}
```

在第 8 章的主页视图中添加一个超链接,代码如下。

```
<ul>
    <li>@Html.ActionLink("【例 8-10】 获取素材列表","batchget_material","Media")</li>
</ul>
```

单击"【例 8-10】获取素材列表"超链接,会跳转至控制器 HomeController 的 batchget_material()方法,代码如下。

```
public ActionResult batchget_material()
{
    string json = wxMediaService.batchget_material("image");
    wxMateriallist mlist = JSONHelper.JSONToObject<wxMateriallist>(json);
    Response.Write("您的公众号共有" + mlist.total_count + "个图片素材,本次获取"+mlist.item_count+"个素材信息。具体如下: <br/><br/>" );
    for (int i = 0; i < mlist.item.Count; i++)
    {
        Response.Write("素材id:" + mlist.item[i].media_id + "<br/>");
        Response.Write("素材名字:" + mlist.item[i].name + "<br/>");
        Response.Write("最后更新时间:" + mlist.item[i].update_time + "<br/>");
        Response.Write("url:" + mlist.item[i].url + "<br/> <br/> ");
    }
    return View();
}
```

程序调用 wxMediaService.get_materialcount()方法,并解析返回结果,然后输出解析得到的素材总数数据。

为 get_materialcount ()方法创建对应的视图。然后运行 WebApplicationWeixin 应用程序,在浏览器中访问【例 8-10】的页面。单击"【例 8-10】获取素材列表"超链接。正常情况下会输出图片素材列表,如图 8-4 所示。

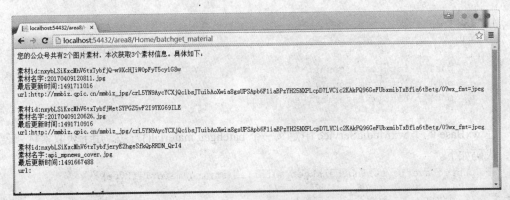

图8-4 输出素材总数统计数据

习 题

一、选择题

1. 临时图片的大小不超过（　　）MB。

　　A．1　　　　　　　　B．2　　　　　　　　C．3　　　　　　　　D．4

2. 在新增临时素材接口中，参数type用于指定媒体文件类型。表示缩略图的type参数值为（　　）。

　　A．image　　　　　　B．voice　　　　　　C．video　　　　　　D．thumb

3. 获取临时素材的接口为（　　）。

　　A．https://api.weixin.qq.com/cgi-bin/media/get?access_token=ACCESS_TOKEN&media_id=MEDIA_ID

　　B．https://api.weixin.qq.com/cgi-bin/tempmedia/get?access_token=ACCESS_TOKEN&media_id=MEDIA_ID

　　C．https://api.weixin.qq.com/cgi-bin/media/temp/get?access_token=ACCESS_TOKEN&media_id=MEDIA_ID

　　D．https://api.weixin.qq.com/cgi-bin/media/gettemp?access_token=ACCESS_TOKEN&media_id=MEDIA_ID

4. 上传永久素材后，可以通过将media_id以POST方式提交到下面的（　　）接口获取永久素材，以便在应用程序中使用。

　　A．https://api.weixin.qq.com/cgi-bin/material/get?access_token=ACCESS_TOKEN

　　B．https://api.weixin.qq.com/cgi-bin/news/get?access_token=ACCESS_TOKEN

　　C．https://api.weixin.qq.com/cgi-bin/material/get_material?access_token=ACCESS_TOKEN

　　D．https://api.weixin.qq.com/cgi-bin/news/get_news?access_token=ACCESS_TOKEN

5. 在Web应用程序中，以POST方式将永久素材的定义提交到下面的（　　）接口，可以删除永久图文素材。

　　A．https://api.weixin.qq.com/cgi-bin/material/del?access_token=ACCESS_TOKEN

　　B．https://api.weixin.qq.com/cgi-bin/material/del_material?access_token=ACCESS_TOKEN

C. https://api.weixin.qq.com/cgi-bin/news/del_news?access_token=ACCESS_TOKEN

D. https://api.weixin.qq.com/cgi-bin/news/del_news?access_token=ACCESS_TOKEN

二、填空题

1. 图文消息素材和图片素材的上限为 __【1】__，其他类型的上限为 __【2】__。
2. 在新增永久图文素材时，JSON字符串的定义中，digest表示图文消息的 __【3】__。

三、简答题

1. 试述临时素材的特点。
2. 试述通过GET方式调用下面的接口的作用。

   https://api.weixin.qq.com/cgi-bin/material/get_materialcount?access_token=ACCESS_TOKEN

   以及下面结果的含义。

   ```
   {
     "voice_count":COUNT,
     "video_count":COUNT,
     "image_count":COUNT,
     "news_count":COUNT
   }
   ```

09 统计分析

微信公众平台提供了丰富的数据统计接口，开发者可以获取与公众平台官网统计模块类似但更灵活的数据，从而根据需要开发出满足自己需求的统计分析模块。

9.1 用户分析数据接口

目前，微信公众平台提供了用户增减数据和用户累计数据 2 个数据统计接口。

9.1.1 获取用户增减数据

将描述统计时间段的 JSON 数据包发送到下面的接口可以获取到指定时间段内微信公众号的用户增减数据。

```
https://api.weixin.qq.com/datacube/getusersummary?access_token=ACCESS_TOKEN
```

描述统计时间段的 JSON 数据包格式如下。

```
{
    "begin_date": "2016-12-02",
    "end_date": "2016-12-07"
}
```

begin_date 用于指定统计的起始日期；end_date 用于指定统计的截止日期。注意，两者的最大时间跨度是 7 天。正常情况下，调用接口会返回统计数据对应的 JSON 字符串，例如，

```
{
    "list": [
        {
            "ref_date": "2014-12-07",
            "user_source": 0,
            "new_user": 0,
            "cancel_user": 0
        }
//后续还有 ref_date 在 begin_date 和 end_date 之间的数据
    ]
}
```

参数说明如下。

- ref_date：表示数据的日期。
- user_source：表示用户的渠道。0 代表其他合计，1 代表公众号搜索，17 代表名片分享，30 代表扫描二维码，43 代表图文页右上角菜单，51 代表支付后关注（在支付完成页），57 代表图文页内公众号名称，75 代表公众号文章广告，78 代表朋友圈广告。
- new_user：表示新增的用户数量。
- cancel_user：表示取消关注的用户数量，new_user 减去 cancel_user 即为净增用户数量。
- cumulate_user：表示总用户量。

【例 9-1】演示获取用户增减数据的方法。

首先，在 wxBase 的类中创建一个 wxDatacubeService 类，用于获取统计数据。在 wxDatacubeService 中定义一个 getusersummary ()方法，用于获取用户增减数据，代码如下。

```
        public static string getusersummary(string begin_date, string end_date)
        {
            string json = "{ \" begin_date \":\"" + begin_date + "\",\"begin_date \":\""
+ begin_date + "\"}";
            string url = " https://api.weixin.qq.com/datacube/getusersummary?access_
token=" + weixinService.Access_token;
```

```
            string result = HttpService.Post(url, json);
            return result;
        }
```

参数 begin_date 是统计的起始日期，end_date 是统计的截止日期。

在 WebApplicationWeixin 应用程序中的视图 Areas\area9\View\Home\Index.cshtml 中添加一个超链接，代码如下。

```
<ul>
<li>@Html.ActionLink("9.1.1  获取用户增减数据", "getusersummary")</li>
……
</ul>
```

单击此超链接会跳转至视图 Areas\area9\Views\Home\getusersummary.cshtml。在视图中定义一个输入统计的起止日期的表单，代码如下。

```
<link href="~/Content/bootstrap.css" rel="stylesheet" />
<link rel="stylesheet" type="text/css" href="~/Content/css/zzsc.css">
<link rel="stylesheet" href="~/Content/dcalendar.picker.css" />
<br />
<br />
<br />
<br />
<h2>获取用户增减数据</h2>
<br/><br />
<br />
<br />

@using (Html.BeginForm("getusersummary", "DataCube", FormMethod.Post))
{
    <a>输入统计的起止日期：</a><input id="begindate" name="begindate" type="text" /><a>~</a><input id="enddate" name="enddate" type="text" />
    <input type="submit" value="统计" />
}
<script src="~/Scripts/jquery-1.10.2.min.js"></script>
<script src="~/Scripts/dcalendar.picker.js"></script>
<script type="text/javascript">
   $('#begindate').dcalendarpicker({
      format: 'yyyy-mm-dd'
   });
   $('#enddate').dcalendarpicker({
    format:'yyyy-mm-dd'
});
</script>
```

这里用到一个选择日期的 jQuery 插件 dcalendar.picker.js。

单击"统计"按钮，数据会提交至控制器 DataCubeController 的 getusersummary ()方法。getusersummary()方法的代码如下。

```
        public ActionResult getusersummary(FormCollection form)
        {
            string begindate = form["begindate"];
            string enddate = form["enddate"];

            string r= wxDatacubeService.getusersummary(begindate, enddate);
```

```
            wxResultUsersummary result = JSONHelper.JSONToObject<wxResultUsersummary>(r);
            ViewBag.Result = result;
            return View();
        }
```

程序接收表单提交过来的起止日期数据，然后调用 **wxMenuService. getusersummary()** 方法，并解析返回结果。为了解析返回结果需要在 **wxBase** 应用程序的 Models\DataCube 文件夹下创建一个模型类 wxUsersummary，代码如下。

```
namespace wxBase.Model.DataCube
{
    public class wxUsersummary
    {
        public string ref_date;
        public int user_source;
        public int new_user;
        public int cancel_user;
    }
}
```

类 wxUsersummary 用于定义新增用户的数据，返回结果是一个数组，因此还需要定义一个模型类 wxResultUsersummary，代码如下。

```
namespace wxBase.Model.DataCube
{
    public class wxResultUsersummary
    {
        public List<wxUsersummary> list;
    }
}
```

为 getusersummary() 方法创建对应的视图。在其中输出传递来的用户统计数据，代码如下。

```
@{
    ViewBag.Title = "getusersummary";

    wxBase.Model.DataCube.wxResultUsersummary ru = (wxBase.Model.DataCube.wxResultUsersummary)ViewBag.Result;
}

<h2>getusersummary</h2>

<ul>
    @for (int i = 0; i < ru.list.Count; i++)
    {
        var user_source = "";
        switch (ru.list[i].user_source)
        {
            case 0:
                user_source = "其他合计";
                break;
            case 1:
                user_source = "公众号搜索";
                break;
            case 17:
                user_source = "名片分享";
                break;
```

```
                    case 30:
                        user_source = "扫描二维码";
                        break;
                    case 43:
                        user_source = "图文页右上角菜单";
                        break;
                    case 51:
                        user_source = "支付后关注（在支付完成页）";
                        break;
                    case 57:
                        user_source = "图文页内公众号名称";
                        break;
                    case 75:
                        user_source = "公众号文章广告";
                        break;
                    case 78:
                        user_source = "代表朋友圈广告";
                        break;
                }
                <li> 日期：@ru.list[i].ref_date     用户的渠道：@user_source     新增的用户数量：@ru.list[i].new_user     取消关注的用户数量：@ru.list[i].cancel_user</li>
            }
        </ul>
```

运行 WebApplicationWeixin 应用程序，在浏览器中访问【例 9-1】主页，如图 9-1 所示。

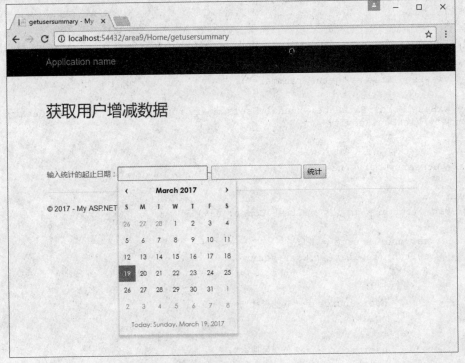

图9-1　访问【例9-1】的主页

输入起止日期，然后单击"统计"按钮。可以看到如图 9-2 所示的用户增减统计数据。

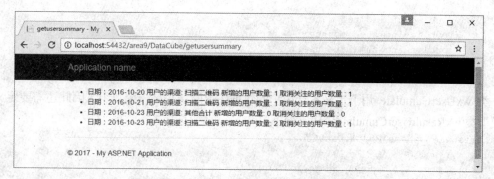

图9-2 【例9-1】的用户增减统计数据

9.1.2 获取累计用户数据

将描述统计时间段的 JSON 数据包发送到下面的接口可以获取到指定时间段内微信公众号的累计用户数据。

```
https://api.weixin.qq.com/datacube/getusercumulate?access_token=ACCESS_TOKEN
```

同样，描述统计时间段的 JSON 数据包格式如下。

```
{
    "begin_date": "2016-12-02",
    "end_date": "2016-12-07"
}
```

begin_date 用于指定统计的起始日期；end_date 用于指定统计的截止日期。两者的最大时间跨度也是 7 天。正常情况下，调用接口会返回统计数据对应的 JSON 字符串，例如，

```
{
"list":[{
"ref_date":"2016-10-20",
"user_source":0,
"cumulate_user":1},{
"ref_date":"2016-10-21",
"user_source":0,
"cumulate_user":1},{
"ref_date":"2016-10-22",
"user_source":0,
"cumulate_user":1}
```

参数说明如下。

- ref_date：表示数据的日期。

- user_source：表示用户的渠道。0 代表其他合计，1 代表公众号搜索，17 代表名片分享，30 代表扫描二维码，43 代表图文页右上角菜单，51 代表支付后关注（在支付完成页），57 代表图文页内公众号名称，75 代表公众号文章广告，78 代表朋友圈广告。

- cumulate_user：表示累计用户的数量。

为了能够解析返回的结果，需要在 wxBase 应用程序的 Models\DataCube 文件夹下创建一个模型类 wxUserCumulate，代码如下。

```
namespace wxBase.Model.DataCube
{
    public class wxUserCumulate
    {
```

```
            public string ref_date;
            public int user_source;
            public int cumulate_user;
    }
}
```

类 wxUserCumulate 用于定义累计用户的数据，返回结果是一个数组，因此还需要定义一个模型类 wxResultUserCumulate，代码如下。

```
namespace wxBase.Model.DataCube
{
    public class wxResultUserCumulate
    {
        public List<wxUserCumulate> list;
    }
}
```

【例 9-2】演示获取累计用户数据的方法。

首先，在 wxBase 的 wxDatacubeService 中定义一个 getusercumulate()方法，用于获取累计用户数据，代码如下。

```
public static string getusercumulate(string begin_date, string end_date)
{
    string json = "{\"begin_date\":\"" + begin_date + "\",\"end_date\":\"" + end_date + "\"}";
    string url = "https://api.weixin.qq.com/datacube/getusercumulate?access_token=" + weixinService.Access_token;
    string result = HttpService.Post(url, json);
    return result;
}
```

参数 begin_date 是统计的起始日期，end_date 是统计的截止日期。

在 WebApplicationWeixin 应用程序中的视图 Areas\area9\View\Home\Index.cshtml 中添加一个超链接，代码如下。

```
<ul>
……
    <li>@Html.ActionLink("9.1.2 获取累计用户数据", "getusercumulate")</li>
……
</ul>
```

单击此超链接会跳转至视图 Areas\area9\Views\Home\getusercumulate.cshtml。在视图中定义一个输入统计的起止日期的表单，代码如下。

```
@{
    ViewBag.Title = "getusercumulate";
}
<link href="~/Content/bootstrap.css" rel="stylesheet" />
<link rel="stylesheet" type="text/css" href="~/Content/css/zzsc.css">
<link rel="stylesheet" href="~/Content/dcalendar.picker.css" />
<br />
<br />
<br />
<br />
<h2>获取累计用户数据</h2>
@using (Html.BeginForm("getusercumulate", "DataCube", FormMethod.Post))
```

```html
{
    <a>输入统计的起止日期: </a><input name="begindate" id="begindate" type="text" /><a>~</a><input id="enddate" name="enddate" type="text" />
    <input type="submit" value="统计" />
}
<script src="~/Scripts/jquery-1.10.2.min.js"></script>
<script src="~/Scripts/dcalendar.picker.js"></script>
<script type="text/javascript">
    $('#begindate').dcalendarpicker({
        format: 'yyyy-mm-dd'
    });
    $('#enddate').dcalendarpicker({
        format:'yyyy-mm-dd'
    });
</script>
```

单击"统计"按钮,数据会提交至控制器 DataCubeController 的 getusercumulate()方法,代码如下。

```csharp
[HttpPost]
public ActionResult getusercumulate(FormCollection form)
{
    string begindate = form["begindate"];
    string enddate = form["enddate"];

    wxResultUserCumulate result = JSONHelper.JSONToObject<wxResultUserCumulate>(wxDatacubeService.getusercumulate(begindate, enddate));
    ViewBag.Result = result;
    return View();
}
```

程序接收表单提交过来的起止日期数据,然后调用 wxMenuService.getusercumulate()方法,并解析返回结果。

为 getusersummary()方法创建对应的视图。在其中输出传递来的用户统计数据。代码如下。

```csharp
@{
    ViewBag.Title = "getusercumulate";
    wxBase.Model.DataCube.wxResultUserCumulate ru = (wxBase.Model.DataCube.wxResultUserCumulate)ViewBag.Result;
}

<h2>getusercumulate</h2>

<ul>
    @for (int i = 0; i < ru.list.Count; i++)
    {
        var user_source = "";
        switch (ru.list[i].user_source)
        {
            case 0:
                user_source = "其他合计";
                break;
            case 1:
                user_source = "公众号搜索";
```

```
                break;
            case 17:
                user_source = "名片分享";
                break;
            case 30:
                user_source = "扫描二维码";
                break;
            case 43:
                user_source = "图文页右上角菜单";
                break;
            case 51:
                user_source = "支付后关注（在支付完成页）";
                break;
            case 57:
                user_source = "图文页内公众号名称";
                break;
            case 75:
                user_source = "公众号文章广告";
                break;
            case 78:
                user_source = "代表朋友圈广告";
                break;
        }
        <li> 日期：@ru.list[i].ref_date      用户的渠道：@user_source      累计用户数量：@ru.list[i].cumulate_user</li>
    }
```

运行 WebApplicationWeixin 应用程序，在浏览器中访问【例 9-2】主页，如图 9-3 所示。

图9-3　访问【例9-2】的主页

输入起止日期，然后单击"统计"按钮。可以看到如图 9-4 所示的累计用户统计数据。

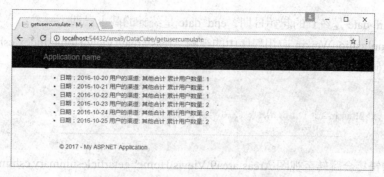

图9-4 【例9-2】的用户增减统计数据

9.2 图文分析数据接口

目前，微信公众平台提供了下面 6 个图文分析数据统计接口。
- 获取图文群发每日数据。
- 获取图文群发总数据。
- 获取图文统计数据。
- 获取图文统计分时数据。
- 获取图文分享转发数据。
- 获取图文分享转发分时数据。

9.2.1 获取图文群发每日数据

将描述统计时间段的 JSON 数据包发送到下面的接口可以获取到指定时间段内微信公众号的图文群发每日数据。

```
https://api.weixin.qq.com/datacube/getarticlesummary?access_token=ACCESS_TOKEN
```

描述统计时间段的 JSON 数据包格式如下。

```
{
    "begin_date": "2016-12-02",
    "end_date": "2016-12-02"
}
```

begin_date 用于指定统计的起始日期；end_date 用于指定统计的截止日期。注意，两者的最大时间跨度是 1 天，也就是说 begin_date 和 end_date 必须是同一天。

【例 9-3】演示获取图文群发每日数据的方法。首先，在 wxBase 的类 wxDatacubeService 中定义一个 getarticlesummary()方法，用于获取图文群发每日数据，代码如下。

```
public static string getarticlesummary(string begin_date, string end_date)
{
    string json = "{ \"begin_date\":\"" + begin_date + "\",\"end_date\":\"" + end_date + "\"}";
    string url = " https://api.weixin.qq.com/datacube/getarticlesummary?access_token=" + weixinService.Access_token;
    string result = HttpService.Post(url, json);

    return result;
}
```

参数 begin_date 是统计的起始日期，end_date 是统计的截止日期。

在 WebApplicationWeixin 应用程序中的视图 Areas\area9\View\Home\Index.cshtml 中添加一个超链接，代码如下。

```
<ul>
……
    <li>@Html.ActionLink("9.2.1  获取图文群发每日数据","getarticlesummary") </li>
……
</ul>
```

单击此超链接会跳转至视图 Areas\area9\Views\Home\ getarticlesummary.cshtml。在视图中定义一个输入统计的起止日期的表单，代码如下。

```
<h2>获取图文群发每日数据</h2>
@using (Html.BeginForm("getarticlesummary", "DataCube", FormMethod.Post))
{
    <a>输入统计的起止日期：</a><input name="begindate" type="text"/><a>~</a><input name="enddate" type="text" />
    <input type="submit" value="统计" />
}
```

单击"统计"按钮，数据会提交至控制器 DataCubeController 的 getarticlesummary()方法。getarticlesummary()方法的代码如下。

```
[HttpPost]
public ActionResult getarticlesummary(FormCollection form)
{
    string begindate = form["begindate"];
    string enddate = form["enddate"];
    string result = wxDatacubeService.getarticlesummary(begindate, enddate);
    return Content(result);

}
```

程序接收表单提交过来的起止日期数据，然后调用 wxMenuService. getusersummary()方法，并输出返回结果。

为 getusersummary()方法创建对应的视图。然后运行 WebApplicationWeixin 应用程序，在浏览器中访问\ Datacube \Index，如图 9-5 所示。

图9-5 访问【例9-3】的主页

输入起止日期，然后单击"统计"按钮。正常情况下会返回统计数据对应的 JSON 字符串，如下所示。

```
{
    "list": [
        {
            "ref_date": "2014-12-08",
            "msgid": "10000050_1",
            "title": "12月27日 DiLi 日报",
            "int_page_read_user": 23676,
            "int_page_read_count": 25615,
            "ori_page_read_user": 29,
            "ori_page_read_count": 34,
            "share_user": 122,
            "share_count": 994,
            "add_to_fav_user": 1,
            "add_to_fav_count": 3
        }
        //后续会列出该日期内所有被阅读过的文章（仅包括群发的文章）在当天的阅读次数等数据
    ]
}
```

参数说明如下。

- ref_date：表示数据的日期。
- msgid：由图文消息 id（msgid）和和消息次序索引（index）组成。
- title：表示图文消息的标题。
- int_page_read_user：表示图文页的阅读人数。
- int_page_read_count：表示图文页的阅读次数。
- share_user：表示分享的人数。
- share_count：表示分享的次数。
- add_to_fav_user：表示收藏的人数。
- add_to_fav_count：表示收藏的次数。

9.2.2 获取图文群发总数据

将描述统计时间段的 JSON 数据包发送到下面的接口可以获取到指定时间段内微信公众号的图文群发总数据。

```
https://api.weixin.qq.com/datacube/getarticletotal?access_token=ACCESS_TOKEN
```

同样，描述统计时间段的 JSON 数据包格式如下。

```
{
    "begin_date": "2016-12-02",
    "end_date": "2016-12-07"
}
```

begin_date 用于指定统计的起始日期；end_date 用于指定统计的截止日期。两者的最大时间跨度也是 7 天。

【例 9-4】演示测试获取图文群发总数据的方法。

首先，在 wxBase 的 wxDatacubeService 中定义一个 getarticletotal() 方法，代码如下。

```csharp
public static string getarticletotal(string begin_date, string end_date)
{
    string json = "{\"begin_date\":\"" + begin_date + "\",\"end_date\":\"" + end_date + "\"}";
    string url = "https://api.weixin.qq.com/datacube/getarticletotal?access_token=" + weixinService.Access_token;
    string result = HttpService.Post(url, json);
    return result;
}
```

参数 begin_date 是统计的起始日期，end_date 是统计的截止日期。

在 WebApplicationWeixin 应用程序中的视图 Areas\area9\View\Home\Index.cshtml 中添加一个超链接，代码如下。

```html
<ul>
……
    <li>@Html.ActionLink("9.2.2  获取图文群发总数据", "getarticletotal")
    <li>@Html.ActionLink("9.2.2  获取图文群发总数据", "getarticletotal")
……
</ul>
```

单击此超链接会跳转至视图 Areas\area9\Views\Home\ getarticletotal.cshtml。在视图中定义一个输入统计的起止日期的表单，代码如下。

```html
<h2>获取获取图文群发总数据</h2>
@using (Html.BeginForm("getarticletotal", "DataCube", FormMethod.Post))
{
    <a>输入统计的起止日期：</a><input name="begindate" type="text"/><a>~</a><input name="enddate" type="text" />
    <input type="submit" value="统计" />
}
```

单击"统计"按钮，数据会提交至控制器 DataCubeController 的 getarticletotal ()方法。代码如下。

```csharp
[HttpPost]
public ActionResult getarticletotal(FormCollection form)
{
    string begindate = form["begindate"];
    string enddate = form["enddate"];

    string result = wxDatacubeService.getarticletotal(begindate, enddate);
    return Content(result);
}
```

程序接收表单提交过来的起止日期数据，然后调用 wxDatacubeService.getarticletotal()方法，并输出返回结果。

为 getarticletotal()方法创建对应的视图 \View\Datacube\getarticletotal.cshtml。然后运行 WebApplicationWeixin 应用程序，在浏览器中访问\Datacube\Index，如图 9-6 所示。

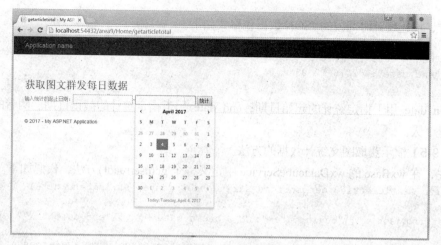

图9-6 访问【例9-4】主页

输入起止日期,然后单击"统计"按钮。正常情况下会返回统计数据对应的 JSON 字符串,例如:

```
{
    "list": [
        {
            "ref_date": "2014-12-14",
            "msgid": "202457380_1",
            "title": "文章标题",
            "details": [
                {
                    "stat_date": "2014-12-14",
                    "target_user": 261917,
                    "int_page_read_user": 23676,
                    "int_page_read_count": 25615,
                    "ori_page_read_user": 29,
                    "ori_page_read_count": 34,
                    "share_user": 122,
                    "share_count": 994,
                    "add_to_fav_user": 1,
                    "add_to_fav_count": 3
                },
                //后续还会列出所有 stat_date 符合 "ref_date (群发的日期) 到接口调用日期"(但最多只统计 7 天)的数据
            ]
        },
        //后续还有 ref_date (群发的日期) 在 begin_date 和 end_date 之间的群发文章的数据
    ]
}
```

9.2.3 获取图文统计数据

将描述统计时间段的 JSON 数据包发送到下面的接口可以获取到指定时间段内微信公众号的图文统计数据。

```
https://api.weixin.qq.com/datacube/getuserread?access_token=ACCESS_TOKEN
```

同样，描述统计时间段的 JSON 数据包格式如下。

```
{
    "begin_date": "2016-12-02",
    "end_date": "2016-12-05"
}
```

begin_date 用于指定统计的起始日期；end_date 用于指定统计的截止日期。两者的最大时间跨度是 3 天。

【例 9-5】演示获取图文统计数据的方法。

首先，在 wxBase 的 wxDatacubeService 中定义一个 getuserread()方法，代码如下。

```
public static string getuserread(string begin_date, string end_date)
{
    string json = "{\"begin_date\":\"" + begin_date + "\",\"end_date\":\"" + end_date + "\"}";
    string url = "https://api.weixin.qq.com/datacube/getuserread?access_token=" + weixinService.Access_token;
    string result = HttpService.Post(url, json);
    return result;
}
```

参数 begin_date 是统计的起始日期，end_date 是统计的截止日期。

在 WebApplicationWeixin 应用程序中的视图 Areas\area9\View\Home\Index.cshtml 中添加一个超链接，代码如下。

```
<ul>
......
    <li>@Html.ActionLink("9.2.3  获取图文统计数据", "getuserread")
......
</ul>
```

单击此超链接会跳转至视图 Areas\area9\Views\Home\getuserread.cshtml。在视图中定义一个输入统计的起止日期的表单，代码如下。

```
<h2>获取获取图文统计数据</h2>
@using (Html.BeginForm("getuserread", "DataCube", FormMethod.Post))
{
    <a>输入统计的起止日期：</a><input name="begindate" type="text"/><a>~</a><input name="enddate" type="text" />
    <input type="submit" value="统计" />
}
```

单击"统计"按钮，数据会提交至控制器 DataCubeController 的 getuserread()方法。getuserread()方法的代码如下。

```
[HttpPost]
public ActionResult getuserread(FormCollection form)
{
    string begindate = form["begindate"];
    string enddate = form["enddate"];

    string result = wxDatacubeService.getuserread(begindate, enddate);
    return Content(result);
}
```

程序接收表单提交过来的起止日期数据，然后调用 wxMenuService.getuserread()方法，并输出返回结果。

为 getuserread() 方法创建对应的视图 \View\Datacube\getuserread.cshtml 。然后运行 WebApplicationWeixin 应用程序，在浏览器中访问【例 9-5】的页面，如图 9-7 所示。

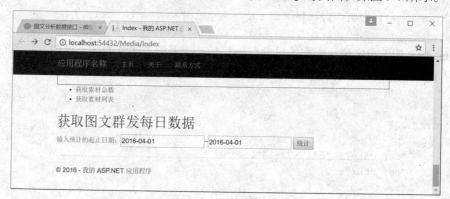

图9-7 【例9-5】的页面

输入起止日期，然后单击"统计"按钮。正常情况下会返回统计数据对应的 JSON 字符串，例如，

```
{
    "list": [
        {
            "ref_date": "2014-12-14",
            "msgid": "202457380_1",
            "title": "文章标题",
            "details": [
                {
                    "stat_date": "2014-12-14",
                    "target_user": 261917,
                    "int_page_read_user": 23676,
                    "int_page_read_count": 25615,
                    "ori_page_read_user": 29,
                    "ori_page_read_count": 34,
                    "share_user": 122,
                    "share_count": 994,
                    "add_to_fav_user": 1,
                    "add_to_fav_count": 3
                },
//后续还会列出所有 stat_date 符合"ref_date（群发的日期）到接口调用日期"（但最多只统计 7 天）的数据
            ]
        },
//后续还有 ref_date（群发的日期）在 begin_date 和 end_date 之间的群发文章的数据
    ]
}
```

9.2.4　获取图文统计分时数据

将描述统计时间段的 JSON 数据包发送到下面的接口可以获取到指定时间段内微信公众号

的图文统计分时数据。

https://api.weixin.qq.com/datacube/getuserreadhour?access_token=ACCESS_TOKEN

同样，描述统计时间段的 JSON 数据包格式如下。

```
{
    "begin_date": "2016-12-02",
    "end_date": "2016-12-07"
}
```

begin_date 用于指定统计的起始日期；end_date 用于指定统计的截止日期。两者的最大时间跨度是 1 天。正常情况下会返回统计数据对应的 JSON 字符串格式，代码如下。

```
{
    {
    "list": [
        {
            "ref_date": "2015-07-14",
            "ref_hour": 0,
            "user_source": 0,
            "int_page_read_user": 6391,
            "int_page_read_count": 7836,
            "ori_page_read_user": 375,
            "ori_page_read_count": 440,
            "share_user": 2,
            "share_count": 2,
            "add_to_fav_user": 0,
            "add_to_fav_count": 0
        },
        {
            "ref_date": "2015-07-14",
            "ref_hour": 0,
            "user_source": 1,
            "int_page_read_user": 1,
            "int_page_read_count": 1,
            "ori_page_read_user": 0,
            "ori_page_read_count": 0,
            "share_user": 0,
            "share_count": 0,
            "add_to_fav_user": 0,
            "add_to_fav_count": 0
        },
        {
            "ref_date": "2015-07-14",
            "ref_hour": 0,
            "user_source": 2,
            "int_page_read_user": 3,
            "int_page_read_count": 3,
            "ori_page_read_user": 0,
            "ori_page_read_count": 0,
            "share_user": 0,
            "share_count": 0,
            "add_to_fav_user": 0,
            "add_to_fav_count": 0
```

```
        },
        {
            "ref_date": "2015-07-14",
            "ref_hour": 0,
            "user_source": 4,
            "int_page_read_user": 42,
            "int_page_read_count": 100,
            "ori_page_read_user": 0,
            "ori_page_read_count": 0,
            "share_user": 0,
            "share_count": 0,
            "add_to_fav_user": 0,
            "add_to_fav_count": 0
        }
        //后续还有 ref_hour 逐渐增大,以列举 1 天 24 小时的数据
    ]
}
```

参数 ref_hour 表示数据的小时,包括从 000 到 2 300,分别代表的是[000,100)到[2300,2400),即每日的第 1 小时和最后 1 小时。

【例 9-6】演示获取图文统计分时数据的方法。

首先,在 wxBase 的 wxDatacubeService 中定义一个 getuserreadhour()方法,代码如下。

```
public static string getuserreadhour(string begin_date, string end_date)
{
    string json = "{\"begin_date\":\"" + begin_date + "\",\"end_date\":\"" + end_date + "\"}";
    string url = "https://api.weixin.qq.com/datacube/getuserreadhour?access_token=" + weixinService.Access_token;
    string result = HttpService.Post(url, json);
    return result;
}
```

参数 begin_date 是统计的起始日期,end_date 是统计的截止日期。

在 WebApplicationWeixin 应用程序中的视图 Areas\area9\View\Home\Index.cshtml 中添加一个超链接,代码如下。

```
<ul>
……
    <li>@Html.ActionLink("9.2.4  获取图文统计数据", "getuserreadhour")
……
</ul>
```

单击此超链接会跳转至视图 Areas\area9\Views\Home\ getuserreadhour.cshtml。在视图中定义一个输入统计的起止日期的表单,代码如下。

```
<h2>图文统计分时数据</h2>
@using (Html.BeginForm("getuserreadhour", "DataCube", FormMethod.Post))
{
    <a>输入统计的起止日期:</a><input name="begindate" type="text"/><a>~</a><input name="enddate" type="text" />
    <input type="submit" value="统计" />
}
```

单击"统计"按钮,数据会提交至控制器 DataCubeController 的 getuserreadhour()方法。

getuserreadhour()方法的代码如下。

```
[HttpPost]
public ActionResult getuserreadhour(FormCollection form)
{
    string begindate = form["begindate"];
    string enddate = form["enddate"];

    string result = wxDatacubeService.getuserreadhour(begindate, enddate);
    return Content(result);
}
```

程序接收表单提交过来的起止日期数据，然后调用wxMenuService.getuserreadhour()方法，并输出返回结果。

9.2.5 获取图文分享转发数据

将描述统计时间段的JSON数据包发送到下面的接口可以获取到指定时间段内微信公众号的图文分享转发数据。

```
https://api.weixin.qq.com/datacube/getusershare?access_token=ACCESS_TOKEN
```

同样，描述统计时间段的JSON数据包格式如下。

```
{
    "begin_date": "2016-12-02",
    "end_date": "2016-12-07"
}
```

begin_date用于指定统计的起始日期；end_date用于指定统计的截止日期。两者的最大时间跨度是7天。

【例9-7】 演示获取图文分享转发数据的方法。

首先，在wxBase的wxDatacubeService中定义一个getusershare()方法，代码如下。

```
public static string getusershare(string begin_date, string end_date)
{
    string json = "{\"begin_date\":\"" + begin_date + "\",\"end_date\":\"" + end_date + "\"}";
    string url = "https://api.weixin.qq.com/datacube/getusershare?access_token=" + weixinService.Access_token;
    string result = HttpService.Post(url, json);
    return result;
}
```

参数begin_date是统计的起始日期，end_date是统计的截止日期。

在WebApplicationWeixin应用程序中的视图Areas\area9\View\Home\Index.cshtml中添加一个超链接，代码如下。

```
<ul>
……
    <li>@Html.ActionLink("9.2.5  获取图文分享转发数据", " getusershare")
……
</ul>
```

单击此超链接会跳转至视图Areas\area9\Views\Home\getusershare.cshtml。在视图中定义一个输入统计的起止日期的表单，代码如下。

```
<h2>图文分享转发数据</h2>
@using (Html.BeginForm("getusershare", "DataCube", FormMethod.Post))
{
    <a>输入统计的起止日期：</a><input name="begindate" type="text"/><a>~</a><input name="enddate" type="text" />
    <input type="submit" value="统计" />
}
```

单击"统计"按钮，数据会提交至控制器 DataCubeController 的 getusershare()方法。getusershare()方法的代码如下。

```
[HttpPost]
public ActionResult getusershare(FormCollection form)
{
    string begindate = form["begindate"];
    string enddate = form["enddate"];

    string result = wxDatacubeService.getusershare(begindate, enddate);
    return Content(result);
}
```

程序接收表单提交过来的起止日期数据，然后调用 wxMenuService.getusershare()方法，并输出返回结果。

为 getusershare()方法创建对应的视图。然后运行 WebApplicationWeixin 应用程序，在浏览器中访问【例9-7】的页面，如图9-8所示。

图9-8　访问【例9-7】的页面

输入起止日期，然后单击"统计"按钮。正常情况下会返回统计数据对应的 JSON 字符串，例如，

```
{
  "list": [
    {
      "ref_date": "2014-12-07",
      "share_scene": 1,
      "share_count": 207,
      "share_user": 11
    },
    {
```

```
            "ref_date": "2014-12-07",
            "share_scene": 5,
            "share_count": 23,
            "share_user": 11
        }
        //后续还有不同 share_scene（分享场景）的数据，以及 ref_date 在 begin_date 和 end_date
之间的数据
    ]
}
```

参数的含义与 9.2.1 中介绍的相同。

9.2.6　获取图文分享转发分时数据

将描述统计时间段的 JSON 数据包发送到下面的接口可以获取到指定时间段内微信公众号的图文分享转发分时数据。

```
https://api.weixin.qq.com/datacube/getusersharehour?access_token=ACCESS_TOKEN
```

同样，描述统计时间段的 JSON 数据包格式如下。

```
{
    "begin_date": "2016-12-02",
    "end_date": "2016-12-07"
}
```

begin_date 用于指定统计的起始日期；end_date 用于指定统计的截止日期。两者的最大时间跨度是 1 天。

【例 9-8】 演示获取图文分享转发分时数据的方法。

首先，在 wxBase 的 wxDatacubeService 中定义一个 getusersharehour()方法，代码如下。

```
public static string getusersharehour(string begin_date, string end_date)
{
    string json = "{\"begin_date\":\"" + begin_date + "\",\"end_date\":\"" + end_date + "\"}";
    string url = "https://api.weixin.qq.com/datacube/ getusersharehour?access_token=" + weixinService.Access_token;
    string result = HttpService.Post(url, json);
    return result;
}
```

参数 begin_date 是统计的起始日期，end_date 是统计的截止日期。

在 WebApplicationWeixin 应用程序中的视图 Areas\area9\View\Home\Index.cshtml 中添加一个超链接，代码如下。

```
<ul>
……
    <li>@Html.ActionLink("9.2.6　获取图文分享转发分时数据", "getusersharehour")</li>
……
</ul>
```

单击此超链接会跳转至视图 Areas\area9\Views\Home\getusershare.cshtml。在视图中定义一个输入统计的起止日期的表单，代码如下。

```
<h2>图文分享转发数据</h2>
@using (Html.BeginForm("getusersharehour", "DataCube", FormMethod.Post))
{
    <a>输入统计的起止日期：</a><input name="begindate" type="text"/><a>~</a><input
```

```
name="enddate" type="text" />
        <input type="submit" value="统计" />
    }
```

单击"统计"按钮,数据会提交至控制器 DataCubeController 的 getusersharehour()方法。getusersharehour()方法的代码如下。

```
[HttpPost]
public ActionResult getusersharehour(FormCollection form)
{
    string begindate = form["begindate"];
    string enddate = form["enddate"];

    string result = wxDatacubeService.getusersharehour(begindate, enddate);
    return Content(result);
}
```

程序接收表单提交过来的起止日期数据,然后调用 wxMenuService.getusersharehour()方法,并输出返回结果。

为 getusersharehour()方法创建对应的视图。然后运行 WebApplicationWeixin 应用程序,在浏览器中访问【例 9-8】的页面,如图 9-9 所示。

图9-9 访问【例9-8】的页面

输入起止日期,然后单击"统计"按钮。正常情况下会返回统计数据对应的 JSON 字符串,例如,

```
{
    "list": [
        {
            "ref_date": "2014-12-07",
            "share_scene": 1,
            "share_count": 207,
            "share_user": 11
        },
        {
            "ref_date": "2014-12-07",
            "share_scene": 5,
            "share_count": 23,
            "share_user": 11
```

```
            }
            //后续还有不同 share_scene（分享场景）的数据，以及 ref_date 在 begin_date 和 end_date
之间的数据
        ]
    }
```

参数的含义与 9.2.1 中介绍的相同。

9.3 消息分析数据统计接口

本节介绍如何利用微信提供的消息分析数据接口获取公众号发送消息的统计分析情况。

9.3.1 概述

目前，微信公众平台提供了 7 个消息分析数据统计接口，如表 9-1 所示。

表 9-1 微信公众平台提供的消息分析数据统计接口

功能	接口地址	最大时间跨度（天）
获取消息发送概况数据	https://api.weixin.qq.com/datacube/getupstreammsg?access_token=ACCESS_TOKEN	7
获取消息发送月数据	https://api.weixin.qq.com/datacube/getupstreammsgmonth?access_token=ACCESS_TOKEN	30
获取消息发送周数据	https://api.weixin.qq.com/datacube/getupstreammsgweek?access_token=ACCESS_TOKEN	30
获取消息发送分时数据	https://api.weixin.qq.com/datacube/getupstreammsghour?access_token=ACCESS_TOKEN	1
获取消息发送分布数据	https://api.weixin.qq.com/datacube/getupstreammsgdist?access_token=ACCESS_TOKEN	15
获取消息发送分布月数据	https://api.weixin.qq.com/datacube/getupstreammsgdistmonth?access_token=ACCESS_TOKEN	30
获取消息发送分布周数据	https://api.weixin.qq.com/datacube/getupstreammsgdistweek?access_token=ACCESS_TOKEN	30

将描述统计时间段的 JSON 数据包发送到上面的接口可以获取到指定时间段内微信公众号的消息发送统计数据。描述统计时间段的 JSON 数据包格式如下。

```
{
    "begin_date": "2016-12-02",
    "end_date": "2016-12-07"
}
```

begin_date 用于指定统计的起始日期；end_date 用于指定统计的截止日期。两者的最大时间跨度见表 9-1。下面将结合实例介绍每个接口的具体情况。

9.3.2 获取消息发送概况数据

将描述统计时间段的 JSON 数据包发送到下面的接口可以获取到指定时间段内微信公众号

的消息发送概况数据。

```
https://api.weixin.qq.com/datacube/getupstreammsg?access_token=ACCESS_TOKEN
```

【例9-9】演示获取消息发送概况数据的方法。

首先，在wxBase的wxDatacubeService中定义一个getupstreammsg()方法，代码如下。

```
public static string getupstreammsg(string begin_date, string end_date)
{
    string json = "{\"begin_date\":\"" + begin_date + "\",\"end_date\":\"" + end_date + "\"}";
    string url = "https://api.weixin.qq.com/datacube/getupstreammsg?access_token=" + weixinService.Access_token;
    string result = HttpService.Post(url, json);
    return result;
}
```

参数begin_date是统计的起始日期，end_date是统计的截止日期。如果成功，则获取到的JSON字符串格式如下。

```
{"list":[{"ref_date":"2016-11-05","user_source":0,"msg_type":1,"msg_user":1,"msg_count":2},{"ref_date":"2016-11-06","user_source":0,"msg_type":1,"msg_user":1,"msg_count":3}]}
```

参数说明如下。

- ref_date：表示数据的日期。
- user_source：表示用户的渠道。0代表会话，1代表好友，2代表朋友圈，3代表腾讯微博，4代表历史消息页，5代表其他。
- msg_type：表示消息类型。1代表文字，2代表图片，3代表语音，4代表视频，6代表第三方应用消息（链接消息）。
- msg_user：示向公众号发送了消息的用户数。
- msg_count：表示用户向公众号发送的消息数量。

在WebApplicationWeixin应用程序中的视图Areas\area9\View\Home\Index.cshtml中添加一个超链接，代码如下。

```
<ul>
......
    <li>@Html.ActionLink("9.3.2  获取消息发送概况数据", "getupstreammsg")</li>
......
</ul>
```

单击此超链接会跳转至视图Areas\area9\Views\Home\getupstreammsg.cshtml。在视图中定义一个输入统计的起止日期的表单，代码如下。

```
<h2>获取获取消息发送概况数据</h2>
@using (Html.BeginForm("getupstreammsg", "DataCube", FormMethod.Post))
{
    <a>输入统计的起止日期：</a><input name="begindate" type="text"/><a>~</a><input name="enddate" type="text" />
    <input type="submit" value="统计" />
}
```

单击"统计"按钮，数据会提交至控制器DataCubeController的getupstreammsg()方法，代码如下。

```
[HttpPost]
```

```
public ActionResult getupstreammsg(FormCollection form)
{
    string begindate = form["begindate"];
    string enddate = form["enddate"];

    string result = wxDatacubeService.getupstreammsg(begindate, enddate);
    return Content(result);

}
```

程序接收表单提交过来的起止日期数据,然后调用 wxDatacubeService.getupstreammsg()方法,并输出返回结果。

为 getupstreammsg()方法创建对应的视图。然后运行 WebApplicationWeixin 应用程序,在浏览器中访问【例 9-9】的页面,如图 9-10 所示。

图9-10　访问【例9-9】的页面

输入起止日期,然后单击"统计"按钮。正常情况下会返回统计数据对应的 JSON 字符串,例如,

```
{
    "list": [
        {
            "ref_date": "2014-12-14",
            "msgid": "202457380_1",
            "title": "文章标题",
            "details": [
                {
                    "stat_date": "2014-12-14",
                    "target_user": 261917,
                    "int_page_read_user": 23676,
                    "int_page_read_count": 25615,
                    "ori_page_read_user": 29,
                    "ori_page_read_count": 34,
                    "share_user": 122,
                    "share_count": 994,
                    "add_to_fav_user": 1,
                    "add_to_fav_count": 3
                },
```

```
                //后续还会列出所有 stat_date 符合"ref_date(群发的日期)到接口调用日期"(但最多只统计 7
天)的数据
            ]
        },
        //后续还有 ref_date(群发的日期)在 begin_date 和 end_date 之间的群发文章的数据
    ]
}
```

9.3.3 获取消息发送月数据

将描述统计时间段的 JSON 数据包发送到下面的接口可以获取到指定时间段内微信公众号的消息发送月数据。

```
https://api.weixin.qq.com/datacube/getupstreammsgmonth?access_token=ACCESS_TOKEN
```

【例 9-10】演示获取消息发送月数据的方法。

首先,在 wxBase 的 wxDatacubeService 中定义一个 getupstreammsgmonth()方法,代码如下。

```
public static string getupstreammsgmonth(string begin_date, string end_date)
{
    string json = "{\"begin_date\":\"" + begin_date + "\",\"end_date\":\"" + end_date + "\"}";
    string url = "https://api.weixin.qq.com/datacube/getupstreammsgmonth?access_token=" + weixinService.Access_token;
    string result = HttpService.Post(url, json);
    return result;
}
```

参数 begin_date 是统计的起始日期, end_date 是统计的截止日期。如果成功,则获取到的 JSON 字符串格式如下。

```
{
    "list": [
        {
            "ref_date": "2014-11-01",
            "msg_type": 1,
            "msg_user": 7989,
            "msg_count": 42206
        }
        //后续还有同一 ref_date 下不同 msg_type 的数据,以及不同 ref_date 的数据
    ]
}
```

参数说明如下。

- ref_date:表示数据的日期。
- msg_type:表示消息类型,1 代表文字,2 代表图片,3 代表语音,4 代表视频,6 代表第三方应用消息(链接消息)。
- msg_user:表示向公众号发送了消息的用户数。
- msg_count:表示用户向公众号发送的消息数量。

打开 WebApplicationWeixin 应用程序,在第 9 章的主页视图中添加一个超链接,代码如下。

```
<ul>
……
    <li>@Html.ActionLink("9.3.3  获取消息发送月数据","getupstreammsgmonth") </li>
……
```

单击此超链接会跳转至视图 Areas\area9\Views\Home\getupstreammsgmonth.cshtml。在视图中定义一个输入统计的起止日期的表单，代码如下。

```
<h2>获取获取消息发送月数据</h2>
@using(Html.BeginForm("getupstreammsgmonth", "DataCube", FormMethod.Post))
{
    <a>输入统计的起止日期：</a><input name="begindate" type="text"/><a>~</a><input name="enddate" type="text" />
    <input type="submit" value="统计" />
}
```

单击"统计"按钮，数据会提交至控制器 DataCubeController 的 getupstreammsgmonth()方法，代码如下。

```
[HttpPost]
public ActionResult getupstreammsgmonth(FormCollection form)
{
    string begindate = form["begindate"];
    string enddate = form["enddate"];

    string result = wxDatacubeService.getupstreammsgmonth(begindate, enddate);
    return Content(result);
}
```

程序接收表单提交过来的起止日期数据，然后调用 wxDatacubeService.getupstreammsgmonth()方法，并输出返回结果。

为 getupstreammsg()方法创建对应的视图。然后运行 WebApplicationWeixin 应用程序，在浏览器中访问【例9-10】的页面，如图 9-11 所示。

图9-11　访问【例9-10】的页面

输入起止日期，然后单击"统计"按钮。起始日期应该是要统计的当月的第一天。在统计月过后再调用接口，才能获取到该周期的数据。例如，在 11 月 1 日以 10 月 1 日作为 begin_date、以 11 月 2 日作为 end_date 调用获取月数据接口，可以获取到 11 月 1 日的月数据（即 11 月的月数据）。

正常情况下会返回统计数据对应的 JSON 字符串，例如：
```
{"list":[{"ref_date":"2016-10-01","user_source":0,"msg_type":1,"msg_user":1,"msg_count":9}]}
```

9.3.4 获取消息发送周数据

将描述统计时间段的 JSON 数据包发送到下面的接口可以获取到指定时间段内微信公众号的消息发送周数据。

```
https://api.weixin.qq.com/datacube/getupstreammsgweek?access_token=ACCESS_TOKEN
```

【例 9-11】演示获取消息发送周数据的方法。

首先，在 wxBase 的 wxDatacubeService 中定义一个 getupstreammsgweek() 方法，代码如下。

```
public static string getupstreammsgweek(string begin_date, string end_date)
{
    string json = "{\"begin_date\":\"" + begin_date + "\",\"end_date\":\"" + end_date + "\"}";
    string url = "https://api.weixin.qq.com/datacube/getupstreammsgweek?access_token=" + weixinService.Access_token;
    string result = HttpService.Post(url, json);
    return result;
}
```

参数 begin_date 是统计的起始日期，end_date 是统计的截止日期。如果成功，则获取到的 JSON 字符串格式如下。

```
{
    "list": [
        {
            "ref_date": "2014-11-01",
            "msg_type": 1,
            "msg_user": 7989,
            "msg_count": 42206
        }
        //后续还有同一 ref_date 下不同 msg_type 的数据，及不同 ref_date 的数据
    ]
}
```

参数说明如下。

- ref_date：表示数据的日期。
- msg_type：表示消息类型，1 代表文字，2 代表图片，3 代表语音，4 代表视频，6 代表第三方应用消息（链接消息）。
- msg_user：表示向公众号发送了消息的用户数。
- msg_count：表示用户向公众号发送的消息数量。

在第 9 章的主页视图中添加一个超链接，代码如下。

```
<ul>
……
    <li>@Html.ActionLink("9.3.4  获取消息发送周数据","getupstreammsgweek") </li>
……
</ul>
```

单击此超链接会跳转至视图 Areas\area9\Views\Home\getupstreammsgweek.cshtml。在视图中定义一个输入统计的起止日期的表单，代码如下。

```
<h2>获取获取消息发送周数据</h2>
@using(Html.BeginForm("getupstreammsgweek", "DataCube", FormMethod.Post))
{
    <a>输入统计的起止日期：</a><input name="begindate" type="text"/><a>~</a><input name="enddate" type="text" />
    <input type="submit" value="统计" />
}
```

单击"统计"按钮，数据会提交至控制器 DataCubeController 的 getupstreammsgweek() 方法，代码如下。

```
[HttpPost]
public ActionResult getupstreammsgweek(FormCollection form)
{
    string begindate = form["begindate"];
    string enddate = form["enddate"];

    string result = wxDatacubeService.getupstreammsgweek(begindate, enddate);
    return Content(result);
}
```

程序接收表单提交过来的起止日期数据，然后调用 wxDatacubeService.getupstreammsgweek() 方法，并输出返回结果。

为 getupstreammsgweek() 方法创建对应的视图\View\Datacube\getupstreammsgweek.cshtml。然后运行 WebApplicationWeixin 应用程序，在浏览器中访问【例9-11】，如图 9-12 所示。

图9-12 访问【例9-11】的页面

输入起止日期，然后单击"统计"按钮。起始日期和截止日期的最大跨度为 1 天。

9.3.5 获取消息发送分时数据

将描述统计时间段的 JSON 数据包发送到下面的接口可以获取到指定时间段内微信公众号的消息发送分时数据。

```
https://api.weixin.qq.com/datacube/getupstreammsghour?access_token=ACCESS_TOKEN
```

【例 9-12】 演示获取消息发送分时数据的方法。

首先，在 wxBase 的 wxDatacubeService 中定义一个 getupstreammsghour()方法，代码如下。

```
    public static string getupstreammsghour(string begin_date, string end_date)
    {
        string json = "{\"begin_date\":\"" + begin_date + "\",\"end_date\":\"" + end_date + "\"}";
        string url = "https://api.weixin.qq.com/datacube/ getupstreammsghour?access_token=" + weixinService.Access_token;
        string result = HttpService.Post(url, json);
        return result;
    }
```

参数 begin_date 是统计的起始日期，end_date 是统计的截止日期。如果成功，则获取到的 JSON 字符串格式如下。

```
{
"list":
[
{ "ref_date": "2015-07-14",
"ref_hour": 0,
"user_source": 0,
"int_page_read_user": 6391,
"int_page_read_count": 7836,
"ori_page_read_user": 375,
"ori_page_read_count": 440,
"share_user": 2,
"share_count": 2,
"add_to_fav_user": 0,
"add_to_fav_count": 0 },
{ "ref_date": "2015-07-14",
"ref_hour": 0,
"user_source": 1,
"int_page_read_user": 1,
"int_page_read_count": 1,
"ori_page_read_user": 0,
"ori_page_read_count": 0,
"share_user": 0,
"share_count": 0,
"add_to_fav_user": 0,
"add_to_fav_count": 0 },
{ "ref_date": "2015-07-14",
"ref_hour": 0,
"user_source": 2,
"int_page_read_user": 3,
"int_page_read_count": 3,
"ori_page_read_user": 0,
"ori_page_read_count": 0,
"share_user": 0,
"share_count": 0,
"add_to_fav_user": 0,
"add_to_fav_count": 0 },
{ "ref_date": "2015-07-14",
"ref_hour": 0,
"user_source": 4,
```

```
"int_page_read_user": 42,
"int_page_read_count": 100,
"ori_page_read_user": 0,
"ori_page_read_count": 0,
"share_user": 0,
"share_count": 0,
"add_to_fav_user": 0,
"add_to_fav_count": 0 }
//后续还有 ref_hour 逐渐增大，以列举 1 天 24 小时的数据 ] }
```

参数说明如下。

- int_page_read_user：图文页（单击群发图文卡片进入的页面）的阅读人数。
- int_page_read_count：图文页的阅读次数。
- ori_page_read_user：原文页（单击图文页"阅读原文"进入的页面）的阅读人数，无原文页时此处数据为 0。
- ori_page_read_count：原文页的阅读次数。
- share_scene：分享的场景。1 代表好友转发 2 代表朋友圈 3 代表腾讯微博 255 代表其他。
- share_user：分享的人数。
- share_count：分享的次数。
- add_to_fav_user：收藏的人数。
- add_to_fav_count：收藏的次数。
- target_user：送达人数，一般约等于总粉丝数（需排除黑名单或其他异常情况下无法收到消息的粉丝）。

在第 9 章的主页视图中添加一个超链接，代码如下。

```
<ul>
……
    <li>@Html.ActionLink("9.3.5  获取消息发送分时数据","getupstreammsghour") </li>
……
</ul>
```

单击此超链接会跳转至视图 Areas\area9\Views\Home\getupstreammsghour.cshtml。在视图中定义一个输入统计的起止日期的表单，代码如下。

```
<h2>获取获取消息发送分时数据</h2>
@using(Html.BeginForm("getupstreammsghour", "DataCube", FormMethod.Post))
{
    <a>输入统计的起止日期：</a><input id="begindate" name="begindate" type="text"/>
<a>~</a><input id="enddate" name="enddate" type="text" />
    <input type="submit" value="统计" />
}
```

单击"统计"按钮，数据会提交至控制器 DataCubeController 的 getupstreammsghour()方法，代码如下。

```
[HttpPost]
public ActionResult getupstreammsghour(FormCollection form)
{
    string begindate = form["begindate"];
    string enddate = form["enddate"];
```

```
            string result = wxDatacubeService.getupstreammsghour(begindate, enddate);
            return Content(result);
        }
```

程序接收表单提交过来的起止日期数据，然后调用 wxDatacubeService.getupstreammsghour() 方法，并输出返回结果。

为 getupstreammsghour() 方法创建对应的视图。然后运行 WebApplicationWeixin 应用程序，在浏览器中访问【例 9-12】的页面，如图 9-13 所示。

图 9-13　访问【例 9-12】的页面

输入起止日期，然后单击"统计"按钮。起始日期和截止日期的最大跨度为 30 天。

正常情况下会返回统计数据对应的 JSON 字符串，例如，

```
{"list":[{"ref_date":"2016-10-24","user_source":0,"msg_type":1,"msg_user":1,"msg_count":9}]}
```

9.3.6　获取消息发送分布数据

将描述统计时间段的 JSON 数据包发送到下面的接口可以获取到指定时间段内微信公众号的消息发送分布数据。

```
https://api.weixin.qq.com/datacube/getupstreammsgdist?access_token=ACCESS_TOKEN
```

【例 9-13】演示获取消息发送分布数据的方法。

首先，在 wxBase 的 wxDatacubeService 中定义一个 getupstreammsgdist() 方法，代码如下。

```
        public static string getupstreammsgdist(string begin_date, string end_date)
        {
            string json = "{\"begin_date\":\"" + begin_date + "\",\"end_date\":\"" + end_date + "\"}";
            string url = " https://api.weixin.qq.com/datacube/getupstreammsgdist?access_token=" + weixinService.Access_token;
            string result = HttpService.Post(url, json);
            return result;
        }
```

参数 begin_date 是统计的起始日期，end_date 是统计的截止日期。如果成功，则获取到的 JSON 字符串格式如下。

```
{
    "list": [
```

```
            {
                "ref_date": "2014-12-07",
                "count_interval": 1,
                "msg_user": 246
            }
            //后续还有同一 ref_date 下不同 count_interval 的数据,及不同 ref_date 的数据
        ]
}
```

参数说明如下。

- count_interval:代表当日发送消息量分布的区间,0 代表 "0",1 代表 "1~5" 次,2 代表 "6~10" 次,3 代表 "10 次以上"。
- msg_user:上行发送了(向公众号发送了)消息的用户数。

在第 9 章的主页视图中添加一个超链接,代码如下。

```
<ul>
……
    <li>@Html.ActionLink("9.3.6  获取消息发送分布数据","getupstreammsgdist") </li>
……
</ul>
```

单击此超链接会跳转至视图 Areas\area9\Views\Home\getupstreammsgdist.cshtml。在视图中定义一个输入统计的起止日期的表单,代码如下。

```
<h2>获取获取消息发送分布数据</h2>
@using(Html.BeginForm("getupstreammsgdist", "DataCube", FormMethod.Post))
{
    <a>输入统计的起止日期:</a><input name="begindate" type="text"/><a>~</a><input name="enddate" type="text" />
    <input type="submit" value="统计" />
}
```

单击"统计"按钮,数据会提交至控制器 DataCubeController 的 getupstreammsgdist()方法,代码如下。

```
[HttpPost]
public ActionResult getupstreammsgdist(FormCollection form)
{
    string begindate = form["begindate"];
    string enddate = form["enddate"];

    string result = wxDatacubeService.getupstreammsgdist(begindate, enddate);
    return Content(result);
}
```

程序接收表单提交过来的起止日期数据,然后调用 wxDatacubeService.getupstreammsgdist() 方法,并输出返回结果。

为 getupstreammsgweek() 方法创建对应的视图。然后运行 WebApplicationWeixin 应用程序,在浏览器中访问【例 9-13】的页面,如图 9-14 所示。

输入起止日期,然后单击"统计"按钮。起始日期和截止日期的最大跨度为 1 天。

正常情况下会返回统计数据对应的 JSON 字符串。

图9-14 访问【例9-13】的页面

9.3.7 获取消息发送分布月数据

将描述统计时间段的 JSON 数据包发送到下面的接口可以获取到指定时间段内微信公众号的消息发送分布月数据。

```
https://api.weixin.qq.com/datacube/getupstreammsgdistmonth?access_token=ACCESS_TOKEN
```

【例 9-14】演示获取消息发送月数据的方法。

首先，在 wxBase 的 wxDatacubeService 中定义一个 getupstreammsgdistmonth() 方法，代码如下。

```
public static string getupstreammsgdistmonth(string begin_date, string end_date)
{
    string json = "{\"begin_date\":\"" + begin_date + "\",\"end_date\":\"" + end_date + "\"}";
    string url = "https://api.weixin.qq.com/datacube/getupstreammsgdistmonth?access_token=" + weixinService.Access_token;
    string result = HttpService.Post(url, json);
    return result;
}
```

参数 begin_date 是统计的起始日期，end_date 是统计的截止日期。如果成功，则获取到的 JSON 字符串格式如下。

```
{ "list": [ { "ref_date": "2014-12-07", "count_interval": 1, "msg_user": 246 } // 后续还有同一 ref_date 下不同 count_interval 的数据，及不同 ref_date 的数据 ]
```

参数说明如下。

- ref_date：表示数据的日期。
- count_interval：代表当日发送消息量分布的区间，0 代表 "0"，1 代表 "1~5" 次，2 代表 "6~10" 次，3 代表 "10 次以上"。
- msg_user：表示向公众号发送了消息的用户数。

在第 9 章的主页视图中添加一个超链接，代码如下。

```
<ul>
......
    <li>@Html.ActionLink("9.3.7 获取消息发送分布月数据","getupstreammsgdistmonth")</li>
```

```
......
</ul>
```

单击此超链接会跳转至视图 Areas\area9\Views\Home\getupstreammsgdistmonth.cshtml。在视图中定义一个输入统计的起止日期的表单，代码如下。

```
<h2>获取获取消息发送分布月数据</h2>
@using(Html.BeginForm("getupstreammsgdistmonth", "DataCube", FormMethod.Post))
{
    <a>输入统计的起止日期：</a><input id="begindate" name="begindate" type="text"/>
<a>~</a><input name="enddate" id="enddate" type="text" />
    <input type="submit" value="统计" />
}
```

单击"统计"按钮，数据会提交至控制器 DataCubeController 的 getupstreammsgdistmonth() 方法，代码如下。

```
[HttpPost]
public ActionResult getupstreammsgdistmonth(FormCollection form)
{
    string begindate = form["begindate"];
    string enddate = form["enddate"];

    string result = wxDatacubeService.getupstreammsgdistmonth(begindate, enddate);
    return Content(result);
}
```

程序接收表单提交过来的起止日期数据，然后调用 wxDatacubeService.getupstreammsgmonth() 方法，并输出返回结果。

为 getupstreammsg() 方法创建对应的视图\View\Datacube\getupstreammsg.cshtml。然后运行 WebApplicationWeixin 应用程序，在浏览器中访问【例9-14】，如图 9-15 所示。

图9-15 访问【例9-14】的页面

输入起止日期，然后单击"统计"按钮。起始日期应该统计当月的第一天。在统计月过后再调用接口，才能获取到该周期的数据。例如，在 11 月 1 日以 10 月 1 日作为 begin_date、以 11 月 2 日作为 end_date 调用获取月数据接口，可以获取到 11 月 1 日的月数据（即 11 月的月数据）。

9.3.8 获取消息发送分布周数据

将描述统计时间段的 JSON 数据包发送到下面的接口可以获取到指定时间段内微信公众号的消息发送分布周数据。

```
https://api.weixin.qq.com/datacube/getupstreammsgdistweek?access_token=ACCESS_TOKEN
```

【例 9-15】演示测试获取消息发送分布周数据的方法。

首先，在 wxBase 的 wxDatacubeService 中定义一个 getupstreammsgdistweek()方法，代码如下。

```
public static string getupstreammsgdistweek(string begin_date, string end_date)
{
    string json = "{\"begin_date\":\"" + begin_date + "\",\"end_date\":\"" + end_date + "\"}";
    string url = "https://api.weixin.qq.com/datacube/getupstreammsgdistweek?access_token=" + weixinService.Access_token;
    string result = HttpService.Post(url, json);
    return result;
}
```

参数 begin_date 是统计的起始日期，end_date 是统计的截止日期。如果成功，则获取到的 JSON 字符串格式如下。

```
{
"list": [
{
"ref_date": "2014-12-07",
"count_interval": 1,
"msg_user": 246 }
//后续还有同一 ref_date 下不同 count_interval 的数据，及不同 ref_date 的数据
]
}
```

参数说明如下。

- ref_date：表示数据的日期。
- msg_type：表示消息类型，1 代表文字，2 代表图片，3 代表语音，4 代表视频，6 代表第三方应用消息（链接消息）。
- msg_user：表示向公众号发送了消息的用户数。
- msg_count：表示用户向公众号发送的消息数量。

在第 9 章的主页视图中添加一个超链接，代码如下。

```
<ul>
……
    <li>@Html.ActionLink("9.3.8  获取消息发送分布周数据", "getupstreammsgdistweek")</li>
    ……
</ul>
```

单击此超链接会跳转至视图 Areas\area9\Views\Home\getupstreammsgdistweek.cshtml。在视图中定义一个输入统计的起止日期的表单，代码如下。

```
<h2>获取获取消息发送分布周数据</h2>
@using(Html.BeginForm("getupstreammsgdistweek", "DataCube", FormMethod.Post))
{
```

```
        <a>输入统计的起止日期：</a><input id="begindate" name="begindate" type="text"/>
<a>~</a><input id="enddate" name="enddate" type="text" />
        <input type="submit" value="统计" />
}
```

单击"统计"按钮，数据会提交至控制器 DataCubeController 的 getupstreammsgdistweek() 方法，代码如下。

```
[HttpPost]
public ActionResult getupstreammsgdistweek(FormCollection form)
{
    string begindate = form["begindate"];
    string enddate = form["enddate"];

    string result = wxDatacubeService.getupstreammsgdistweek(begindate, enddate);
    return Content(result);

}
```

程序接收表单提交过来的起止日期数据，然后调用 wxDatacubeService.getupstreammsgdistweek() 方法，并输出返回结果。

习 题

一、选择题

1. 将描述统计时间段的JSON数据包发送到下面的（　　）接口可以获取到指定时间段内微信公众号的用户增减数据。

　　A. https://api.weixin.qq.com/datacube/getusersummary?access_token=ACCESS_TOKEN

　　B. https://api.weixin.qq.com/datacube/getuserreadhour?access_token=ACCESS_TOKEN

　　C. https://api.weixin.qq.com/datacube/getusershare?access_token=ACCESS_TOKEN

　　D. https://api.weixin.qq.com/datacube/getusercumulate?access_token=ACCESS_TOKEN

2. 在获取图文群发每日数据接口的返回数据中，表示分享人数的参数是（　　）。

　　A. share_count　　B. add_to_fav_user　　C. share_user　　D. add_to_fav_count

3. 将描述统计时间段的JSON数据包发送到下面的（　　）接口可以获取到指定时间段内微信公众号的图文群发总数据。

　　A. https://api.weixin.qq.com/datacube/getuserread?access_token=ACCESS_TOKEN

　　B. https://api.weixin.qq.com/datacube/getuserreadhour?access_token=ACCESS_TOKEN

　　C. https://api.weixin.qq.com/datacube/getarticletotal?access_token=ACCESS_TOKEN

　　D. https://api.weixin.qq.com/datacube/getupstreammsgdist?access_token=ACCESS_TOKEN

二、填空题

1. 在获取累计用户数据接口的返回数据中，user_source表示用户的渠道。0代表　【1】　，1代表　【2】　，17代表　【3】　，30代表　【4】　，43代表　【5】　，51代表　【6】　，57代表　【7】　，75代表　【8】　，78代表　【9】　。

2. 在获取累计用户数据接口的返回数据中，new_user表示__【10】__，cancel_user表示__【11】__，cumulate_user表示__【12】__。

3. 在获取图文群发每日数据接口的返回数据中，int_page_read_user表示__【13】__，int_page_read_count表示__【14】__。

三、简答题

1. 获取用户增减数据时返回的JSON字符串格式如下。
```
{
    "list": [
        {
            "ref_date": "2014-12-07",
            "user_source": 0,
            "new_user": 0,
            "cancel_user": 0
        }
        //后续还有ref_date在begin_date和end_date之间的数据
    ]
}
```
试述各参数的含义。

2. 试述微信公众平台提供的图文分析数据统计接口的基本情况。

10 微信前端开发技术

微信提供了一个与微信原生视觉体验一致的基础样式库 WeUI、一个基于微信内的网页开发工具包 JS-SDK 和微信浏览器私有接口 WeixinJSBridge。利用它们可以开发出与微信紧密结合的、独特的手机网页。

10.1 开发手机网页的基础

手机网页只是一种不规范的叫法，是指可以自适应手机屏幕宽度的网页。其实不只是手机，这种网页可以自动适应所有移动终端的宽度。本节介绍开发手机网页的一些基础知识，为开发微信网页奠定基础。因为微信网页首先是一种手机网页。

10.1.1 什么是H5网页

说到手机网页，很多读者可能会联想到时下很流行的 H5 网页。那么手机网页和 H5 网页是什么关系呢？手机网页是通俗的叫法，顾名思义，就是指可以自动适应手机屏幕宽度显示的网页。而 H5 网页则是比较专业的叫法，H5 是实现手机网页所使用的技术。H 代表 HTML，HTML 是 HyperText Markup Language（即超文本标记语言）的缩写，它是通过嵌入代码或标记来表明文本格式的国际标准。用它编写的文件扩展名是.html 或.htm，这种网页文件的内容通常是静态的。5 代表 HTML 的版本。HTML5 是在 HTML 4.01 的基础上进行的升级和扩充，它保留了大多数 HTML4 的标签和功能。HTML5 提供了很多新特性，包括可以自动适配终端设备的宽度。使用 HTML5 设计的网页更美观、新颖和有个性。

10.1.2 自适应设计

随着 4G 网络的普及，越来越多的人使用移动终端上网。但是，移动终端是千差万别的，网页设计师不得不面对一个难题：如何才能在不同大小的设备上呈现同样的网页？

自适应网页设计的概念于 2010 年提出，指可以自动识别屏幕宽度、并做出相应调整的网页设计。下面的网页就是自适应网页设计的一个示例。

http://alistapart.com/d/responsive-web-design/ex/ex-site-flexible.html

页面里是《福尔摩斯历险记》中 6 个主人公的头像。如果屏幕宽度足够宽，则 6 张图片并排在一行，如图 10-1 所示。

图10-1　自适应网页设示例之宽屏效果

可以借助一些开发框架开发手机网页，例如 jQuery Mobile。也可以直接在网页中通过特定的 HTML 代码开发手机网页。

10.1.3　使用 jQuery Mobile 开发手机网页

jQuery Mobile 是基于 jQuery 的针对触屏智能手机与平板电脑的 Web 开发框架，是兼容所有主流移动设备平台的、支持 HTML5 的用户界面设计系统。

页面是 jQuery Mobile 中最主要的交互单元，页面中可以包含任何有效的 HTML 标签，但是 jQuery Mobile 的典型页面由类型（使用 data-role 属性定义）为 "header" "content" 和 "footer" 的 div 直接组成。

页面也可以显示为图 10-2 所示样式的对话框。

图10-2　jQuery Mobile 的对话框样式

【例 10-1】通过一个简单实例理解 jQuery Mobile 编程的基本要点，代码如下。

```html
<!DOCTYPE html>
<html>
<html>
<head>
<link rel="stylesheet" href="http://code.jquery.com/mobile/1.3.2/jquery.mobile-1.3.2.min.css">
<script src="http://code.jquery.com/jquery-1.8.3.min.js"></script>
<script src="http://code.jquery.com/mobile/1.3.2/jquery.mobile-1.3.2.min.js"></script>
</head>
<body>
<div data-role="page">
    <div data-role="header">
        <h1>Hello world</h1>
    </div><!-- /页头 -->
    <div data-role="content">
        <p>I am jQuery.</p>
    </div><!-- /内容 -->
    <div data-role="footer"><p>页脚信息.</p></div><!-- /页脚 -->
</div><!-- /page -->
</body>
</html>
```

data-role 属性用来设置 div 元素的功能。data-role 属性的可能取值如表 10-1 所示。

表 10-1 data-role 属性的可能取值

取值	说明
page	页面
header	页头
content	内容
footer	页脚

<!DOCTYPE html>是 HTML5 文档声明。为了适用 HTML5 的特性，jQuery Mobile 页面必须使用<!DOCTYPE html>开始。将此网页保存为 jquerymobile.html，并上传至 Web 服务器，然后使用手机浏览，结果如图 10-3 所示。

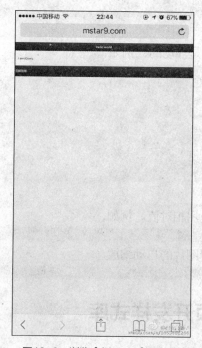

图10-3 浏览【例10-1】的结果

10.1.4 开发自适应的H5网页

借助 jQuery Mobile 开发手机网页固然很方便，但也有一些限制，那就是一般都是要选择固定的主题，设计自定义样式的网页不是很方便。

其实，自己开发自适应的 H5 网页也很容易，只要在网页代码的头部加入下面的代码即可。

`<meta name="viewport" content="width=device-width,initial-scale=1,user-scalable=no">`

这句代码指定网页的宽度默认等于屏幕宽度（width=device-width），原始缩放比例（initial-scale=1）为 1.0，即网页初始大小占屏幕面积的 100%。user-scalable=no 指定用户不能手动缩放。

在设计自适应网页时，通常需要遵循下面的原则。

（1）不使用绝对宽度

例如，不使用下面的 CSS 代码。

```
width:100px;
```

而要使用下面的 CSS 代码：

```
width:100%;
```

或者

```
width:auto;
```

（2）使用相对大小的字体

字体也不使用绝对大小（px），而要使用相对大小（em）。例如，下面的语句指定 body 的字体为默认大小的 100%，即 16px。

```
body {
    font: normal 100% 微软雅黑;
}
```

（3）流动布局

建议网页中区块的位置都是浮动的，例如，

```
.main {
float: right;
width: 70%;
}
.leftBar {
float: left;
width: 25%;
}
```

（4）图片的自适应

在设置图片宽度时，要使用相对值。例如，

```
img { width: 100%; }
```

建议使用下面的语句设置图片的自动缩放。

```
img { max-width: 100%;}
```

10.2 微信网页开发样式库

腾讯提供了一套与微信原生视觉体验一致的基础样式库 WeUI。使用 WeUI 可以很方便地设计出与微信客户端视觉效果一致的网页。

10.2.1 CSS基础

层叠样式表（Cascading Style Sheet，CSS）可以扩展 HTML 的功能，重新定义 HTML 元素的显示方式。CSS 所能改变的属性包括字体、文字间的空间、列表、颜色、背景、页边距和位置等。使用 CSS 的好处在于用户只需要一次性定义文字的显示样式，就可以在各个网页中统一使用了，这样既避免了用户的重复劳动，也可以使系统的界面风格统一。

CSS 是一种能使网页格式化的标准，使用 CSS 可以使网页格式与文本分开，先决定文本的格式是什么样的，然后再确定文档的内容。

定义 CSS 的语句形式如下。

```
selector {property:value; property:value; ...}
```

其中各元素的说明如下。

- selector：选择器。有 3 种选择器，第一种是 HTML 的标签，例如 p、body、a 等；第二种是 class；第三种是 ID，具体使用情况将在后面介绍。
- property：就是那些将要被修改的属性，例如 color。
- value：property 的值，例如 color 的属性值可以是 red。

下面是一个典型的 CSS 定义。

```
a {color: red}
```

此定义使当前网页的所有链接都变成了红色。通常把所有的定义都包括在网页的 style 元素中，style 元素在<HEAD>和</HEAD>之间使用。

【例 10-2】在 HTML 中使用 CSS 设置显示风格的例子。

```
<!DOCTYPE HTML>
<HTML>
<HEAD>
  <style>
    a {color: red}
    p {background-color:blue; color:white}
  </style>
</HEAD>
<BODY>
  <A href="http://www.yourdomain.com">CSS 示例</A>
  <P>你注意到这一段文字的颜色和背景颜色了吗?</P> 怎么样?
</BODY>
</HTML>
```

运行结果如图 10-4 所示。

图10-4　浏览【例10-2】的结果

1. 在 HTML 文档中应用 CSS

在【例 10-2】已经介绍了在 HTML 文档中应用 CSS 的一种简单的方法。下面系统地总结一下在 HTML 文档中应用 CSS 的 3 种方法。

（1）行内样式表

在 HTML 元素中可以使用 style 属性指定该元素的 CSS 样式，这种应用称为行内样式表。

【例 10-3】使用行内样式表定义网页的背景为灰色。

代码如下。

```
<!DOCTYPE HTML>
<html>
<head>
<title>使用行内样式表的例子</title>
</head>
<body style="background-color: grey;">
<p>网页的背景为灰色</p>
</body>
</html>
```

（2）内部样式表

在网页中可以使用 style 元素定义一个内部样式表，指定该网页内元素的 CSS 样式。【例 10-2】演示的就是这种用法。在 style 元素中通常可以使用 type 属性定义内容的类型（一般取值 "text/css"）。例如，【例 10-2】也可以改写为如下样式。

```
<!DOCTYPE HTML>
<HTML>
<HEAD>
  <STYLE type = "text/css">
    a {color: red}
    p {background-color:blue; color:white}
  </STYLE>
</HEAD>
<BODY>
  <A href="http://www.yourdomain.com">CSS 示例</A>
  <P>你注意到这一段文字的颜色和背景颜色了吗?</P> 怎么样？
</BODY>
</HTML>
```

（3）外部样式表

一个网站包含很多网页，通常这些网页都使用相同的样式，如果在每个网页中重复定义样式表，那显然是很麻烦的。可以定义一个样式表文件，扩展名为.css，例如 style.css。

在 HTML 文档中可以使用<link>元素引用外部样式表。<link>元素的属性如表 10-2 所示。

表 10–2　<link>元素的属性

属性	说明
charset	使用的字符集
href	指定被链接文档（样式表文件）的位置
hreflang	指定在被链接文档中文本的语言
media	指定被链接文档将被显示在什么设备上。可以是下面的值。 • all，默认值，适用于所有设备。 • aural，语音合成器。 • braille，盲文反馈装置。 • handheld，手持设备（小屏幕、有限的带宽）。 • projection，投影机。

续表

属性	说明
media	• print，打印预览模式/打印页。 • screen，计算机屏幕。 • tty，电传打字机以及类似的使用等宽字符网格的媒介。 • tv，电视类型设备（低分辨率、有限的滚屏能力）
rel	指定当前文档与被链接文档之间的关系。可以是下面的值。 • alternate，链接到该文档的替代版本（例如打印页、翻译或镜像）。 • author，链接到该文档的作者。 • help，链接到帮助文档。 • icon，表示该文档的图标。 • licence，链接到该文档的版权信息。 • next，集合中的下一个文档。 • pingback，指向 pingback 服务器的 URL。 • prefetch，规定应该对目标文档进行缓存。 • prev，集合中的前一个文档。 • search，链接到针对文档的搜索工具。 • sidebar，链接到应该显示在浏览器侧栏的文档。 • stylesheet，指向要导入的样式表的 URL。 • tag，描述当前文档的标签（关键词）
rev	保留关系，HTML5 中已经不支持
sizes	指定被链接资源的尺寸。只有当被链接资源是图标时（rel="icon"），才能使用该属性
target	链接目标，HTML5 中已经不支持
type	指定被链接文档的 MIME 类型

【例 10-4】演示外部样式表的使用。

创建一个 10_4.css 文件，内容如下。

```
a {color: red}
p {background-color:blue; color:white}
```

引用 style.css 的 HTML 文档的代码如下。

```
<!DOCTYPE HTML>
<HTML>
<HEAD>
    <link href="~/Content/10_4.css" rel="stylesheet" />
</HEAD>
<BODY>
  <A href="http://www.yourdomain.com">CSS 示例</A>
  <P>你注意到这一段文字的颜色和背景颜色了吗?</P> 怎么样？
</BODY>
</HTML>
```

运行结果与【例 10-2】相同。

2. 颜色与背景

在 CSS 中，常用的设置颜色和背景的 CSS 属性如表 10-3 所示。

表 10-3　常用的设置颜色和背景的 CSS 属性

属性	说明
color	设置前景颜色。【例 10-2】中已经演示了 color 属性的使用，例如， 　　a {color: red}
background-color	用来改变元素的背景颜色。【例 10-2】中已经演示了 background-color 属性的使用，例如， 　　P {background-color:blue; color:white}
background-image	设置背景图像的 URL 地址
background-attachment	指定背景图像是否随着用户滚动窗口而滚动。该属性有两个属性值，fixed 表示图像固定，acroll 表示图像滚动
background-position	用于改变背景图像的位置。此位置是相对于左上角的相对位置
background-repeat	指定平铺背景图像。可以是下面的值。 ● repeat-x，指定图像横向平铺。 ● repeat-y，指定图像纵向平铺。 ● repeat，指定图像横向和纵向都平铺。 ● norepeat，指定图像不平铺

【例 10-5】演示设置网页背景图像的例子。

```
<!DOCTYPE HTML>
<html>
<head>
<title>设置网页背景图像的例子</title>
</head>
<body style="background-image: url(weixin.jpg); background-repeat: repeat;">
</body>
</html>
```

网页使用微信 logo 图片（weixin.jpg）作为背景，使用 background-repeat 属性设置图像横向和纵向都平铺，运行结果如图 10-5 所示。

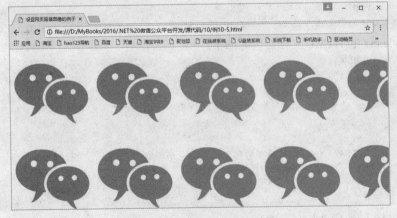

图10-5　【例10-5】的运行结果

3. 设置字体

在 CSS 中，常用的设置字体的 CSS 属性如表 10-4 所示。

表 10–4 常用的设置字体的 CSS 属性

属性	说明
font-family	设置文本的字体。有些字体不一定被浏览器支持，在定义时可以多给出几种字体。例如， `p {font-family: Verdana, Forte, "Times New Roman"}` 浏览器在处理上面这个定义时，首先使用 Verdana 字体，如果 Verdana 字体不存在，则使用 Forte 字体，如果还不存在，最后使用 Times New Roman 字体
font-size	设置字体的尺寸
font-style	设置字体样式，normal 表示普通，bold 表示粗体，italic 表示斜体
font-weight	设置字体粗细，normal 表示普通，bold 表示粗体，bolder 表示更粗的字体，lighter 表示较细

【例 10-6】演示设置字体的例子。

```
<!DOCTYPE HTML>
<HTML>
<HEAD>
<title>设置字体的例子</title>
  <STYLE type = "text/css">
    H1 {font-family: arial, verdana, sans-serif; font-weight: bold; font-size: 30px;}
    P { font-family: 宋体; font-weight: normal; font-size: 9px;}
  </STYLE>
</HEAD>
<BODY>
  <H1> HTML5</H>
  <P>2004 年，超文本应用技术工作组（Web Hypertext Application Technology Working Group,
WHATWG）开始研发 HTML5。2007 年，万维网联盟（World Wide Web Consortium, W3C）接受了 HTML5 草案，
并成立了专门的工作团队。并于 2008 年 1 月发布了第 1 个 HTML5 的正式草案。<br>
  尽管 HTML5 到目前为止还只是草案，离真正的规范还有相当的一段路要走，但 HTML5 还是引起了业内的广泛
兴趣，Google Chrome、Firefox、Opera、Safari 和 Internet Explorer 9 等主流浏览器都已经支持 HTML5
技术。
  </P>
</BODY>
</HTML>
```

网页使用 arial（verdana 和 sans-serif 为备用字体）加粗、30px 大小的字体作为标题字体，使用宋体、9px 大小的字体作为正文字体，运行结果如图 10-6 所示。

4. 浮动元素

浮动是一种网页布局的效果，浮动元素可以独立于其他因素。例如，可以实现图片周围包围着文字的效果。在 CSS 中可以通过 float 属性实现元素的浮动，float 属性的可选值如表 10-5 所示。

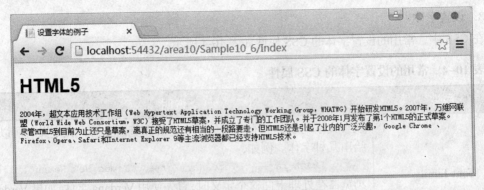

图10-6 【例10-6】的运行结果

表 10–5 float 属性的可选值

可选值	说明
left	元素向左浮动
right	元素向右浮动
none	默认值。元素不浮动，并会显示在其在文本中出现的位置
inherit	从父元素继承 float 属性的值

【例 10-7】演示浮动图片的效果。

```
<html>
<head>
<style type="text/css">
img
{
float:left
}
</style>
</head>

<body>
<p>
<img src="0.jpg" />
<h1>麒麟</h1>
    麒麟是中国古代汉族神话传说中的传统祥兽，性情温和，传说寿命两余千年。古人认为，麒麟出没处，必有祥瑞。有时用来比喻才能杰出、德才兼备的人。人都把麒麟与青龙、白虎、朱雀、玄武并称五大祥兽，其实并非麒麟，乃是黄龙。古人把雄性称麒，雌性称麟。麒麟是古代的仁兽，集龙头、鹿角、狮眼、虎背、熊腰、蛇鳞、马蹄、牛尾于一身，乃吉祥之宝，从古到今都是公堂上的装饰，以振官威之用，也是权贵的象征。古人认为龙有代表着神灵、天、帝王、交泰等意，所以龙渐渐被皇家所垄断。而凤凰也有贤明、调律、志向等意。因此民间把麒麟、玄武作为自己的吉祥物广泛发展传播。
</p>
</body>
</html>
```

代码中使用 "float:left" 定义图片元素左侧浮动。浏览【例 10-7】，结果如图 10-7 所示。

图10-7　浏览【例10-7】的结果

10.2.2　微信网页开发样式库WeUI

WeUI 是与微信原生视觉体验一致的基础样式库，使用它可以设计出与微信客户端一致视觉效果的网页。WeUI 目前包含 button、cell、dialog、progress、toast、article、icon 等各式元素。

在 WebApplicationWeixin 中的\Content\weui-master 文件夹下包含了 WeUI 样式库。在页面中引入 dist/style/weui.css 或者 dist/style/weui.min.css 即可使用 WeUI 样式库，代码如下。

```
<!DOCTYPE html>
<html lang="en">
<head>
<meta charset="UTF-8">
<meta name="viewport" content="width=device-width,initial-scale=1,user-scalable=0">
<title>WeUI</title>
<link rel="stylesheet" href="path/to/weui/dist/style/weui.min.css"/>
</head>
<body>
<!--网页内容-->
</body>
</html>
```

1. 按钮

WeUI 中定义了一组按钮 class，使用它们可以定义出各种样式的按钮，如表 10-6 所示。

表 10-6　按钮 class

可选值	说明
weui_btn	WeUI 按钮，宽度为 100%
weui_btn_primary	绿色背景的 WeUI 基本按钮
weui_btn_disabled	被禁用的 WeUI 按钮
weui_btn_warn	红色背景的 WeUI 警告按钮
weui_btn_default	默认的灰边、灰底的 WeUI 按钮

续表

可选值	说明
weui_btn_plain_default	默认的黑边、白底的 WeUI 按钮
weui_btn_plain_primary	绿边、白底的 WeUI 按钮
weui_btn_mini	宽度自适应的 WeUI 按钮

【例 10-8】演示各种类型 WeUI 按钮的效果。

```
@{
    ViewBag.Title = "Index";
    Layout = null;
}

<!DOCTYPE html>
<html lang="en">
<head>
    <meta charset="UTF-8">
    <meta name="viewport" content="width=device-width,initial-scale=1,user-scalable=0">
    <title>WeUI</title>
    <link href="~/Content/weui-master/dist/style/weui.css" rel="stylesheet" />
</head>
<body>
    <a href="#" class="weui_btn weui_btn_primary">weui_btn weui_btn_primary 按钮</a>
    <a href="#" class="weui_btn weui_btn_disabled weui_btn_primary">weui_btn weui_btn_disabled weui_btn_primary 按钮</a>
    <a href="#" class="weui_btn weui_btn_warn">weui_btn weui_btn_warn 确认</a>
    <a href="#" class="weui_btn weui_btn_disabled weui_btn_warn">weui_btn weui_btn_disabled weui_btn_warn 按钮</a>
    <a href="#" class="weui_btn weui_btn_default">weui_btn weui_btn_default 按钮</a>
    <a href="#" class="weui_btn weui_btn_disabled weui_btn_default">weui_btn weui_btn_disabled weui_btn_default 按钮</a>
    <div class="button_sp_area">
        <a href="#" class="weui_btn weui_btn_plain_default">weui_btn weui_btn_plain_default 按钮</a>
        <a href="#" class="weui_btn weui_btn_plain_primary">weui_btn weui_btn_plain_primary 按钮</a>
        <a href="#" class="weui_btn weui_btn_mini weui_btn_primary">weui_btn weui_btn_mini weui_btn_primary 按钮</a>
        <a href="#" class="weui_btn weui_btn_mini weui_btn_default">weui_btn weui_btn_mini weui_btn_default 按钮</a>
    </div>
</body>
```

浏览【例 10-8】，结果如图 10-8 所示。

2. 列表视图 Cell

Cell 用于将信息以列表的结构显示在页面上。每个 Cell 由多个 section 组成，每个 section 包括标题（weui_cells_title）以及单元格（weui_cells）。

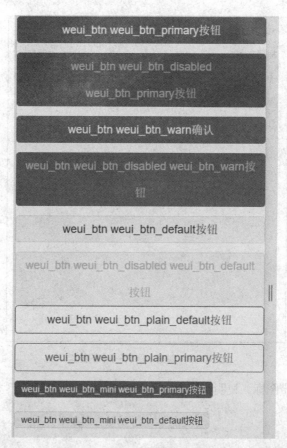

图10-8 浏览【例10-8】的结果

【例10-9】演示 Cell 列表视图的效果。

```
<!DOCTYPE html>
<html lang="en">
<head>
<meta charset="UTF-8">
<meta name="viewport" content="width=device-width,initial-scale=1,user-scalable=0">
<title>WeUI</title>
<link rel="stylesheet" href="weui-master/dist/style/weui.min.css"/>
</head>
<body>
<div class="weui_cells_title">WeUI Cell 列表视图</div>
<div class="weui_cells">
<div class="weui_cell">
<div class="weui_cell_bd weui_cell_primary"> <p>标题文字</p> </div>
<div class="weui_cell_ft"> 说明文字 </div>
</div> </div>
</body>
```

浏览【例10-9】，结果如图 10-9 所示。

在【例10-9】中演示了一个比较简单的 Cell 列表视图，它还可以定义更复杂的列表视图。

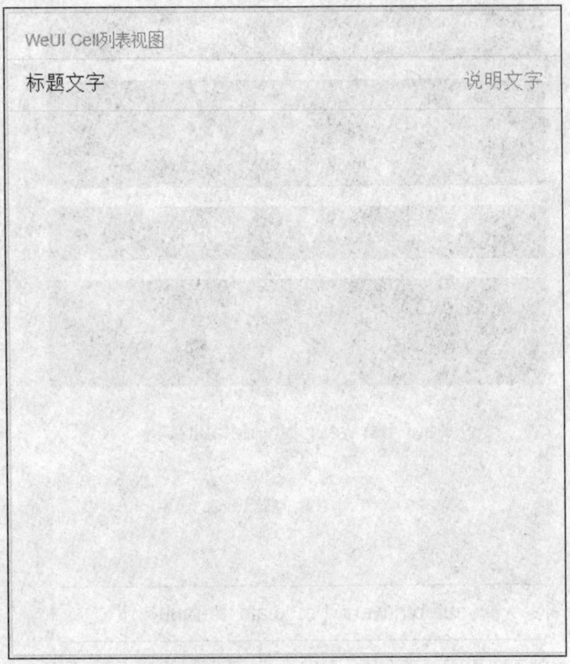

图10-9 浏览【例10-9】的结果

【例10-10】演示带图标、说明、跳转的列表项。

```
    <!DOCTYPE html>
    <html lang="en">
    <head>
    <meta charset="UTF-8">
    <meta name="viewport" content="width=device-width,initial-scale=1,user-scalable=0">
    <title>WeUI</title>
    <link rel="stylesheet" href="weui-master/dist/style/weui.min.css"/>
    </head>
    <body>
    <div class="weui_cells_title">带图标、说明、跳转的列表项</div>
    <div class="weui_cells weui_cells_access">
    <a class="weui_cell" href="#"> <div class="weui_cell_hd" style="float:left;margin-right:15px;">
    <img src=" at_32x32.png" alt="icon" style="width:20px;margin-right:5px;display:block"> </div>
    <div class="weui_cell_bd weui_cell_primary"style="float:left;"> <p>cell standard </p> </div>
    <div class="weui_cell_ft"> 说明文字 </div> </a>
    <a class="weui_cell" href="#">
    <div class="weui_cell_hd" style="float:left;margin-right:15px;">
    <img src=" at_32x32.png" alt="icon" style="width:20px;margin-right:5px;display:block;"> </div>
    <div class="weui_cell_bd weui_cell_primary" style="float:left;"> <p >cell standard </p> </div>
    <div class="weui_cell_ft"> 说明文字 </div> </a>
    </div>
    </body>
```

浏览【例 10-10】，结果如图 10-10 所示。

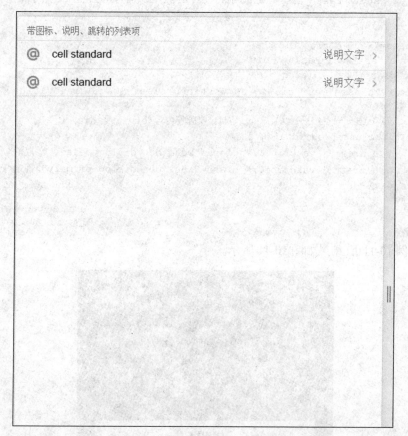

图10-10 浏览【例10-10】的结果

3. 对话框 Dialog

WeUI 中定义了一组按钮 class，使用它们可以定义出各种样式的对话框，具体如表 10-7 所示。

表 10-7 对话框 class

可选值	说明
weui_dialog_confirm	包含"确定"和"取消"按钮的对话框
weui_dialog_alert	只包含"确定"按钮的对话框
weui_dialog	用于定义包含对话框内容的 div 元素
weui_dialog_title	用于定义包含对话框标题的 div 元素

【例 10-11】演示定义包含"确定"和"取消"按钮的对话框的方法。

```
<!DOCTYPE html>
<html lang="en">
<head>
<meta charset="UTF-8">
<meta name="viewport" content="width=device-width,initial-scale=1,user-scalable=0">
```

```html
<title>WeUI</title>
<link rel="stylesheet" href="weui-master/dist/style/weui.min.css"/>
</head>
<body>
<div class="weui_dialog_alert">
    <div class="weui_mask"></div>
    <div class="weui_dialog">
        <div class="weui_dialog_hd"><strong class="weui_dialog_title">弹窗标题</strong></div>
        <div class="weui_dialog_hd">自定义弹窗内容<br>...</div>
        <div class="weui_dialog_ft">
            <a href="javascript:;" class="weui_btn_dialog default">取消</a>
            <a href="javascript:;" class="weui_btn_dialog primary">确定</a>
        </div>
    </div>
</div>
</body>
```

浏览【例 10-11】，结果如图 10-11 所示。

图10-11　浏览【例10-11】的结果

【例 10-12】演示定义包含"确定"按钮的对话框的方法。

```html
<div class="weui_dialog_alert">
    <div class="weui_mask"></div>
    <div class="weui_dialog">
        <div class="weui_dialog_hd"><strong class="weui_dialog_title">弹窗标题</strong></div>
        <div class="weui_dialog_bd">弹窗内容，告知当前页面信息等</div>
        <div class="weui_dialog_ft">
            <a href="javascript:;" class="weui_btn_dialog primary">确定</a>
```

```
        </div>
    </div>
</div>
```

浏览【例 10-12】的结果如图 10-12 所示。

图10-12　浏览【例10-12】的结果

4. 进度条 Progress

WeUI 中定义了一组与进度条有关的 class，使用它们可以定义进度条及其后面的取消操作按钮，具体如表 10-8 所示。

表 10–8　进度条 class

可选值	说明
weui_progress	用于定义包含进度条和取消操作按钮的容器
weui_progress_bar	用于定义整个进度条
weui_progress_inner_bar	用于定义进度条当前进度的部分
weui_progress_opr	用于定义对进度条进行操作的超链接
weui_icon_cancel	用于定义取消图标

【例 10-13】演示定义进度条的方法。

```
<!DOCTYPE html>
<html lang="en">
<head>
<meta charset="UTF-8">
<meta name="viewport" content="width=device-width,initial-scale=1,user-scalable=0">
```

```html
<title>WeUI</title>
<link rel="stylesheet" href="weui-master/dist/style/weui.min.css"/>
</head>
<body>
<div class="weui_progress" style="margin: 50% auto 50% auto;width: 80%">
    <div class="weui_progress_bar">
        <div class="weui_progress_inner_bar" style="width: 25%;"></div>
    </div>
<a href="#" class="weui_progress_opr">
        <i class="weui_icon_cancel"></i>
</a>
</div>

</body>
```

浏览【例 10-13】，结果如图 10-13 所示。网页中定义了一个进度到 50%的进度条，后面有一个取消图标。

图10-13　浏览【例10-13】的结果

5．临时提示框 Toast

WeUI 中定义了一组用于显示临时提示框的 class，具体如表 10-9 所示。临时提示框用于临时显示某些信息，并且会在数秒后自动消失。

表 10–9　显示临时提示框的 class

可选值	说明
weui_loading_toast	用于定义"加载中"临时提示框
weui_mask_transparent	用于定义临时提示框的背景黑幕
weui_progress_inner_bar	用于定义进度条当前进度的部分
weui_loading	用于定义临时提示框中的加载动图
weui_loading_leaf weui_loading_leaf_0	用于定义加载动图中的一个叶子，最后一个数字决定该叶子的位置
weui_toast_content	用于定义"加载中"临时提示框中的提示文字

【例10-14】演示定义临时提示框的方法。

```html
<!DOCTYPE html>
<html lang="en">
<head>
<meta charset="UTF-8">
<meta name="viewport" content="width=device-width,initial-scale=1,user-scalable=0">
<title>WeUI</title>
<link rel="stylesheet" href="weui-master/dist/style/weui.min.css"/>

<script type="text/javascript" src="jquery.js"></script>
<script type="text/javascript">
$(document).ready(function(){
  $("#btn_load").click(function(){
  $(".weui_loading_toast").fadeIn();
  setTimeout('$(".weui_loading_toast").fadeOut();', 1000 );
  });
});
</script>
</head>
<body>
<div id="loadingToast" class="weui_loading_toast" style="display:none;" >
    <div class="weui_mask_transparent"></div>
    <div class="weui_toast">
        <div class="weui_loading">
            <!-- :) -->
            <div class="weui_loading_leaf weui_loading_leaf_0"></div>
            <div class="weui_loading_leaf weui_loading_leaf_1"></div>
            <div class="weui_loading_leaf weui_loading_leaf_2"></div>
            <div class="weui_loading_leaf weui_loading_leaf_3"></div>
            <div class="weui_loading_leaf weui_loading_leaf_4"></div>
            <div class="weui_loading_leaf weui_loading_leaf_5"></div>
            <div class="weui_loading_leaf weui_loading_leaf_6"></div>
            <div class="weui_loading_leaf weui_loading_leaf_7"></div>
            <div class="weui_loading_leaf weui_loading_leaf_8"></div>
            <div class="weui_loading_leaf weui_loading_leaf_9"></div>
            <div class="weui_loading_leaf weui_loading_leaf_10"></div>
            <div class="weui_loading_leaf weui_loading_leaf_11"></div>
        </div>
        <p class="weui_toast_content">数据加载中</p>
    </div>
</div>
<a id="btn_load" class="weui_btn weui_btn_primary">加载数据</a>
</body>
```

浏览【例10-14】,结果如图10-14所示。网页中定义了一个显示"数据加载中"的临时提示框和一个"加载数据"按钮。

单击"加载数据"按钮,将显示"数据加载中"的临时提示框。然后调用setTimeout()函数在1秒钟后隐藏"数据加载中"临时提示框。

6. Msg Page

WeUI中定义了一组用于显示结果页(Msg Page)的class,具体如表10-10所示。结果页通常用于在进行一系列操作步骤后,作为流程结束的总结性页面。结果页的作用主要是告知用户操作处理结果以及必要的相关细节等信息。

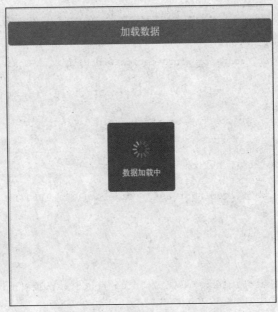

图10-14 浏览【例10-14】的结果

表10-10 显示 Msg Page 的 class

可选值	说明
weui_msg	用于定义 Msg Page
weui_icon_area	用于定义微信图标的区域
weui_icon_success	用于定义操作成功图标
weui_icon_msg	用于定义微信图标
weui_text_area	用于定义文本区域
weui_msg_title	用于定义标题文本
weui_msg_desc	用于定义描述信息文本
weui_opr_area	用于定义操作区域
weui_btn_area	用于定义按钮区域
weui_extra_area	用于定义显示其他信息的区域

【例10-15】演示定义 Msg Page 的方法。

```
<!DOCTYPE html>
<html lang="en">
<head>
<meta charset="UTF-8">
<meta name="viewport" content="width=device-width,initial-scale=1,user-scalable=0">
<title>WeUI</title>
<link rel="stylesheet" href="weui-master/dist/style/weui.min.css"/>
```

```html
</head>
<body>
<div class="weui_msg">
    <div class="weui_icon_area"><i class="weui_icon_success weui_icon_msg"></i></div>
    <div class="weui_text_area">
        <h2 class="weui_msg_title">操作成功</h2>
        <p class="weui_msg_desc">内容详情,xxxxxxxx</p>
    </div>
    <div class="weui_opr_area">
        <p class="weui_btn_area">
            <a href="javascript:;" class="weui_btn weui_btn_primary">确定</a>
            <a href="javascript:;" class="weui_btn weui_btn_default">取消</a>
        </p>
    </div>
    <div class="weui_extra_area">
        <a href="">查看详情</a>
    </div>
</div>
</body>
```

浏览【例 10-15】,结果如图 10-15 所示。网页中定义了一个显示"操作成功"的结果页。

图10-15 浏览【例10-15】的结果

7. 文章页面 Article

在 WeUI 中可以使用 article 元素定义一个文章页面,代码如下。

```
<article class="weui_article">
......
</ article>
```

在文章页面中,可以使用 section 元素定义文档中的节。

【例 10-16】演示定义文章页面的方法。

```
<!DOCTYPE html>
<html lang="en">
<head>
<meta charset="UTF-8">
<meta name="viewport" content="width=device-width,initial-scale=1,user-scalable=0">
<title>WeUI</title>
<link rel="stylesheet" href="weui-master/dist/style/weui.min.css"/>
</head>
<body>
<article class="weui_article">
<h1>微信</h1>
<section>
微信 (WeChat) 是腾讯公司于 2011 年 1 月 21 日推出的一个为智能终端提供即时通讯服务的免费应用程序,由张小龙所带领的腾讯广州研发中心产品团队打造。微信支持跨通信运营商、跨操作系统平台通过网络快速发送免费(需消耗少量网络流量)语音短信、视频、图片和文字,同时,也可以使用通过共享流媒体内容的资料和基于位置的社交插件"摇一摇""漂流瓶""朋友圈""公众平台""语音记事本"等服务插件。
截止到 2016 年第二季度,微信已经覆盖中国 94%以上的智能手机,月活跃用户达到 8.06 亿,用户覆盖 200 多个国家、超过 20 种语言。此外,各品牌的微信公众账号总数已经超过 800 万个,移动应用对接数量超过 85000 个,广告收入增至人民币 36.79 亿元[3],微信支付用户则达到了 4 亿左右。
</section>
<section>
<h2 class="title">详细信息</h2>
<section>
<h3>1.1 发展历程</h3>
<p>微信由深圳腾讯控股有限公司 (Tencent Holdings Limited)于 2010 年 10 月筹划启动,由腾讯广州研发中心产品团队打造。该团队经理张小龙所带领的团队曾成功开发过 Foxmail、QQ 邮箱等互联网项目。腾讯公司总裁马化腾在产品策划的邮件中确定了这款产品的名称叫作"微信"。</p> </section>
<section>
<h3>1.2 版本介绍</h3>
          <p>微信支持多种语言,支持 Wi-Fi 无线局域网、2G,3G 和 4G 移动数据网络,iOS 版,Android 版、Windows Phone 版、Blackberry 版、诺基亚 S40 版、S60V3 和 S60V5 版。
        微信的最新版本:5.2.1(Android)、5.2.0.17(iOS)、4.2 (Symbian)、5.1.0.0 (Windows Phone 8)、1.5 (诺基亚 S40)、3.0 (BlackBerry)、2.0 (BlackBerry 10)。</p>
         </section>
      </section>
   </article>
</body>
```

浏览【例 10-16】,结果如图 10-16 所示。

8. 图标 Icon

WeUI 中定义了一组 class,用于在网页中定义图标,具体如表 10-11 所示。

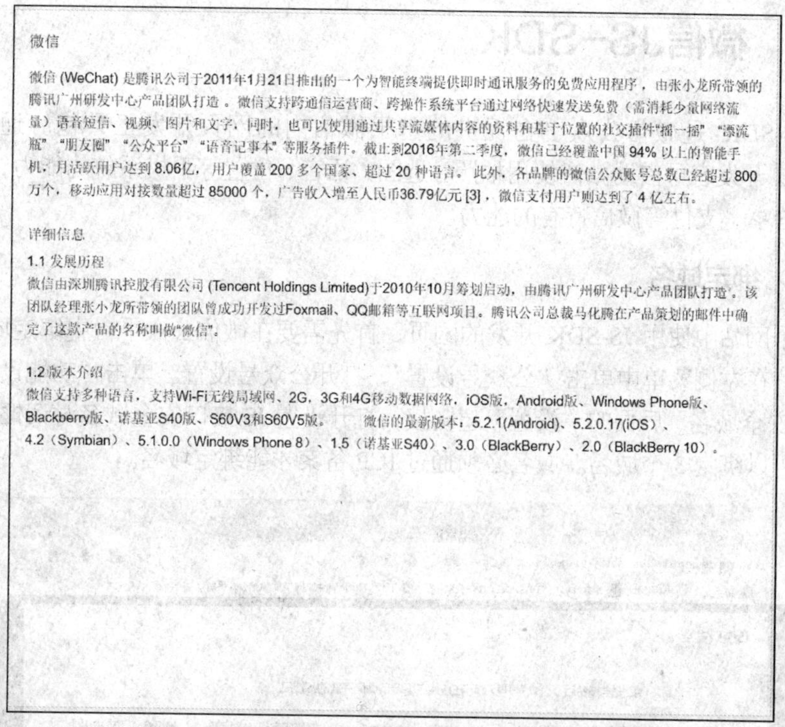

图10-16 浏览【例10-16】的结果

表 10–11 显示 Msg Page 的 class

可选值	说明
weui_icon_msg	用于定义图标
weui_icon_success	用于定义成功图标
weui_icon_info	用于定义信息图标
weui_icon_warn	用于定义警告图标
weui_icon_waiting	用于定义等待图标
weui_icon_safe_success	用于定义安全成功图标
weui_icon_safe_warn	用于定义安全警告图标
weui_icon_success_no_circle	用于定义没有圆框的成功图标
weui_icon_waiting_circle	用于定义有一个圆框的等待图标
weui_icon_circle	用于定义圆框图标
weui_icon_download	用于定义下载图标
weui_icon_info_circle	用于定义有一个圆框的信息图标
weui_icon_cancel	用于定义取消图标

可以使用<i>元素定图标，例如，

```
<i class="weui_icon_cancel"></i>
```

10.3 微信JS-SDK

微信 JS-SDK 是微信公众平台提供的基于微信内的网页开发工具包。通过使用微信 JS-SDK，网页开发者可借助微信使用拍照、选图、语音、位置等手机系统的能力，同时可以直接使用微信分享、支付等微信特有的能力。

10.3.1 绑定域名

要在某个网站中使用 JS-SDK 开发的网页，首先需要在微信公众平台中绑定域名。登录微信公众平台，在左侧菜单中单击"公众号设置"，打开公众号设置。单击"功能设置"，然后单击"JS接口安全域名"后面的"设置"超链接，打开设置JS接口安全域名对话框，如图10-17所示。最多可以绑定 3 个域名。域名必须通过 ICP 备案才能绑定域名。

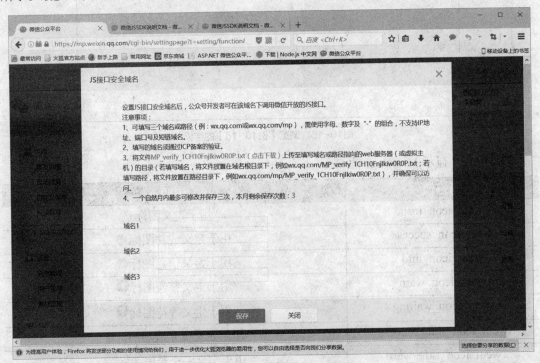

图10-17 设置JS接口安全域名对话框

单击对话框中的超链接，下载 MP_verify_1CH10FnjIkiw0R0P.txt，并将其上传至绑定域名对应的 Web 服务器（或虚拟主机）的根目录下。输入域名后，单击"确定"按钮。

10.3.2 开始使用JS-SDK

要想在网页中使用 JS-SDK，首先需要引用下面的 JS 脚本。

http://res.wx.qq.com/open/js/jweixin-1.0.0.js

然后通过 config 接口进行权限验证配置，具体如下。

```
wx.config({
    debug:true, // 开启调试模式,调用的所有 api 的返回值会在客户端 alert 出来,若要查看传入的参数,
```

可以在pc端打开，参数信息会通过log打出，仅在pc端时才会打印。
```
    appId: '', // 必填，公众号的唯一标识
    timestamp: , // 必填，生成签名的时间戳
    nonceStr: '', // 必填，生成签名的随机串
    signature: '',// 必填，签名，见附录1
    jsApiList: [] // 必填，需要使用的JS接口列表
});
```

下面分别介绍使用 ASP.NET 生成 timestamp、nonceStr 和 signature 等参数的方法。在 wxBase 中创建一个静态类 JssdkService，用于生成 timestamp、nonceStr 和 signature 等参数的值。

1. 生成 timestamp

在类 JssdkService 中定义生成时间戳 timestamp 的 CreatenTimestamp()方法，代码如下。

```
/// <summary> /// 创建时间戳
    ///本代码来自开源微信 SDK 项目: https://github.com/night-king/weixinSDK
    /// </summary> /// <returns></returns> public static long CreatenTimestamp()
    {
        return (DateTime.Now.ToUniversalTime().Ticks - 621355968000000000) / 10000000;
    }
```

2. 生成 nonceStr 字符串

nonceStr 是一个随机字符串，可以由用户自己指定。例如，在类 JssdkService 中定义静态变量 nonceStr，代码如下。

```
public static string nonceStr = "b4Vi0Pl184GxXT3ZTN9uL6WCB43cRlf9pKGS9ORjj3p";
```

3. 生成 JS-SDK 使用权限签名 signature

签名参数 signature 是根据下面的参数计算得到的。

- noncestr。
- 有效的 jsapi_ticket：公众号用于调用微信 JS 接口的临时票据；稍后将介绍获取 jsapi_ticket 的方法。
- timestamp。
- 当前网页的 URL，不包含#及其后面部分。稍后将介绍获取当前网页的 URL 的方法。

对所有待签名参数按照字段名的 ASCII 码从小到大排序（字典序）后，使用 URL 键值对的格式（即 key1=value1&key2=value2…）。然后将它们拼接成字符串 string1。

注意　　所有参数名均应为小写字符。对string1进行SHA1加密，字段名和字段值都采用原始值，不进行URL转义。

在类 JssdkService 中定义生成签名的 GetSignature()方法，代码如下。

```
/// <summary>
        /// 签名算法
        /// </summary>
        /// <param name="jsapi_ticket">jsapi_ticket</param>
        /// <param name="noncestr">随机字符串(必须与 wx.config 中的 nonceStr 相同)</param>
```

```csharp
/// <param name="timestamp">时间戳(必须与wx.config中的timestamp相同)</param>
/// <param name="url">当前网页的URL,不包含#及其后面部分(必须是调用JS接口页面的完整URL)</param>
/// <returns></returns>
public static string GetSignature(string jsapi_ticket, string noncestr, long timestamp, string url, out string string1)
{
    var string1Builder = new StringBuilder();
    string1Builder.Append("jsapi_ticket=").Append(jsapi_ticket).Append("&")
                  .Append("noncestr=").Append(noncestr).Append("&")
                  .Append("timestamp=").Append(timestamp).Append("&")
                  .Append("url=").Append(url.IndexOf("#") >= 0 ? url.Substring(0, url.IndexOf("#")) : url);
    string1 = string1Builder.ToString();
    return SHA1(string1);
}
```

SHA1,即安全哈希算法(Secure Hash Algorithm)主要适用于数字签名标准(Digital Signature Standard, DSS)里面定义的数字签名算法(Digital Signature Algorithm, DSA)。对于长度小于264位的消息,SHA1会产生一个160位的消息摘要。当接收到消息的时候,这个消息摘要可以用来验证数据的完整性。在传输的过程中,数据很可能会发生变化,那么这时候就会产生不同的消息摘要。SHA1有如下特性:不可以从消息摘要中复原信息,两个不同的消息不会产生同样的消息摘要。

在类JssdkService中添加如下SHA1()方法,用于生成SHA1签名字符串,代码如下。

```csharp
/// <summary>
/// SHA1 加密,返回大写字符串
/// </summary>
/// <param name="content">需要加密字符串</param>
/// <returns>返回40位UTF8 大写</returns>
public static string SHA1(string content)
{
    return SHA1(content, Encoding.UTF8);
}
/// <summary>
/// SHA1 加密,返回大写字符串
/// </summary>
/// <param name="content">需要加密字符串</param>
/// <param name="encode">指定加密编码</param>
/// <returns>返回40位大写字符串</returns>
public static string SHA1(string content, Encoding encode)
{
    try
    {
        SHA1 sha1 = new SHA1CryptoServiceProvider();
        byte[] bytes_in = encode.GetBytes(content);
        byte[] bytes_out = sha1.ComputeHash(bytes_in);
        sha1.Dispose();
        string result = BitConverter.ToString(bytes_out);
        result = result.Replace("-", "");
```

```
                return result;
            }
            catch (Exception ex)
            {
                throw new Exception("SHA1 加密出错: " + ex.Message);
            }
        }
```

4. 生成 jsapi_ticket 字符串

以 HTTP GET 方式访问下面的接口可以获得 jsapi_ticket。

https://api.weixin.qq.com/cgi-bin/ticket/getticket?access_token=ACCESS_TOKEN&type=jsapi

返回结果格式如下。

```
{ "errcode":0,
 "errmsg":"ok", "ticket":"bxLdikRXVbTPdHSM05e5u5sUoXNKd8-41ZO3MhKoyN5OfkWITDGgnr2fwJ0m9E8NYzWKVZvdVtaUgWvsdshFKA",
 "expires_in":7200 }
```

参数说明如下。

- errcode：错误编号，等于 0 时表示成功。
- errmsg：错误消息。
- ticket：获取到的 jsapi_ticket 字符串。
- expires_in：jsapi_ticket 字符串的有效期，单位为秒。

在 wxBase 的 Model/JsSdk 子文件夹下创建一个 wxTicketData 类，用于解析返回的用户 JSON 字符串中的 jsapi_ticket 数据，代码如下。

```
namespace wxBase.Model.JsSdk
{
    public class wxTicketData
    {
        public int errcode;
        public string errmsg;
        public string ticket;
        public int expires_in;
    }
}
```

在类 JssdkService 中添加如下代码，用于获取 jsapi_ticket 字符串。

```
        /// <summary>
        /// access_token 的有效期
        /// </summary>
        public static DateTime jsapi_ticket_validate_time = DateTime.Now.AddDays(-1);

        private static string jsapi_ticket;
        public static string Jsapi_ticket
        {
            get
            {
                string result = "";
                // 过期时再重新获取
                if (jsapi_ticket_validate_time <= DateTime.Now)
```

```
                {
                    string url = "https://api.weixin.qq.com/cgi-bin/ticket/getticket?access_token=" + weixinService.Access_token + "&type=jsapi";
                    result = HttpService.Get(url);
                    wxJsapi_ticket jt = JSONHelper.JSONToObject<wxJsapi_ticket>(result);
                    jsapi_ticket_validate_time = DateTime.Now.AddSeconds(jt.expires_in);
                    jsapi_ticket = jt.ticket;
                }
                return jsapi_ticket;
            }
        }
```

获取 jsapi_ticket 字符串的逻辑如下。

如果 jsapi_ticket_validate_time 属性小于当前的系统时间（也就是 jsapi_ticket 已经过期），则程序调用 HttpService.Get() 方法访问前面介绍的接口。然后对返回结果进行解析。根据有效期参数 expires_in 设置 jsapi_ticket_validate_time 属性，将获取到的 jsapi_ticket 字符串保存在变量 jsapi_ticket。

如果 jsapi_ticket_validate_time 属性大于当前的系统时间（也就是 jsapi_ticket 没有过期），则直接返回 jsapi_ticket。

【例 10-17】演示获取 jsapi_ticket 的方法。

在 WebApplicationWeixin 应用程序中的 area10 下添加一个控制器 JsSdkContrroller。在 Index() 方法对应的视图中添加下面的超链接。

```
@Html.ActionLink("获取 jsapi_ticket 字符串", "getticket")
```

单击"获取 jsapi_ticket 字符串"超链接，会跳转至控制器 JsSdkContrroller 的 getticket() 方法。

getticket() 方法的代码如下。

```
        public ActionResult getticket()
        {
            ViewBag.jsapi_ticket = JssdkService.Jsapi_ticket;
            ViewBag.jsapi_ticket_validate_time = JssdkService.jsapi_ticket_validate_time;

            return View();
        }
```

程序将 jsapi_ticket 字符串及其以 ViewBag 参数的形式传递到视图中。

为 getticket() 方法创建对应的视图\View\jssdk\getticket.cshtml，并在其中显示 ViewBag 参数，代码如下。

```
@{
    ViewBag.Title = "getticket";
}

<h2>获取 jsapi_ticket 字符串</h2>

<p>您的 jsapi_ticket 字符串为：@ViewBag.jsapi_ticket</p><br/>
    <p>有效期至： @ViewBag.jsapi_ticket_validate_time</p>
```

运行 WebApplicationWeixin 应用程序，在浏览器中访问\jssdk\Index，如图 10-18 所示。

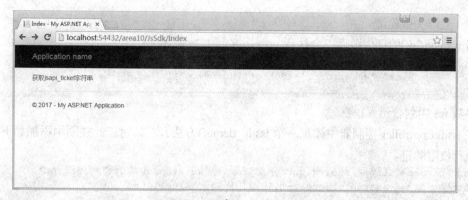

图10-18　访问\jssdk\Index的结果

单击"获取jsapi_ticket字符串"超链接。会输出jsapi_ticket字符串及其有效期，如图10-19所示。

图10-19　输出jsapi_ticket字符串及其有效期

5. 权限验证配置的过程

前面已经介绍了使用wx.config()函数进行权限验证配置的方法。出于安全考虑，wx.config()函数的参数需要在服务器端的Controller中生成，然后传递到视图中，在视图中作为wx.config()函数的参数。

（1）处理成功验证

config是一个客户端的异步操作，当完成验证后，会执行wx.ready()函数，具体如下。

```
wx.ready(function(){
    alert("ready");
});
```

所有JS-JDK接口都需要在config接口成功验证之后才能够调用成功。因此，在需要调用JS-JDK接口的网页中，通常在加载页面是调用wx.config()。如果需要在加载页面时调用其他JS-JDK接口，则需要在wx.ready()函数中调用这些接口。

> **注意**　执行wx.ready()函数并不意味着成功通过了权限验证，只是说明权限验证操作完成了。

（2）处理失败验证

当 wx.config()验证失败后，会执行 wx.error()函数，例如，

```
wx.error(function(res){
        alert('wx.error: '+JSON.stringify(res));
}
```

参数 res 中包含错误信息。

在 jssdkController 控制器中添加一个 jssdk_demo()方法，在其对应的视图中添加如下代码，用于执行权限验证。

```
<script src="http://res.wx.qq.com/open/js/jweixin-1.0.0.js"></script>
<script src="~/Scripts/jquery-1.10.2.min.js"></script>
<script>

    @{
        long Timestamp = wxBase.JssdkService.CreateTimestamp();
    }
    jQuery(function () {
        wx.config({
            debug: false,
            appId: "@wxBase.weixinService.appid",
            timestamp: @Timestamp,
            nonceStr: "@wxBase.JssdkService.nonceStr",
            signature: "@wxBase.JssdkService.GetSignature(@wxBase.JssdkService.Jsapi_ticket, @wxBase.JssdkService.nonceStr, @Timestamp, @Request.Url.ToString())",
            jsApiList: [
                'checkJsApi',
                'onMenuShareTimeline',
                'onMenuShareAppMessage',
                'onMenuShareQQ',
                'onMenuShareWeibo',
                'hideMenuItems',
                'showMenuItems',
                'hideAllNonBaseMenuItem',
                'showAllNonBaseMenuItem',
                'translateVoice',
                'startRecord',
                'stopRecord',
                'onRecordEnd',
                'playVoice',
                'pauseVoice',
                'stopVoice',
                'uploadVoice',
                'downloadVoice',
                'chooseImage',
                'previewImage',
                'uploadImage',
                'downloadImage',
                'getNetworkType',
                'openLocation',
                'getLocation',
                'hideOptionMenu',
                'showOptionMenu',
                'closeWindow',
                'scanQRCode',
```

```
                'chooseWXPay',
                'openProductSpecificView',
                'addCard',
                'chooseCard',
                'openCard'
            ]
        });
        wx.ready(function () {
            alert('ready ');
        });

        wx.error(function (res) {

            alert('wx.error: '+JSON.stringify(res));

        });
    });
</script>
```

jsApiList 列出了 JS-SDK 所提供的 API 列表,本章将在稍后介绍这些 API 的用法。

将 WebApplicationWeixin 发布至 JS 接口安全域名对应的 Web 服务器。然后在微信浏览器中浏览下面的 URL。

```
http:\\ JS 接口安全域名\View\jssdk\jssdk_demo
```

如果签名数据错误,会弹出如图 10-20 所示的对话框。权限验证操作完成会弹出如图 10-21 所示的对话框。

图10-20　签名错误时弹出的对话框

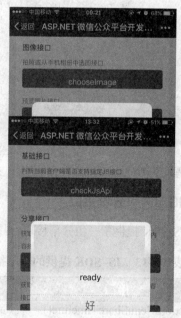

图10-21　权限验证操作完成后弹出的对话框

10.3.3　调用基础接口

JS-SDK 提供一个基础接口,即 wx.checkJsApi(),用于检测当前客户端版本是否支持指定 JS 接口,具体用法如下。

```
wx.checkJsApi({
    jsApiList: ['chooseImage'], // 需要检测的 JS 接口列表
    success: function(res) {
        // 以键值对的形式返回，可用的 api 值 true, 不可用为 false
        // 如: {"checkResult":{"chooseImage":true},"errMsg":"checkJsApi:ok"}
    }
});
```

当调用 JS-SDK 接口时会自动触发表 10-12 所示的函数。

表 10–12　调用 JS-SDK 接口时自动触发的函数

函数	说明
success	接口调用成功时执行的回调函数
fail	接口调用失败时执行的回调函数
complete	接口调用完成时执行的回调函数，无论成功或失败都会执行
cancel	用户单击取消时的回调函数，仅部分有用户取消操作的 API 才会用到
trigger	监听 Menu 中的按钮单击时触发的方法，该方法仅支持 Menu 中的相关接口

【例 10-18】演示 wx.checkJsApi()接口的用法。

在 jssdk_demo.cshtml 中添加一个 checkJsApi 按钮，代码如下：
```
<button class="btn btn_primary" id="checkJsApi">checkJsApi</button>
```

单击 checkJsApi 按钮的处理代码如下：
```
$('#checkJsApi').click(function(){
    wx.checkJsApi({
        jsApiList: [
            'getNetworkType',
            'previewImage'
        ],
        success: function (res) {
            alert(JSON.stringify(res));
        }
    });
});
```

程序调用 wx.checkJsApi()接口，并弹出对话框显示结果，如图 10-22 所示。

10.3.4　分享接口

JS-SDK 提供了一组分享接口，具体如表 10-13 所示。

表 10–13　JS-SDK 提供的分享接口

接口	说明
wx.onMenuShareTimeline()	获取"分享到朋友圈"按钮单击状态及自定义分享内容接口
wx.onMenuShareAppMessage()	获取"分享给朋友"按钮单击状态及自定义分享内容接口
wx.onMenuShareQQ()	获取"分享到 QQ"按钮单击状态及自定义分享内容接口
wx.onMenuShareWeibo()	获取"分享到腾讯微博"按钮单击状态及自定义分享内容接口
wx.onMenuShareQZone()	获取"分享到 QQ 空间"按钮单击状态及自定义分享内容接口

第10章 微信前端开发技术

图10-22 调用wx.checkJsApi()接口的结果

1. 分享到朋友圈接口

wx.onMenuShareTimeline()接口的用法如下。

```
wx.onMenuShareTimeline({
    title: '', // 分享标题
    link: '', // 分享链接
    imgUrl: '', // 分享图标
    success: function () {
        // 用户确认分享后执行的回调函数
    },
    cancel: function () {
        // 用户取消分享后执行的回调函数
    }
});
```

调用此接口并不是马上将当前网页分享到朋友圈，而是在用户选择将当前网页分享到朋友圈时触发此接口，并按照此接口定义的内容分享。

【例10-19】演示 wx.onMenuShareTimeline()接口的用法。

在 jssdk_demo.cshtml 中添加一个 checkJsApi 按钮，代码如下。

```
    <button class="btn btn_primary" id="onMenuShareTimeline">onMenuShareTimeline</button>
```

单击 onMenuShareTimeline 按钮的处理代码如下。

```
        $('#onMenuShareTimeline').click(function () {
            wx.onMenuShareTimeline({
                title: '互联网之子',
                link: 'http://movie.douban.com/subject/25785114/',
```

```
                imgUrl:
'http://demo.open.weixin.qq.com/jssdk/images/p2166127561.jpg',
                trigger: function (res) {
                    // 不要尝试在 trigger 中使用 ajax 异步请求修改本次分享的内容，因为客户端分享
操作是一个同步操作，这时候使用 ajax 的回包会还没有返回
                    alert('用户点击分享到朋友圈');
                },
                success: function (res) {
                    alert('已分享');
                },
                cancel: function (res) {
                    alert('已取消');
                },
                fail: function (res) {
                    alert(JSON.stringify(res));
                }
            });
            alert('已注册获取"分享到朋友圈"状态事件');
        });
```

使用微信浏览器浏览 jssdk_demo.cshtml，单击 onMenuShareTimeline 按钮，会弹出对话框提示"已注册获取'分享到朋友圈'状态事件"。将当前页面分享到朋友圈，会打开如图 10-23 所示的页面。可以看到，分享的内容就是 wx.onMenuShareTimeline()接口中定义的页面。

图10-23　自定义分享到朋友圈的内容

2. 分享给朋友接口

wx.onMenuShareAppMessage()接口的用法如下。

```
wx.onMenuShareAppMessage({
    title: '', // 分享标题
    desc: '', // 分享描述
    link: '', // 分享链接
    imgUrl: '', // 分享图标
    type: '', // 分享类型,music、video 或 link, 不填默认为 link
    dataUrl: '', // 如果 type 是 music 或 video, 则要提供数据链接, 默认为空
    success: function () {
        // 用户确认分享后执行的回调函数
    },
    cancel: function () {
        // 用户取消分享后执行的回调函数
    }
});
```

同样，调用此接口并不是马上将当前网页分享给朋友，而是在用户选择将当前网页分享给朋友时触发此接口，并按照此接口定义的内容分享。由于篇幅所限，这里就不详细介绍接口的应用实例了，请参照前面的实例理解。

3. 分享到 QQ

wx.onMenuShareQQ()接口的用法如下。

```
wx.onMenuShareQQ({
    title: '', // 分享标题
    desc: '', // 分享描述
    link: '', // 分享链接
    imgUrl: '', // 分享图标
    success: function () {
        // 用户确认分享后执行的回调函数
    },
    cancel: function () {
        // 用户取消分享后执行的回调函数
    }
});
```

同样，调用此接口并不是马上将当前网页分享到 QQ，而是在用户选择将当前网页分享到 QQ 时触发此接口，并按照此接口定义的内容分享。

4. 分享到 QQ 空间

wx.onMenuShareQZone()接口的用法如下。

```
wx.onMenuShareQZone({
    title: '', // 分享标题
    desc: '', // 分享描述
    link: '', // 分享链接
    imgUrl: '', // 分享图标
    success: function () {
        // 用户确认分享后执行的回调函数
    },
    cancel: function () {
        // 用户取消分享后执行的回调函数
    }
});
```

同样，调用此接口并不是马上将当前网页分享到 QQ 空间，而是在用户选择将当前网页分享到 QQ 空间时触发此接口，并按照此接口定义的内容分享。

5. 分享到腾讯微博接口

wx.onMenuShareWeibo()接口的用法如下。

```
wx.onMenuShareAppMessage({
    title: '', // 分享标题
    desc: '', // 分享描述
    link: '', // 分享链接
    imgUrl: '', // 分享图标
    type: '', // 分享类型,music、video 或 link,不填默认为 link
    dataUrl: '', // 如果 type 是 music 或 video,则要提供数据链接,默认为空
    success: function () {
        // 用户确认分享后执行的回调函数
    },
    cancel: function () {
        // 用户取消分享后执行的回调函数
    }
});
```

同样，调用此接口并不是马上将当前网页分享到腾讯微博，而是在用户选择将当前网页分享到腾讯微博时触发此接口，并按照此接口定义的内容分享。

10.3.5 图像接口

JS-SDK 提供了一组图像接口，具体如表 10-14 所示。

表 10-14　JS-SDK 提供的图像接口

接口	说明
wx.chooseImage	拍照或从手机相册中选图接口
wx.previewImage()	预览图片接口
wx.uploadImage()	上传图片接口
wx.downloadImage()	下载图片接口

1. 拍照或从手机相册中选图接口

wx.chooseImage()接口的用法如下。

```
wx.chooseImage({
    count: 1, // 默认 9
    sizeType: ['original', 'compressed'], // 可以指定是原图还是压缩图,默认二者都有
    sourceType: ['album', 'camera'], // 可以指定来源是相册还是相机,默认二者都有
    success: function (res) {
        var localIds = res.localIds; // 返回选定照片的本地 ID 列表,localId 可以作为 img 标签的 src 属性显示图片
    }
});
```

【例 10-20】演示 wx.chooseImage()接口的用法。

在 jssdk_demo.cshtml 中添加一个 chooseImage 按钮，代码如下。

```html
<button class="btn btn_primary" id="chooseImage">chooseImage</button>
```
单击 chooseImage 按钮的处理代码如下。
```javascript
$('#chooseImage').click(function () {
    wx.chooseImage({
        success: function (res) {
            images.localId = res.localIds;
            alert('已选择 ' + res.localIds.length + ' 张图片');
            for (var i = 0; i < images.localId.length; i++) {
                alert((i+1).toString()+": "+ images.localId[i]);
            }
        }
    });
});
```

使用微信浏览器浏览 jssdk_demo.cshtml，单击 chooseImage 按钮，会弹出对话框提示"拍照或从手机相册中选图"，如图 10-24 所示。选择选图方式后会打开拍照或手机相册窗口，从而选择图像。

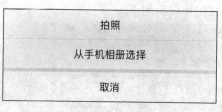

图10-24 拍照或从手机相册中选图

2. 预览图片接口

wx.previewImage()接口的用法如下。
```javascript
wx.previewImage({
    current: '', // 当前显示图片的http链接
    urls: [] // 需要预览的图片http链接列表
});
```

【例 10-21】演示 wx.previewImage()接口的用法。

在 jssdk_demo.cshtml 中添加一个 previewImage 按钮，代码如下。
```html
<button class="btn btn_primary" id="previewImage"> previewImage</button>
```
单击 previewImage 按钮的处理代码如下。
```javascript
// 预览图像
$('#previewImage').click(function () {
    wx.previewImage({
        current: 'http://pic11.nipic.com/20101214/213291_155243023914_2.jpg',
        urls: [
            'http://pic4.nipic.com/20091121/3764872_215617048242_2.jpg',
            'http://pic.qiantucdn.com/58pic/11/79/85/13t58PICsap.jpg',
            'http://pic3.nipic.com/20090525/2416945_231841034_2.jpg'
        ]
    });
});
```

使用微信浏览器浏览 jssdk_demo.cshtml，单击 previewImage 按钮，会在屏幕中浏览 current 属性指定的图像。在屏幕上左右滑动，可以查看到 urls 属性指定的图像。

3. 上传图片接口

wx.uploadImage()接口的用法如下。

```
wx.uploadImage({
    localId: '', // 需要上传的图片的本地 ID, 由 chooseImage 接口获得
    isShowProgressTips: 1, // 默认为1,显示进度提示
    success: function (res) {
        var serverId = res.serverId; // 返回图片的服务器端 ID
    }
});
```

此接口上传的图片属于临时素材，只能被保存 3 天。上传后得到的 serverId，就是第 8 章中介绍的素材的 mediaid。可以通过它将素材下载到本地。

【例 10-22】演示 wx.uploadImage()接口的用法。

在单击 chooseImage 按钮后，选择图片成功后，在 success 事件中添加代码，将选择的图片上传至服务器。完善后的选择图片代码如下。

```
$('#chooseImage').click(function () {
    wx.chooseImage({
        success: function (res) {
            images.localId = res.localIds;
            alert('已选择 ' + res.localIds.length + ' 张图片');
            if (images.localId.length == 0) {
                alert('请先使用 chooseImage 接口选择图片');
                return;
            }
            var i = 0, length = images.localId.length;
            images.serverId = [];
            function upload() {
                wx.uploadImage({
                    localId: images.localId[i],
                    success: function (res) {
                        i++;
                        alert('已上传: ' + (i+1).toString() + '/' + length);
                        images.serverId.push(res.serverId);
                        alert( images.serverId[i-1]);
                        if (i < length) {
                            upload();
                        }
                    },
                    fail: function (res) {
                        alert(JSON.stringify(res));
                    }
                });
            }
            upload();
        }
    });
});
```

如果选择了多个图片，则程序会循环调用 upload()函数依次将它们上传。

10.3.6 音频接口

JS-SDK 提供了一组音频接口，具体如表 10-15 所示。

表 10–15 JS-SDK 提供的音频接口

接口	说明
wx.startRecord()	开始录音接口
wx.stopRecord()	停止录音接口
wx.onVoiceRecordEnd()	监听录音自动停止接口
wx.playVoice()	播放语音接口
wx.pauseVoice()	暂停播放语音接口
wx.stopVoice()	停止播放语音接口
wx.onVoicePlayEnd()	监听录音播放停止接口
wx.uploadVoice()	上传语音接口
wx.downloadVoice()	下载语音接口
wx.translateVoice()	识别语音接口

1. 开始和停止录音

开始录音接口 wx.startRecord()接口的用法很简单，它没有参数，具体如下。

```
wx.startRecord();
```

停止录音接口的用法如下。

```
wx.stopRecord({
    success: function (res) {
        var localId = res.localId;
    }
});
```

停止录音后将触发 success 事件。参数 res.localId 是录音资源的本地 id。

【例 10-23】演示开始和停止录音接口的用法。在 jssdk_demo.cshtml 中添加一个 startRecord 按钮，代码如下。

```
<button class="btn btn_primary" id="startRecord">startRecord</button>
```

单击 startRecord 按钮的处理代码如下。

```
$('#startRecord').click(function () {
    wx.startRecord({
        cancel: function () {
            alert('用户拒绝授权录音');
        }
    });
});
```

在 jssdk_demo.cshtml 中添加一个 stopRecord 按钮，代码如下。

```
<button class="btn btn_primary" id="stopRecord">stopRecord</button>
```

单击 stopRecord 按钮的处理代码如下。

```
$('#stopRecord').click(function () {
    wx.stopRecord({
        success: function (res) {
            voice.localId = res.localId;
            alert("已停止录音, localId:"+voice.localId);
        },
        fail: function (res) {
            alert(JSON.stringify(res));
        }
    });
});
```

使用微信浏览器浏览 jssdk_demo.cshtml，单击 startRecord 按钮，说一段话，然后再 stopRecord 按钮，会弹出对话框提示"已停止录音，localId:xxxxxxxxxxxx"。

2. 监听录音自动停止接口

wx.onVoiceRecordEnd()接口的用法如下。

```
wx.onVoiceRecordEnd({
    complete: function (res) {
        var localId = res.localId;
    }
});
```

如果录音时间超过一分钟还没有停止，则会执行 complete 回调函数。例如，在单击 startRecord 按钮的处理代码中添加如下代码，可以在录音超过一分钟时弹出对话框。

```
wx.onVoiceRecordEnd({
    complete: function (res) {
        voice.localId = res.localId;
        alert('录音时间已超过一分钟');
    }
});
```

3. 播放语音接口

wx.playVoice()接口的用法如下。

```
wx.playVoice({
    localId: ''
});
```

localId 是需要播放的音频的本地 ID，可以由 stopRecord 接口获得。

监听语音播放完毕接口 wx.onVoicePlayEnd()的用法如下。

```
wx.onVoicePlayEnd({
    success: function (res) {
        var localId = res.localId; // 返回音频的本地 ID
    }
});
```

当语音播放完毕后会执行 success 回调函数。

【例 10-24】演示 wx.playVoice()接口的用法。

在 jssdk_demo.cshtml 中添加一个 playVoice 按钮，代码如下。

```
<button class="btn btn_primary" id="playVoice">playVoice</button>
```

单击 playVoice 按钮的处理代码如下。

```
$('#playVoice').click(function () {
    if (voice.localId == '') {
        alert('请先使用 startRecord 接口录制一段声音');
        return;
    }
    wx.playVoice({
        localId: voice.localId
    });
});
```

4. 暂停和停止播放语音接口

wx.pauseVoice()接口的用法如下。

```
wx.pauseVoice({
    localId: ''
});
```

wx.stopVoice()接口的用法如下。

```
wx.stopVoice({
    localId: ''
});
```

5. 上传语音接口

wx.uploadVoice()接口的用法如下。

```
wx.uploadVoice({
    localId: '', // 需要上传的音频的本地 ID，由 stopRecord 接口获得
    isShowProgressTips: 1, // 默认为 1，显示进度提示
    success: function (res) {
        var serverId = res.serverId; // 返回音频的服务器端 ID
    }
});
```

此接口上传的图片属于临时素材，只能被保存 3 天。上传后得到的 serverId，就是第 8 章中介绍的素材的 mediaid。可以通过它将素材下载到本地。

【例 10-25】演示 wx.uploadVoice()接口的用法。

在单击 stopRecord 按钮后，在 success 事件中添加代码，将得到的语音上传支付服务器。代码如下。

```
$('#stopRecord').click(function () {
    wx.stopRecord({
        success: function (res) {
            voice.localId = res.localId;
            alert("已停止录音, localId:"+voice.localId);
            //if( voice.localId!= "")
            //{
                wx.uploadVoice({
                    localId: voice.localId,
                    success: function (res) {
                        alert('上传语音成功, serverId 为' + res.serverId);
                        voice.serverId = res.serverId;
                    }
                });
            //}
        },
```

```
                fail: function (res) {
                    alert(JSON.stringify(res));
                }
            });
        });
```

6. 下载语音接口

wx.downloadVoice()接口的用法如下。

```
wx.downloadVoice({
    serverId: '', // 需要下载的音频的服务器端 ID,由 uploadVoice 接口获得
    isShowProgressTips: 1, // 默认为 1,显示进度提示
    success: function (res) {
        var localId = res.localId; // 返回音频的本地 ID
    }
});
```

7. 识别语音接口

wx.translateVoice()接口的用法如下。

```
wx.translateVoice({
    localId: '', // 需要识别的音频的本地 Id,由录音相关接口获得
    isShowProgressTips: 1, // 默认为 1,显示进度提示
    success: function (res) {
        alert(res.translateResult); // 语音识别的结果
    }
});
```

【例 10-26】演示 wx.translateVoice()接口的用法。

在 jssdk_demo.cshtml 中添加一个 translateVoice 按钮,代码如下。

```
<button class="btn btn_primary" id=" translateVoice">translateVoice</button>
```

单击 translateVoice 按钮的处理代码如下。

```
        // 识别音频并返回识别结果
        $('#translateVoice').click(function () {
            if (voice.localId == '') {
                alert('请先使用 startRecord 接口录制一段声音');
                return;
            }
            wx.translateVoice({
                localId: voice.localId,
                complete: function (res) {
                    if (res.hasOwnProperty('translateResult')) {
                        alert('识别结果: ' + res.translateResult);
                    } else {
                        alert('无法识别');
                    }
                }
            });
        });
```

10.3.7 获取网络状态接口

调用 wx.getNetworkType()接口可以获取当前的网络类型,具体用法如下。

```
wx.getNetworkType({
```

```
        success: function (res) {
            var networkType = res.networkType;  // 返回网络类型
        }
    });
```

调用 wx.getNetworkType()接口成功会触发 success()回调函数,其参数 res.networkType 网络类型包括 2G、3G、4G 和 Wi-Fi 等。

在 jssdk_demo.cshtml 中添加一个 getNetworkType 按钮,代码如下。

```
<button class="btn btn_primary" id="getNetworkType">getNetworkType</button>
```

单击 getNetworkType 按钮的处理代码如下。

```
$('#getNetworkType').click(function () {
    wx.getNetworkType({
        success: function (res) {
            alert(res.networkType);
        },
        fail: function (res) {
            alert(JSON.stringify(res));
        }
    });
});
```

10.3.8 地理位置

JS-SDK 提供了 2 个与地理位置有关的接口,具体如表 10-16 所示。

表 10-16 JS-SDK 提供的与地理位置有关的接口

接口	说明
wx.getLocation()	获取地理位置接口
wx.openLocation()	使用微信内置地图查看位置接口

1. 获取地理位置接口

获取地理位置接口 wx.getLocation()的用法如下。

```
wx.getLocation({
    type: 'wgs84',  // 默认为 wgs84 的 gps 坐标,如果要返回直接给 openLocation 用的火星坐标,可传入'gcj02'
    success: function (res) {
        var latitude = res.latitude;  // 纬度,浮点数,范围为 90 ~ -90
        var longitude = res.longitude;  // 经度,浮点数,范围为 180 ~ -180
        var speed = res.speed;  // 速度,以米/每秒计
        var accuracy = res.accuracy;  // 位置精度
    }
});
```

成功获取地理位置后将触发 success 事件。可以获取到当前位置的纬度、经度、速度和位置精度数据。

2. 查看地理位置接口

wx.openLocation()的用法如下。

```
wx.openLocation({
```

```
        latitude: 0, // 纬度，浮点数，范围为 90 ~ -90
        longitude: 0, // 经度，浮点数，范围为 180 ~ -180。
        name: '', // 位置名
        address: '', // 地址详情说明
        scale: 1, // 地图缩放级别,整形值,范围从 1~28。默认为最大
        infoUrl: '' // 在查看位置界面底部显示的超链接,可点击跳转
});
```

成功调用 wx.openLocation()接口后，可以打开腾讯地图查看参数指定的位置。

【例 10-27】 演示地理位置接口的用法。

在 jssdk_demo.cshtml 中添加一个 getLocation 按钮，代码如下。

```
<button class="btn btn_primary" id="getLocation">getLocation</button>
```

单击 getLocation 按钮的处理代码如下。

```
$('#getLocation').click(function () {
    wx.getLocation({
        type: 'gcj02',
        success: function (res) {
            alert(JSON.stringify(res));

            wx.openLocation({
                latitude: res.latitude,
                longitude: res.longitude,
                name: '名称',
                address: '地址',
                scale: 14,
                infoUrl: 'http://weixin.qq.com'
            });
        },
        cancel: function (res) {
            alert('用户拒绝授权获取地理位置');
        }
    });
});
```

程序首先调用 wx.openLocation()接口获取当前地理位置信息，然后使用获取到的数据调用 wx.openLocation()接口，打开腾讯地图显示当前地理位置信息，如图 10-25 所示。

10.3.9 关闭当前网页窗口接口

调用下面的接口可以关闭当前网页窗口。

```
wx.closeWindow();
```

图 10-25 使用微信内置地图查看位置

10.4 微信浏览器私有接口 WeixinJSBridge

微信浏览器提供了一组私有接口——WeixinJSBridge。通过 WeixinJSBridge 可以实现分享文章、关注用户、微信支付等功能。

10.4.1 onBridgeReady事件

当微信内置浏览器完成内部初始化后会触发 WeixinJSBridgeReady 事件。可以在此事件的处理函数中添加一些页面初始化的代码。在 JavaScript 中可以使用 document.addEventListener() 函数监听事件的发生，例如，

```
document.addEventListener('WeixinJSBridgeReady', function onBridgeReady() {
    //处理代码
    …
});
```

【例 10-28】演示 onBridgeReady 事件的用法。

首先在本章实例首页\area10\Views\Home\Index.cshtml 中添加一个"微信浏览器私有接口 WeixinJSBridge"超链接，代码如下。

```
@Html.ActionLink("微信浏览器私有接口 WeixinJSBridge", "Index", "WeixinJSBridge", new { area = "area10" }, null)
```

单击此链接将跳转到 area10 中控制器 WeixinJSBridge 的 Index()，对应的视图为 \area10\Views\WeixinJSBridge\Index.cshtml，在其中添加如下的 JavaScript 代码。

```
<script type="text/javascript">
    document.addEventListener('WeixinJSBridgeReady', function onBridgeReady()
    {
        alert("WeixinJSBridgeReady");
    });
</script>
```

将应用程序部署后，使用微信内置浏览器浏览此页面（可以通过二维码）。页面加载完毕，会弹出一个显示 WeixinJSBridgeReady 的对话框。

10.4.2 WeixinJSBridge.call()方法

通过 WeixinJSBridge.call()方法可以调用微信浏览器私有接口，具体如表 10-17 所示。

表 10–17　通过 WeixinJSBridge.call()方法调用微信浏览器私有接口

调用微信浏览器私有接口的方法	说明
WeixinJSBridge.call('hideOptionMenu');	单击微信网页右上角的按钮后，隐藏第一行菜单
WeixinJSBridge.call('showOptionMenu');	单击微信网页右上角的按钮后，显示所有功能菜单
WeixinJSBridge.call('hideToolbar');	隐藏微信网页底部的导航栏
WeixinJSBridge.call('showToolbar');	显示微信网页底部的导航栏

【例 10-29】演示 WeixinJSBridge.call()方法的用法。

首先在本章实例首页\area10\Views\Home\Index.cshtml 中添加一个"微信浏览器私有接口 WeixinJSBridge"超链接，代码如下。

```
@Html.ActionLink("微信浏览器私有接口 WeixinJSBridge", "Index", "WeixinJSBridge", new { area = "area10" }, null)
```

单击此链接将跳转到 area10 中控制器 WeixinJSBridge 的 Index()，对应的视图为\area10\

Views\WeixinJSBridge \Index.cshtml，在其中添加如下的 JavaScript 代码。

```
<script type="text/javascript">
    document.addEventListener('WeixinJSBridgeReady', function onBridgeReady()
    {
        alert("WeixinJSBridgeReady");
        WeixinJSBridge.call('hideOptionMenu');
    });
</script>
```

将应用程序部署后，使用微信内置浏览器浏览此页面（可以通过二维码）。页面加载完毕，单击微信网页右上角的按钮，看到的菜单项如图 10-26 所示。如果使用 WeixinJSBridge.call ('showOptionMenu');语句，看到的菜单项如图 10-27 所示。隐藏后，菜单栏中没有"转发给朋友"等第一行菜单。

图10-26　隐藏菜单项的效果

图10-27　显示所有菜单项的效果

10.4.3　WeixinJSBridge.invoke()方法

也可以通过 WeixinJSBridge.invoke()方法调用微信浏览器私有接口。

1. 预览图片

通过 WeixinJSBridge.invoke()方法调用预览图片接口的方法如下。

```
WeixinJSBridge.invoke("imagePreview",{
        "urls":[
```

```
            预览图片 url1,
            预览图片 url2,
            ……,
            预览图片 urln
            ],    "current":默认预览图片 url
            })
```

2. 获取网络类型

通过 WeixinJSBridge.invoke()方法获取网络类型的方法如下。

```
WeixinJSBridge.invoke("getNetworkType",{},
            function(e){
                //e.err_msg 返回网络类型
            })
```

e.err_msg 的取值如下。

- network_type: Wi-Fi：Wi-Fi 网络。
- network_type:edge：非 Wi-Fi，包含 3G/2G。
- network_type:fail：网络断开连接。
- network_type:wwan：2G 或者 3G 网络。

3. 关闭当前网页

通过 WeixinJSBridge.invoke()方法关闭当前网页的方法如下。

```
 WeixinJSBridge.invoke("closeWindow",{},function(e){})
```

4. 发送邮件

通过 WeixinJSBridge.invoke()方法发送邮件的方法如下。

```
WeixinJSBridge.invoke("sendEmail",{
            "title" : 邮件标题,
            "content" : 邮件内容
            },
            function(e){
    // e.err_msg 为返回结果
            })
```

5. JS API 支付接口

通过 WeixinJSBridge.invoke('getBrandWCPayRequest',……)方法可以实现在线支付的功能，具体情况可以参照第 12 章理解。

【例 10-30】演示 WeixinJSBridge.invoke()方法的用法。

首先在本章实例首页\area10\Views\Home\Index.cshtml 中添加一个"微信浏览器私有接口 WeixinJSBridge"超链接，代码如下。

```
@Html.ActionLink("【例 10-30】 演示 WeixinJSBridge.invoke()方法的用法。", "Index", "WeixinJSBridge2", new { area = "area10" }, null)
```

单击此链接将跳转到 area10 中控制器 WeixinJSBridge2 的 Index()，对应的视图为\area10\Views\WeixinJSBridge2\Index.cshtml，在其中添加 4 个按钮，代码如下。

```
<input type=button id="imagePreview" value="图片预览"/>
<input type=button id="getNetType" value="获取网络状态"/>
<input type=button id="closeWindow" value="关闭"/>
<input type=button id="sendEmail" value="发邮件"/>
```

单击按钮的代码如下。

```javascript
    var netType={"network_type:wifi":"wifi 网络","network_type:edge":"非 wifi,包含 3G/2G","network_type:fail":"网络断开连接","network_type:wwan":"2g 或者 3g"};
    document.addEventListener("WeixinJSBridgeReady",function(){
        document.getElementById("imagePreview").addEventListener(
        "click",function(){
                    WeixinJSBridge.invoke("imagePreview",{
            "urls":[
"http://rescdn.qqmail.com/bizmail/zh_CN/htmledition/images/bizmail/v3/logo1ca3fe.png",
"http://rescdn.qqmail.com/bizmail/zh_CN/htmledition/images/bizmail/v3/icons_features1ca3fe.png",
"http://rescdn.qqmail.com/bizmail/zh_CN/htmledition/images/bizmail/v3/icons_workStyle1ca3fe.png"],
"current":"http://rescdn.qqmail.com/bizmail/zh_CN/htmledition/images/bizmail/v3/icons_features1ca3fe.png"
            })
        },!1),

        document.getElementById("getNetType").addEventListener(
        "click", function () {
            alert("getNetType clicked");

            WeixinJSBridge.invoke("getNetworkType",{},
                function(e){
                    alert(netType[e.err_msg])
                })
        },!1),
        document.getElementById("closeWindow").addEventListener(
            "click",function(){
                    WeixinJSBridge.invoke("closeWindow",{},function(e){})
            },!1),

        document.getElementById("sendEmail").addEventListener(
        "click", function () {
            alert("sendEmail")
        WeixinJSBridge.invoke("sendEmail",{
        "title" : "title!",
        "content" : "i am an Email!", //时间戳,这里随意使用了一个值
        },
        function(e){
//          alert(e.err_msg)
        })
        },!1)
    }
);
```

将应用程序部署后,使用微信内置浏览器浏览此页面(可以通过二维码),如图 10-28 所示。单击"发邮件"按钮,会打开邮件 APP,发送邮件,如图 10-29 所示。

图10-28 【例10-30】的主页

图10-29 发送邮件界面

习 题

一、选择题

1. 微信提供了一个与微信原生视觉体验一致的基础样式库（　　）。

 A. WeUI B. WeixinUI C. wxUI D. wUI

2. WeUI中定义绿色背景WeUI基本按钮的class是（　　）。

 A. weui_btn B. weui_btn_default

 C. weui_btn_plain_primary D. weui_btn_primary

3. WeUI中定义包含"确定"和"取消"按钮的对话框的class是（　　）。

 A. weui_dialog_confirm B. weui_dialog_alert

 C. weui_dialog D. weui_dialog_title

4. WeUI中用于定义整个进度条的class是（　　）。

 A. weui_progress_bar B. weui_progress

 C. weui_progress_inner_bar D. weui_progress_opr

5. 在WeUI中，用于定义"加载中"临时提示框的class是（　　）。

 A. weui_progress_inner_bar B. weui_progress_inner_bar

 C. weui_loading_toast D. weui_toast_content

6. 在WeUI中，获取"分享到朋友圈"按钮单击状态及自定义分享内容的接口是（　　）。

 A. wx.onMenuShareTimeline() B. wx.onMenuShareAppMessage()

 C. wx.onMenuShareWeibo() D. wx.onMenuShareQZone()

7. JS-SDK用于定义图标①的class是（　　）。
   A. weui_icon_info　　　　　　　　B. weui_icon_info_circle
   C. weui_icon_circle　　　　　　　D. weui_icon_success
8. JS-SDK的预览图片接口（　　）。
   A. wx.previewImage()　　　　　　B. wx.chooseImage()
   C. wx.uploadImage()　　　　　　　D. wx.downloadImage()

二、填空题

1. 为了适用HTML5的特性，jQuery Mobile页面必须使用 【1】 开始。
2. 在HTML元素中可以使用 【2】 属性指定该元素的CSS样式，这种应用称为行内样式表。
3. 样式表文件的扩展名为 【3】 。
4. 使用 【4】 属性可以设置网页的背景图。
5. 在CSS中可以通过 【5】 属性实现元素的浮动。
6. 用于定义Msg Page的class是 【6】 。
7. 在WeUI中可以使用 【7】 元素定义一个文章页面。
8. 【8】 是微信公众平台提供的基于微信内的网页开发工具包。
9. 要想在网页中使用JS-SDK，需要通过 【9】 接口进行权限验证配置。
10. 【10】 是公众号用于调用微信JS接口的临时票据。
11. JS-SDK提供一个基础接口，即 【11】 ，用于检测当前客户端版本是否支持指定JS接口。
12. 调用wx. 【12】 ()接口可以获取当前的网络类型。
13. 当微信内置浏览器完成内部初始化后会触发 【13】 事件。

三、简答题

1. 试述H5的含义。
2. 试述设计自适应网页时需要遵循的原则。
3. 定义CSS的语句形式如下。

   selector {property:value; property:value; ...}

   试述其中各元素的含义。

11 微信门店管理

门店功能是公众平台向商户提供的对其线下实体门店数据的基础管理能力。通过门店管理功能，商户可对自己的实体门店数据进行线上管理，并在相关业务场景中运营和展示。

在 WebApplicationWeixin 应用程序中，本章实例的主页为\Areas\area11\Views\Home\Index.cshtml。

11.1 申请开通门店功能

首先登录微信公众平台，然后在左侧菜单中单击"添加功能插件"超链接，打开添加功能插件页面，如图11-1所示。

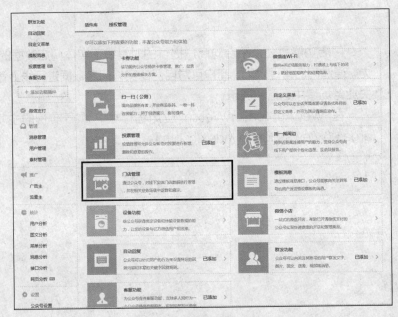

图11-1　添加功能插件页面

单击"门店管理"超链接，打开申请开通门店功能页面，如图11-2所示。

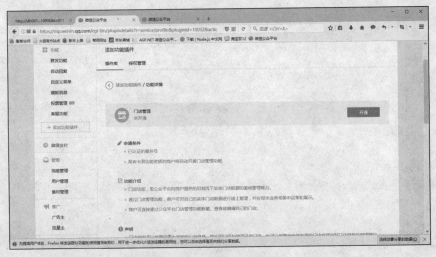

图11-2　添加功能插件页面

如果尚未开通门店管理功能，可以看到一个"开通"按钮。单击"开通"按钮可以打开微信公众平台门店管理服务协议页面。单击页面下部的"开通"按钮即可开通门店功能。开通后，可以在左侧菜单中看到"门店管理"超链接。单击此超链接,可以打开门店管理页面,如图11-3所示。

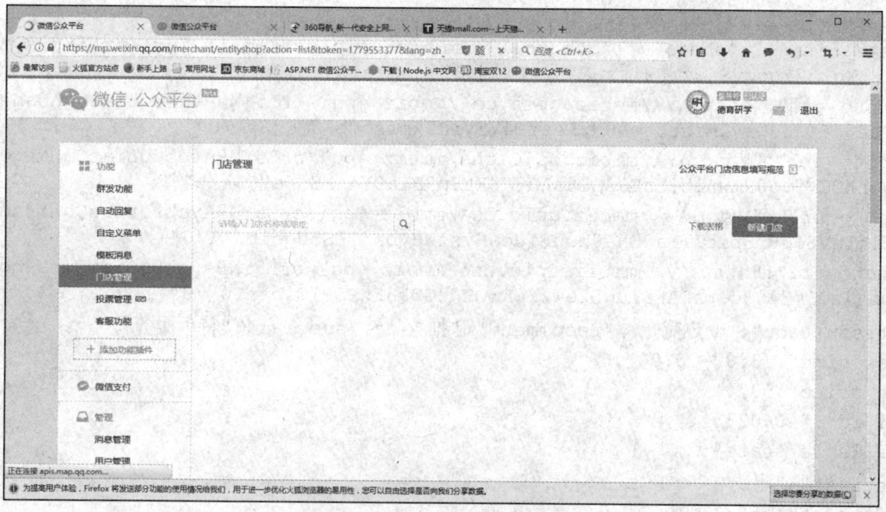

图11-3 添加功能插件页面

11.2 管理微信门店的开发接口

本节将介绍获取门店列表、获取门店信息、创建门店和删除门店等开发接口的使用方法。

11.2.1 获取门店列表

将包含获取记录范围的 JSON 字符串以 POST 方式提交到下面的接口,可以获取到指定微信公众号的门店列表。

```
https://api.weixin.qq.com/cgi-bin/poi/getpoilist?access_token=TOKEN
```

提交数据的格式如下。

```
{
"begin":0,
"limit":10
}
```

参数 begin 指定返回记录的开始位置,0 为从第一条开始查询;参数 limit 指定返回数据的条数,最大为 50,默认为 20。

如果成功获取门店列表,则会返回如下格式的 JSON 字符串。

```
{"errcode":0,
"errmsg":"ok",
"business_list":[{"base_info":{"sid":"12345620016123101",
"business_name":"测试门店 2",
"branch_name":"测试分店 2",
"address":"测试地址",
"telephone":"010123456",
"categories":["美食,小吃快餐"],
"city":"海淀",
"province":"北京",
```

311

```
            "offset_type":1,
            "longitude":115.323753357,
            "latitude":25.097486496,
            "photo_list":[{"photo_url":"http:\/\/mmbiz.qpic.cn\/mmbiz_jpg\/crL5YN9Aycb0gLiaz
QqhNsqqicLXgZ32YqpqvEj9ztP91ksuNkNvCPN14l1hljhMzaYZiao1Nne8KFGG5mJrsWy6w\/0"},
            {"photo_url":"http:\/\/mmbiz.qpic.cn\/mmbiz_jpg\/crL5YN9Aycb0gLiazQqhNsqqicLXgZ3
2Yq3bh0Gbt6469Pp3NayZMTszFtwk0U2FesYF47FVic5xmfxncbF3MQVBw\/0"},
            {"photo_url":"http:\/\/mmbiz.qpic.cn\/mmbiz_jpg\/crL5YN9Aycb0gLiazQqhNsqqicLXgZ3
2Yq4U8VoNnkOCM9vq09mwnib9XuZJZOI8sAJ3J8EtYp9Bia9YcnPEdfe3QA\/0"},
            {"photo_url":"http:\/\/mmbiz.qpic.cn\/mmbiz_jpg\/crL5YN9Aycb0gLiazQqhNsqqicLXgZ3
2YqyDrYfiaLsV8Jg6r8pibI1EaOSHa0WouF1JcwHvxzWBvbngTFS5dqeibhA\/0"},
            {"photo_url":"http:\/\/mmbiz.qpic.cn\/mmbiz_jpg\/crL5YN9Aycb0gLiazQqhNsqqicLXgZ3
2Yqxhdicpg7bO1m3453csDaIAFZTuwS2GwxibKrOHHzGDk3FnPDP1GicjnSw\/0"}],
            "introduction":"商户简介","recommend":"推荐品","special":"特色服务",
            "open_time":"8:00-20:00",
            "avg_price":50,
            "poi_id":"466033514",
            "available_state":2,
            "district":"测试",
            "update_status":1}},
            {"base_info":{"sid":"123456489789kjjkl",
            "business_name":"测试门店",
            "branch_name":"分店名称",
            "address":"地址",
            "telephone":"01012345678",
            "categories":["美食,小吃快餐"],
            "city":"北京",
            "province":"北京",
            "offset_type":1,
            "longitude":16.3404006958,
            "latitude":39.8896751404,
            "photo_list":[],
            "introduction":"商户简介",
            "recommend":"推荐品",
            "special":"特色服务",
            "open_time":"9:30~22:00",
            "avg_price":100,
            "poi_id":"465640648",
            "available_state":4,
            "district":"海淀区",
            "update_status":0}}],
            "total_count":2}
```

参数说明如下。

- business_name：门店名称。
- branch_name：分店名称。
- province：门店所在的省份（直辖市填城市名，例如，北京市）。
- city：门店所在的城市。
- district：门店所在地区。
- address：门店所在的详细街道地址。
- telephone：门店的电话。

- categories：门店的类型（不同级分类用 "," 隔开，例如，美食，川菜，火锅）。
- offset_type：坐标类型，1 为火星坐标（目前只能选 1）。火星坐标系统是国家保密插件，也叫作加密插件，就是对真实坐标系统进行人为地加偏处理，按照几行代码的算法，将真实的坐标加密成虚假的坐标，而这个加偏并不是线性的加偏，所以各地的偏移情况都会有所不同。
- longitude：门店所在地理位置的经度。
- latitude：门店所在地理位置的纬度（经纬度均为火星坐标，最好选用腾讯地图标记的坐标）。
- photo_list：图片列表，URL 形式，可以有多张图片，尺寸为 640×340px。
- special：特色服务，如免费 Wi-Fi，免费停车，送货上门等商户能提供的特色功能或服务。
- open_time：营业时间，24 小时制表示，用 "-" 连接，如 8:00-20:00。
- avg_price：人均价格。
- sid：商户自己的 id，用于后续审核通过收到 poi_id 的通知时，做对应关系。请商户自己保证唯一识别性。
- introduction：商户简介，主要介绍商户信息等。
- recommend：推荐品，餐厅可为推荐菜；酒店为推荐套房；景点为推荐游玩景点等，针对自己行业的推荐内容。

为了解析返回的 JSON 字符串，在 wxBase 中的 Model 文件夹下创建 poi 子文件，用于保存于门店有关的模型类。

在 poi 子文件下创建 wxPoilist 类，用于接收解析后的门店列表数据，代码如下。

```
namespace wxBase.Model.poi
{
    public class wxPoilist
    {
        public int errcode;
        public string errmsg;
        public List<wxPoiBaseInfo> business_list;
        public int total_count;
    }
}
```

类 wxPoiBaseInfo 包含基本门店信息对象 base_info，代码如下。

```
namespace wxBase.Model.poi
{
    public class wxPoiBaseInfo
    {
        public wxPoiInfo base_info;
    }
}
```

类 wxPoiInfo 用于定义基本门店信息，代码如下。

```
namespace wxBase.Model.poi
{
    public class wxPoiInfo
    {
        public string sid;
        public string business_name;
        public string branch_name;
        public string address;
```

```
        public string telephone;
        public List<string> categories;
        public string city;
        public string province;
        public int offset_type;
        public double longitude;
        public double latitude;
        public List<wxPoiPhotourl> photo_list;
        public string introduction;
        public string recommend;
        public string special;
        public string open_time;
        public int avg_price;
        public string poi_id;
        public int available_state;
        public string district;
        public int update_status;
    }
}
```

【例 11-1】 下面通过实例演示获取门店列表的方法。

在控制器/Areas/area11/Controllers/HomeController 的 Index()方法中获取门店列表，代码如下。

```
@Html.ActionLink("获取门店列表", "getpoilist")
        public ActionResult getpoilist(FormCollection form)
        {
            string str_json = "{\"begin\":0,\"limit\":20}";
            string url =
"https://api.weixin.qq.com/cgi-bin/poi/getpoilist?access_token=" +
weixinService.Access_token;
            string result = HttpService.Post(url, str_json);

            wxPoilist poilist = JSONHelper.JSONToObject < wxPoilist >( result);
            ViewBag.poilist = poilist;
            return View();
        }
```

程序将包含获取记录范围的 JSON 字符串以 POST 方式提交到获取门店列表的接口，然后对返回的结果进行解析，再将解析的结果 poilist 传递到视图中，然后在视图中将 poilist 中的门店数据显示出来，代码如下。

```
@{
    ViewBag.Title = "门店列表";
    wxBase.Model.poi.wxPoilist poilist = ViewBag.poilist;
}

<h2>getpoilist</h2>

@if (poilist.errcode != 0)
{
    Response.Write(poilist.errmsg);
}
else
{
    <table border="1" width="1000">
```

```
                @for (int i = 0; i < poilist.business_list.Count; i++)
                {
            <tr>
                <td width="200" valign="top">
                    @if (@poilist.business_list[i].base_info.photo_list.Count > 0)
                    {
                        <img src="http://read.html5.qq.com/image?src=forum&q=5&r=0&imgflag=7&imageUrl=@poilist.business_list[i].base_info.photo_list[0].photo_url" width="200" />
                    }
                </td>
                <td valign="top">
                    <table width="800" border="1" style="margin:5px 0 5px 0;">
                        <tr>
                            <td valign="top">
<p>@poilist.business_list[i].base_info.business_name</p>
                            </td>
                            <td valign="top">
<p>@poilist.business_list[i].base_info.branch_name</p>
                            </td>
                            <td valign="top"><p>
    @for (int j = 0; j < poilist.business_list[i].base_info.categories.Count; j++)
    {
        @poilist.business_list[i].base_info.categories[j]
    }
  </p></td>
  </tr>
                        <tr><td valign="top">
    <p>@poilist.business_list[i].base_info.province /
@poilist.business_list[i].base_info.city /
@poilist.business_list[i].base_info.district</p>
    </td><td> 地 址： @poilist.business_list[i].base_info.address</td><td> 开业时间：
@poilist.business_list[i].base_info.open_time</td></tr>
                    </table>
```

运行程序，浏览第 11 章主页，可以打开如图 11-4 所示的页面。

图11-4 获取门店列表

11.2.2 创建门店

1. 上传门店图片

在创建门店时，需要指定门店图片。门店图片不允许是外部图片链接，因此需要通过下面的接口以 POST 方式单独上传。

```
https://api.weixin.qq.com/cgi-bin/media/uploadimg?access_token=ACCESS_TOKEN
```

使用此接口的方法在 8.2.1 中的"3. 上传永久图文素材里面的图片"中已经介绍过，请参照理解。

【例 11-2】通过实例演示上传门店图片的方法。

在\Areas\area11\View\Home\Index.cshtml 中添加一个上传门店图片的超链接，代码如下。

```
@Html.ActionLink("上传门店图片", "uploadimg", "addpoi")
```

单击此超链接，会跳转至视图\Areas\area11\View\addpoi\uploadimg.cshtml，代码如下。

```
<h2>上传门店图片</h2>

@using (Html.BeginForm("Upload_poiimg", "poi", FormMethod.Post, new { enctype = "multipart/form-data" }))
{
    <p>选择上传文件：</p><input name="poiimg" type="file" id="poiimg" />
    <br />
    <br />
    <input type="submit" name="Upload_newsimg" value="上传" />
}
```

浏览此视图的页面如图 11-5 所示。

图11-5　浏览\Areas\area11\View\addpoi\uploadimg.cshtml的页面

选择图片，然后单击"上传"按钮，会将图片文件提交至 addpoiController 的 Upload_poiimg() 方法，代码如下。

```
[HttpPost]
public ActionResult Upload_poiimg(FormCollection form)
{
    //接收上传的文件
    if (Request.Files.Count == 0)
    {
        //Request.Files.Count 文件数为 0 上传不成功
```

```csharp
                return View();
            }
            //上传的文件
            var file = Request.Files[0];
            if (file.ContentLength == 0)
            {
                //文件大小大（以字节为单位）为 0 时，做一些操作
                return View();
            }
            else
            {
                //文件大小不为 0
                HttpPostedFileBase uploadfile = Request.Files[0];
                int pos = Request.Files[0].FileName.LastIndexOf('.');
                string ext = Request.Files[0].FileName.Substring(pos, Request.Files[0].FileName.Length - pos);
                //保存成自己的文件全路径,newfile 就是你上传后保存的文件,
                string newFile = DateTime.Now.ToString("yyyyMMddHHmmss") + ext;
                string path = Server.MapPath("/upload");
                if (!Directory.Exists(path))
                    Directory.CreateDirectory(path);
                path += "//" + newFile;
                uploadfile.SaveAs(path);

                #region 将图片上传至微信服务器
                string url = string.Format("http://file.api.weixin.qq.com/cgi-bin/media/uploadimg?access_token=" + weixinService.Access_token);
                string json = wxMediaService.HttpUploadFile(url, path);
                #endregion
                UploadImgResult ui = JSONHelper.JSONToObject<UploadImgResult>(json);
                ViewBag.imgurl= ui.url;
                return View();
            }
        }
```

程序首先将图片文件上传至应用程序服务器，然后再将其上传至微信服务器，并将接口返回的图片 URL 传递至视图。

在视图\Areas\area11\View\addpoi\Upload_poiimg.cshtml 中，将传递过来的图片 URL 显示在页面中，代码如下。

```html
<h2>上传门店图片成功</h2>

<br /><br />
<p>图片 url： @ViewBag.imgurl</p>
```

2. 创建门店

将包含门店信息的 JSON 字符串以 POST 方式提交到下面的开发接口可以创建门店。

```
http://api.weixin.qq.com/cgi-bin/poi/addpoi?access_token=TOKEN
```

包含门店信息的 JSON 字符串格式如下。

```
{"business":
{ "base_info":
  { "sid":"33788392",
```

```
            "business_name":"麦当劳",
            "branch_name":"艺苑路店",
            "province":"广东省",
            "city":"广州市",
            "district":"海珠区",
            "address":"艺苑路11号",
            "telephone":"020-12345678",
            "categories":["美食,小吃快餐"],
            "offset_type":1,
            "longitude":115.32375,
            "latitude":25.097486,
            "photo_list":[{"photo_url":"https:// XXX.com"},{"photo_url":"https://XXX.com"}],
            "recommend":"麦辣鸡腿堡套餐,麦乐鸡,全家桶",
            "special":"免费wifi,外卖服务",
            "introduction":"麦当劳是全球大型跨国连锁餐厅,1940年创立于美国,在世界上 大约拥有3万间
分店。主要售卖汉堡包,以及薯条、炸鸡、汽水、冰品、沙拉、 水果等 快餐食品",
            "open_time":"8:00-20:00",
            "avg_price":35
        }
    }
}
```

大多数参数与获取门店列表接口的参数含义相同,可以参照11.2.1理解。

如果创建成功,则会返回如下格式的JSON字符串。

```
{"errcode":0,"errmsg":"ok","poi_id":"467060252"}
```

参数poi_id是新建门店的id。为了解析返回的JSON字符串,在wxBase中的Model文件夹的poi子文件下创建wxReturnAddpoi类,用于接收添加门店信息的返回数据,代码如下。

```
namespace wxBase.Model.poi
{
    public class wxReturnAddpoi
    {
        public int errcode;
        public string errmsg;
        public wxPoiBaseInfo poi_id;

    }
}
```

【例11-3】通过实例演示创建门店的过程。

在\Areas\area11\View\Home\Index.cshtml中添加一个上传门店图片的超链接,代码如下。

```
@Html.ActionLink("创建门店", "Index", "addpoi")
```

单击此超链接,会跳转至\Areas\area11\View\addpoi\Index.cshtml,其中设计一个输入门店信息的表单,代码如下。

```
<h2>创建门店</h2>

@Html.ActionLink("上传门店图片", "uploadimg","poi")
@using (Html.BeginForm("add", "poi", FormMethod.Post))
{
    <a>门店名称</a><input type="text" name="business_name" /> <br />
    <a>分店名称</a><input type="text" name="branch_name" /><br />
```

```html
        <a>位置</a><input type="text" name="province" /><input type="text" name="city" /><input type="text" name="district" /><br />
        <a>地址</a><input type="text" name="address" /><br />
        <a>电话</a><input type="text" name="telephone" /><br />
        <a>门店类型</a><input type="text" name="categories" /><br />
        <a>经度</a><input type="text" name="longitude" /><br />
        <a>纬度</a><input type="text" name="latitude" /><br />
        <a>特色服务</a><input type="text" name="special" /><br />
        <a>营业时间</a><input type="text" name="open_time" /><br />
        <a>人均价格</a><input type="text" name="avg_price" /><br />
        <a>门店id</a><input type="text" name="poi_id" /><br />
        <a>商户简介</a><input type="text" name="introduction" /><br />
        <a>推荐品</a><input type="text" name="recommend" /><br />
        <a>门店图片1</a><input type="text" name="photo1" /><br />
        <a>门店图片2</a><input type="text" name="photo2" /><br />
        <a>门店图片3</a><input type="text" name="photo3" /><br />
        <a>门店图片4</a><input type="text" name="photo4" /><br />
        <a>门店图片5</a><input type="text" name="photo5" /><br />

        <input type="submit" value="提交" />
}
```

提交表单时，将会把门店数据提交至控制器 addpoiController 的 save()方法，代码如下。

```csharp
        [HttpPost]
        public ActionResult save(FormCollection form)
        {
            string business_name = form["business_name"];
            string branch_name = form["branch_name"];
            string province = form["province"];
            string city = form["city"];
            string district = form["district"];
            string address = form["address"];
            string telephone = form["telephone"];
            string categories = form["categories"];
            string longitude = form["longitude"];
            string latitude = form["latitude"];
            string special = form["special"];
            string open_time = form["open_time"];
            string avg_price = form["avg_price"];
            string poi_id = form["poi_id"];
            string introduction = form["introduction"];
            string recommend = form["recommend"];
            string photo1 = form["photo1"];
            string photo2 = form["photo2"];
            string photo3 = form["photo3"];
            string photo4 = form["photo4"];
            string photo5 = form["photo5"];


            string str_json = "{\"business\":{\"base_info\":{\"sid\":\"" + poi_id +
"\", \"business_name\":\"" + business_name + "\", \"branch_name\":\"" + branch_name +
```

```
"\", \"province\":\"" + province + "\", \"city\":\"" + city + "\", \"district\":\"" +
district + "\", \"address\":\"" + address + "\", \"telephone\":\"" + telephone + "\",
\"categories\":[\"" + categories + "\"], \"offset_type\":1, \"longitude\":" + longitude
+ ", \"latitude\":" + latitude + ", \"photo_list\":[";
            str_json += "{\"photo_url\":\"" + photo1 + "\"},";
            str_json += "{\"photo_url\":\"" + photo2 + "\"},";
            str_json += "{\"photo_url\":\"" + photo3 + "\"},";
            str_json += "{\"photo_url\":\"" + photo4 + "\"},";
            str_json += "{\"photo_url\":\"" + photo5 + "\"}";

            str_json += "], \"recommend\":\"" + recommend + "\", \"special\":\"" +
special + "\", \"introduction\":\"" + introduction + "\", \"open_time\":\"" + open_time
+ "\", \"avg_price\":" + avg_price + " } } }";
            string url = "
http://api.weixin.qq.com/cgi-bin/poi/addpoi?access_token=" +
weixinService.Access_token;
            string result = HttpService.Post(url, str_json);
            wxReturnAddpoi rp = JSONHelper.JSONToObject<wxReturnAddpoi>(result);
            if (rp.errcode == 0)
                Response.Redirect("/area11/Home");
            else
                ViewBag.errmag = rp.errmsg;
            return View();
        }
```

程序接收网页提交的门店数据，然后调用创建门店的接口。如果创建成功，则会跳转至本章实例首页\area11\Home，即门店列表页；否则打开\Areas\area11\View\addpoi\save.cshtml，并将错误信息通过 ViewBag.errmag 传递至视图中显示。

运行应用程序浏览\Areas\area11\View\addpoi\Index.cshtml，如图 11-6 所示。

输入门店信息，然后单击"提交"按钮。创建成功后，可以登录微信公众号，查看门店列表，如图 11-7 所示。可以看到，创建的门店在列表中。

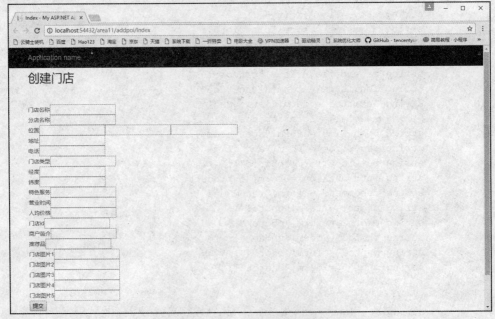

图11-6 创建门店的页面

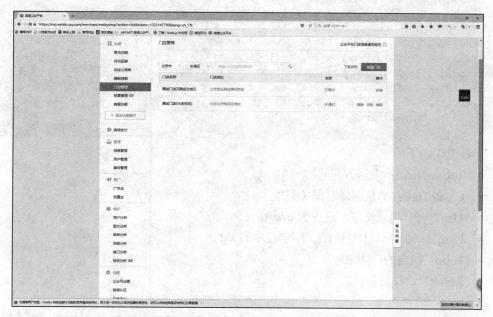

图11-7　查看门店列表

单击门店后面的"详情"超链接,可以查看门店详情,如图11-8所示。

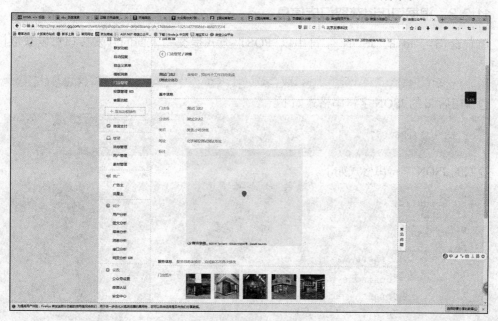

图11-8　查看门店详情

3. 审核事件推送

创建门店后,需要经过审核才能使用。通过审核后,公众平台会以事件的形式将审核结果推送至开发者指定的URL。审核结果的格式是XML字符串,具体如下。

```
<xml>
```

```xml
<ToUserName><![CDATA[toUser]]></ToUserName>
<FromUserName><![CDATA[fromUser]]></FromUserName>
<CreateTime>1408622107</CreateTime>
<MsgType><![CDATA[event]]></MsgType>
<Event><![CDATA[poi_check_notify]]></Event>
<UniqId><![CDATA[123adb]]></UniqId>
<PoiId><![CDATA[123123]]></PoiId>
<Result><![CDATA[fail]]></Result>
<Msg><![CDATA[xxxxxx]]></Msg>
</xml>
```

参数说明如下。

- ToUserName：发送方账号。
- CreateTime：消息创建时间（整型）。
- MsgType：消息类型，这里为 event。
- UniqId：商户自己内部 ID，即字段中的 sid。
- PoiId：微信的门店 ID。
- Result：审核结果。
- Msg：成功的通知信息，或审核失败的驳回理由。

应用程序接在收到审核事件 XML 字符串后，需要回复空字符串，否则，公众平台会重复推送事件。关于接收和处理消息的方法请参照第 5 章理解。

11.2.3 根据门店id获取门店信息

将包含门店 id 的 JSON 字符串以 POST 方式提交到下面的开发接口可以获取门店信息。

```
http://api.weixin.qq.com/cgi-bin/poi/getpoi?access_token=TOKEN
```

包含门店 id 的 JSON 字符串格式如下。

```
{
"poi_id":"271262077"
}
```

返回的 JSON 字符串格式如下。

```
{
    "errcode":0,
    "errmsg":"ok",
    "business ":{
    "base_info":{
            "sid":"001",
            "business_name":"麦当劳",
            "branch_name":"艺苑路店",
            "province":"广东省",
            "city":"广州市",
            "address":"海珠区艺苑路11 号",
            "telephone":"020-12345678",
            "categories":["美食,小吃快餐"],
            "offset_type":1,
            "longitude":115.32375,
            "latitude":25.097486,
```

```
            "photo_list":[{"photo_url":"https:// XXX.com"} ,
{"photo_url":"https://XXX.com"}],
            "recommend":"麦辣鸡腿堡套餐，麦乐鸡，全家桶",
            "special":"免费wifi，外卖服务",
            "introduction":"麦当劳是全球大型跨国连锁餐厅，1940 年创立于美国，在世界上大
    约拥有 3 万间分店。主要售卖汉堡包，以及薯条、炸鸡、汽水、冰品、沙拉、水果等快餐食品",
            "open_time":"8:00-20:00",
            "avg_price":35
            "available_state":3
            "update_status":0
        }
    }
```

为了解析返回的数据，在 wxBase 中的 Models\poi 文件夹下创建类 wxPoiInfo，代码如下。

```
namespace wxBase.Model.poi
{
    public class wxPoiInfo
    {
        public string sid;
        public string business_name;
        public string branch_name;
        public string address;
        public string telephone;
        public List<string> categories;
        public string city;
        public string province;
        public int offset_type;
        public double longitude;
        public double latitude;
        public List<wxPoiPhotourl> photo_list;
        public string introduction;
        public string recommend;
        public string special;
        public string open_time;
        public int avg_price;
        public string poi_id;
        public int available_state;
        public string district;
        public int update_status;
    }
}
```

类 wxPoiPhotourl 用于定义门店图片的 URL 信息，代码如下。

```
namespace wxBase.Model.poi
{
    public class wxPoiPhotourl
    {
        public string photo_url;
    }
}
```

【例 11-4】通过实例演示获取门店信息的方法。

在视图 area11\Views\Home\Index.html 中的门店列表中，每个门店后面增加一个"查看门店

信息"超链接，定义代码如下。

```
<tr><td colspan="3"> @Html.ActionLink("查看门店信息", "viewinfo", new { poi_id = @poilist.business_list[i].base_info.poi_id })</td></tr>                </table>
```

单击此超链接可以跳转至 area11\Controllers\HomeController 的 viewinfo()方法,代码如下。

```
        public ActionResult viewinfo(string poi_id)
        {
            string json = "{\"poi_id\":\"" + poi_id + "\"}";
            string url = "http://api.weixin.qq.com/cgi-bin/poi/getpoi?access_token=" + weixinService.Access_token;

            string result = HttpService.Post(url, json);
            wxReturnPoiInfo info = JSONHelper.JSONToObject<wxReturnPoiInfo>(result);

            return View(info);
        }
```

程序根据 poi_id 获取门店信息，并将其作为模型传递至对应的视图中。

在 viewinfo()方法对应的视图 area11\Views\Home\viewinfo.cshtml 中设计一个查看门店信息的表格，将模型中的数据显示在其中，代码如下。

```
    <h2>viewinfo</h2>

    @using (Html.BeginForm("save", "poi", FormMethod.Post))
    {
        <table border="1">
            <a>门店名称</a>
            <input type="text" name="business_name" readonly="readonly" value="@Model.business.base_info.business_name" />
            <br />
            <a>分店名称</a>
            <input type="text" name="branch_name" readonly="readonly" value="@Model.business.base_info.branch_name" />
            <br />
            <a>位置</a>
            <input type="text" name="province" readonly="readonly" value="@Model.business.base_info.province" />
            <input type="text" name="city" readonly="readonly" value="@Model.business.base_info.city" />
            <input type="text" name="district" readonly="readonly" value="@Model.business.base_info.district" />
            <br />
            <a>地址</a>
            <input type="text" name="address" readonly="readonly" value="@Model.business.base_info.address" />
            <br />
            <a>电话</a>
            <input type="text" name="telephone" value="@Model.business.base_info.telephone" />
            <br />
            <a>门店类型</a>
            <input type="text" name="categories" readonly="readonly" value="@category" />
            <br />
```

```html
            <a>经度</a>
            <input type="text" name="longitude" readonly="readonly"
value="@Model.business.base_info.longitude" />
            <br />
            <a>纬度</a>
            <input type="text" name="latitude" readonly="readonly"
value="@Model.business.base_info.latitude" />
            <br />
            <a>特色服务</a>
            <input type="text" name="special" value="@Model.business.base_info.special" />
            <br />
            <a>营业时间</a>
            <input type="text" name="open_time"
 value="@Model.business.base_info.open_time" />
            <br />
            <a>人均价格</a>
            <input type="text" name="avg_price"
value="@Model.business.base_info.avg_price" />
            <br />
            <a>门店id</a>
            <input type="text" name="poi_id" readonly="readonly"
value="@Model.business.base_info.poi_id" />
            <br />
            <a>商户简介</a>
            <input type="text" name="introduction"
value="@Model.business.base_info.introduction" />
            <br />
            <a>推荐品</a>
            <input type="text" name="recommend" readonly="readonly"
value="@Model.business.base_info.recommend" />
            <br />
            <a>门店图片1</a>
            <input type="text" name="photo1"
value="@Model.business.base_info.photo_list[0].photo_url" />
            <br />
            <a>门店图片2</a>
            <input type="text" name="photo2"
 value="@Model.business.base_info.photo_list[1].photo_url" />
            <br />
            <a>门店图片3</a>
            <input type="text" name="photo3"
value="@Model.business.base_info.photo_list[2].photo_url" />
            <br />
            <a>门店图片4</a>
            <input type="text" name="photo4"
value="@Model.business.base_info.photo_list[3].photo_url" />
            <br />
            <a>门店图片5</a>
            <input type="text" name="photo5"
value="@Model.business.base_info.photo_list[4].photo_url" />
            <br />
        </table>
    }
```

运行应用程序浏览第 11 章首页，如图 11-9 所示。

图11-9　门店列表的页面

单击"查看门店信息"超链接可以打开图 11-10 所示页面。可以看到，门店信息显示在表单中。

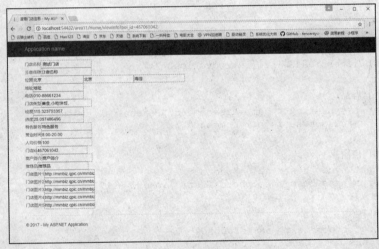

图11-10　查看门店信息

11.2.4　删除门店信息

将包含门店 id 的 JSON 字符串以 POST 方式提交到下面的开发接口可以删除门店。
https://api.weixin.qq.com/cgi-bin/poi/delpoi?access_token=TOKEN

包含门店信息的 JSON 字符串格式如下。

```
{
"poi_id": "271262077"
}
```

参数 poi_id 为要删除门店 id。

【例 11-5】演示删除门店信息的过程。

在视图\area11\Views\Home\Index.html 的门店列表中，每个门店后面增加一个"删除门店信息"超链接，定义代码如下。

```
<tr><td colspan="3"> @Html.ActionLink("删除门店信息", "delete", new { poi_id = @poilist.business_list[i].base_info.poi_id })</td></tr>                    </table>
```

单击此超链接可以跳转至 area11\Controllers\HomeController 的 delete()方法，代码如下。

```
        public ActionResult delete(string poi_id)
        {
            string json = "{\"poi_id\":\"" + poi_id + "\"}";
            string url = " http://api.weixin.qq.com/cgi-bin/poi/delpoi?access_token=" + weixinService.Access_token;

            string result = HttpService.Post(url, json);
            Response.Redirect("~/area11/Home");

            return View();
        }
```

习 题

一、选择题

1. 将包含获取记录范围的JSON字符串以POST方式提交到下面的接口（　　），可以获取到指定微信公众号的门店列表。

   A. https://api.weixin.qq.com/cgi-bin/poi/get?access_token=TOKEN

   B. https://api.weixin.qq.com/cgi-bin/poi/getpoilist?access_token=TOKEN

   C. https://api.weixin.qq.com/cgi-bin/getpoilist?access_token=TOKEN

   D. https://api.weixin.qq.com/cgi-bin/poi/getpoi?access_token=TOKEN

2. 门店图片不允许是外部图片链接，需要通过接口（　　）以POST方式单独上传。

   A. https://api.weixin.qq.com/cgi-bin/uploadimg?access_token=ACCESS_TOKEN

   B. https://api.weixin.qq.com/cgi-bin/media/uploadimg?access_token=ACCESS_TOKEN

   C. https://api.weixin.qq.com/cgi-bin/media/uploadimage?access_token=ACCESS_TOKEN

   D. https://api.weixin.qq.com/cgi-bin/media/upload?access_token=ACCESS_TOKEN

3. 创建门店的接口是（　　）。

   A. http://api.weixin.qq.com/cgi-bin/poi/add?access_token=TOKEN

   B. http://api.weixin.qq.com/cgi-bin/addpoi?access_token=TOKEN

   C. http://api.weixin.qq.com/cgi-bin/poi/append?access_token=TOKEN

   D. http://api.weixin.qq.com/cgi-bin/poi/addpoi?access_token=TOKEN

4. 删除门店的接口是（　　）。

   A. http://api.weixin.qq.com/cgi-bin/poi/delete?access_token=TOKEN

   B. http://api.weixin.qq.com/cgi-bin/delpoi?access_token=TOKEN

   C. http://api.weixin.qq.com/cgi-bin/poi/remove?access_token=TOKEN

   D. http://api.weixin.qq.com/cgi-bin/poi/delpoi?access_token=TOKEN

二、填空题

1. 创建门店后，需要经过审核才能使用。通过审核后，公众平台会以事件的形式将审核结果推送至开发者指定的URL。审核结果的格式是 ___【1】___ 字符串。

2. 将包含 ___【2】___ 的JSON字符串以POST方式提交到下面的开发接口可以获取门店信息。
http://api.weixin.qq.com/cgi-bin/poi/getpoi?access_token=TOKEN

三、操作题

1. 练习申请开通门店功能。
2. 练习上传门店图片的方法。

12 微信支付

微信支付是微信和第三方支付平台财付通联合推出的移动支付产品。利用提供的开发接口，商户可以通过微信实现在线收款、发放红包、企业付款等功能。本章将介绍这些功能的实现方法。

12.1 概述

微信支付是针对拥有微信公众号的商户而言的，分为收款和付款2种情况。本章重点介绍各种收款方式和发送微信红包的实现方法。商户申请接入微信支付后，就可以在自己的电商系统中实现微信支付的功能了。

在 WebApplicationWeixin 应用程序中，本章实例的主页为\Areas\area12\Views\Home\Index.cshtml。

12.1.1 微信支付的类型

商户的在线收款对于顾客而言就是使用微信进行在线支付。微信支持公众号支付、APP支付、扫码支付和刷卡支付等4种支付类型。

1. 公众号支付

公众号支付指客户在微信内进入商家的H5页面,然后在页面内调用JS-SDK完成支付。

2. APP支付

APP支付指客户在APP内调起微信进行支付。

3. 扫码支付

扫码支付指通过扫描二维码进行支付。

4. 刷卡支付

刷卡支付指客户展示条码，商户扫描后完成支付。

12.1.2 开通微信支付

商户需要提交申请，并通过审批后，才可以开通微信支付。开通微信支付需要经过准备微信公众账号、申请微信支付和开发与部署3个步骤，如图12-1所示。

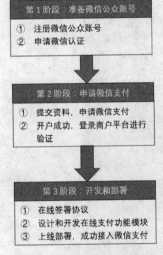

图12-1　开通微信支付的步骤

1. 第1阶段：准备微信公众账号

只有拥有通过认证的微信公众账号的用户才能接入微信支付。首先参照第1章介绍的步骤注册一个微信公众账号，然后申请微信认证。

商户在注册微信公众账号时，需要注意以下事项。

（1）请选择注册服务号，因为订阅号（政府或媒体类型的订阅号除外）是不支持微信支付的。

（2）主体类型请选择个体工商户、公司/企业/政府类型、媒体类型或其他组织。

（3）主体验证方式请选择人工认证。

服务号通过认证后才可申请微信支付。目前申请审核的服务费为300元/次。登录微信公众平台，在左侧菜单中选择"设置、公众号设置"，在页面中选择"账号详情"栏目，可以查看认证情况。如图12-2所示。

第12章 微信支付

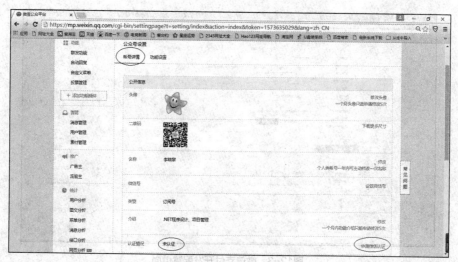

图12-2 查看认证情况

如果是未认证，则可以单击后面的"申请微信认证"超链接，打开认证页面，然后根据要求填写企业全称、营业执照注册号、上传营业执照照片、填写运营者信息。一个运营者最多可以绑定5个公众号，运营者的微信需要绑定银行卡。

2. 第2阶段：申请微信支付

申请微信支付的前提是公众号通过认证，所有认证服务号都可以申请微信支付，而只有政府或媒体类型的认证订阅号才能申请微信支付。

注意，目前个人服务号不能进行认证，因此不能开通微信支付功能。

在微信公众平台的左侧菜单中选择微信支付，可以申请微信支付。申请过程中需要提交如下资料。

（1）联系方式，包括商户联系人、联系电话、联系邮箱等信息。

（2）经营信息，包括商品简介、商户简称、售卖商品类目、售卖资质证件等信息。

（3）结算信息，包括结算银行信息、结算银行卡号等信息。

3. 第3阶段：开发和部署

开通微信支付后，开发者可以从微信客服人员那里得到如下身份信息。

- 商户号（MCHID）。
- 商户支付密钥（KEY）。
- 证书（apiclient_cert.p12），仅在退款、发送红包和付款时需要。

另外，要开发具有微信支付功能的应用程序还需要提供如下身份信息。

- 公众号的APPID。
- 公众号的APPSECRET。

准备好这些信息，就可以参照本章后面的内容开发和部署微信支付功能模块了。

在作者编写本书时，微信支付分为v2版和v3版，2014年9月10号之前申请的为v2版，之后申请的为v3版。本章内容基于微信支付v3版。

在部署支付模块时，需要登录微信公众平台进行配置。在左侧菜单中选择"微信支付"，打开微信支付配置页面，然后选择"开发配置"，如图12-3所示。

331

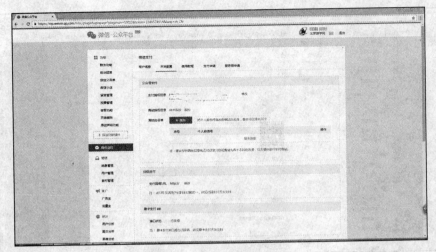

图12-3 微信支付开发配置页面

在支付授权目录中添加部署 JSAPI 支付模块的链接地址（也就是发起支付请求的页面 URL）。最多可以添加 3 个支付授权目录，且域名必须通过 ICP 认证。支付授权目录需细化到二级或三级目录，以"/"结尾。单击支付授权目录后面的"修改"超链接，可以打开"添加支付授权目录"对话框，如图 12-4 所示。

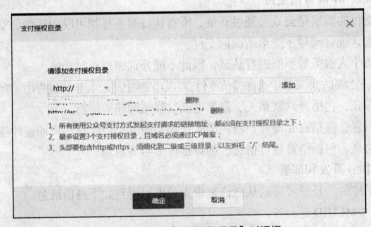

图12-4 添加"支付授权目录"对话框

在这里可以添加新的支付授权目录，也可以删除原有的支付授权目录。

12.2 JSAPI支付

顾名思义，所谓 JSAPI 支付就是通过调用微信提供的 JavaScript API，实现在线支付的功能。前面提及的公众号支付和 APP 支付这两种支付情景都是通过 JSAPI 支付来实现的。

开发 JSAPI 支付的流程如图 12-5 所示。

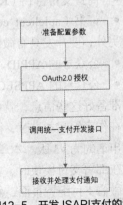

图12-5 开发JSAPI支付的流程

12.2.1 准备配置参数

在应用程序的 web.config 中增加下面的配置参数。

```xml
<add key="APPID" value="**************" />
<add key="MCHID" value="*********************" />
<add key="PARTNER_KEY" value="*************" />
<add key="APPSECRET" value="*****************" />
<add key="SSLCERT_PATH" value="**************" />
<add key="SSLCERT_PASSWORD" value="************" />
<add key="NOTIFY_URL" value="http://**************" />
```

具体说明如下：

- APPID：微信公众平台的账号。
- MCHID：商户号。
- PARTNER_KEY：商户支付密钥。
- APPSECRET：微信公众号的应用密钥。
- SSLCERT_PATH：保存证书的绝对路径。
- SSLCERT_PASSWORD：证书密码，默认的证书密码为商户号。
- NOTIFY_URL：接收支付成功通知的 URL。

在 wxBase 中创建一个静态类 wxPayService，用于封装微信支付过程中用到的一些功能。在 wxpayService 中添加一组静态属性，用于从配置文件中读取与支付相关的参数，代码如下：

```csharp
public static class wxPayService
{
    public static readonly string APPID =weixinService.appid; //公众号的APPID
    public const string TENPAY = "1";
    public static readonly string PARTNER = 
ConfigurationManager.AppSettings["MCHID"].ToString();//商户号
    public static readonly string APPSECRET = 
ConfigurationManager.AppSettings["appsecret"].ToString();
    public static string PARTNER_KEY = 
ConfigurationManager.AppSettings["PARTNER_KEY"].ToString();
    public  static readonly string OAUTH2 = 
"https://open.weixin.qq.com/connect/oauth2/authorize";
    public  static readonly string OAUTH2_ACCESS_TOKEN = 
"https://api.weixin.qq.com/sns/oauth2/access_token";
    //服务器异步通知页面路径
    public static readonly string TENPAY_NOTIFY = 
ConfigurationManager.AppSettings["NOTIFY_URL"].ToString();
    ……
}
```

12.2.2 OAuth 2.0授权

在通过 JSAPI 接口实现微信支付之前，需要获取当前微信用户的一些信息，包括 openid 和收货地址等。而要获取用户信息，就要通过用户授权。当用户使用微信浏览器访问集成 OAuth 2.0 授权功能的网页时，会出现类似图 12-6 所示的页面，要求用户确认登录。

图12-6 微信应用授权界面

如果用户单击"确认登录"按钮,就会授权网页获取自己的公开信息,例如昵称、头像等。

OAuth 是目前广泛应用的关于授权的开放网络协议,最新的版本是 OAuth 2.0。它允许第三方应用在经过用户授权后以安全且标准的方式获取该用户在某一网站、移动或桌面应用上存储的私密的资源(例如用户个人信息、照片、视频、联系人列表等),而无需将用户名和密码提供给第三方应用。在微信公众平台中使用 OAuth 2.0 实现用户授权的过程请参照 6.2.3 理解。

12.2.3　发起JSAPI支付

通过调用下面 WeixinJSBridge 接口可以发起 JSAPI 支付。

```
WeixinJSBridge.invoke('getBrandWCPayRequest',
    {
        "appId": APPID,
        "nonceStr": NONCESTR,
        "package": PACKAGE,
        "paySign": PAYSIGN,
        "signType": SIGNTYPE,
        "timeStamp": TIMESTAMP
    }, function (res) {
        if (res.err_msg == "get_brand_wcpay_request:ok") {
            // 支付成功;
        }
    });
```

参数说明如下。

- appId:公众号 id。
- nonceStr:商户生成的随机字符串。
- package:商户将订单信息组成该字符串,格式为"prepay_id=" + _prepay_id。_prepay_id 为预支付订单号,可以通过调用统一支付开发接口获得。
- paySign:商户将接口列表中的参数按照指定方式进行签名,签名方式使用 signType 中标识的签名方式。
- signType：签名方式，通常为 MD5。
- timeStamp：时间戳，由商户生成。从 1970 年 1 月 1 日 00:00:00 至今的秒数。

12.2.4 调用统一支付开发接口获取预支付订单号

统一支付开发接口是在各种支付场景下生成支付订单，返回预支付订单号的接口。目前微信支付所有场景均使用这一接口，因此称之为统一支付开发接口。具体如下。

```
https://api.mch.weixin.qq.com/pay/unifiedorder
```

将下面格式的 XML 字符串以 POST 方式提交到统一支付接口，即可从返回数据中获得预支付订单号。

```xml
<xml>
    <openid>当前用户的 openid</openid>
    <body>商品描述</body>
    <out_trade_no>商户订单号</out_trade_no>
    <total_fee>总金额</total_fee>
    <notify_url>通知地址</notify_url>
    <trade_type>交易类型，这里使用 JSAPI</trade_type>
    <appid>微信公众号的 appid</appid>
    <mch_id>商户号</mch_id>
    <spbill_create_ip>终端 ip</spbill_create_ip>
    <nonce_str>随机字符串</nonce_str>
    <sign>签名</sign>
</xml>
```

如果提交成功，会收到如下格式的返回数据。

```xml
<xml>
    <return_code><![CDATA[SUCCESS]]></return_code>
    <return_msg><![CDATA[OK]]></return_msg>
    <appid><![CDATA[wx8888888888888888]]></appid>
    <mch_id><![CDATA[10012345]]></mch_id>
    <nonce_str><![CDATA[Be8YX7gjCdtCT7cr]]></nonce_str>
    <sign><![CDATA[885B6D84635AE6C020EF753A00C8EEDB]]></sign>
    <result_code><![CDATA[SUCCESS]]></result_code>
    <prepay_id><![CDATA[wx201410272009395522657a690389285100]]></prepay_id>
    <trade_type><![CDATA[JSAPI]]></trade_type>
</xml>
```

其中<prepay_id 参数的值为预支付订单号。

在 wxPayService 中定义 getPrepayid()方法，用于获取预支付订单号，代码如下。

```csharp
        public static string getPrepayid(string openid, string Bill_No, decimal Charge_Amt, string Body)
        {
            string url = "https://api.mch.weixin.qq.com/pay/unifiedorder";  // 统一支付接口
            HttpContext Context = System.Web.HttpContext.Current;
            string total_fee = (Charge_Amt * 100).ToString("f0");// 支付金额单位为分
            string wx_nonceStr = getNoncestr();//随机字符串
            //设置 package 订单参数
            SortedDictionary<string, string> dic = new SortedDictionary<string,
```

```csharp
string>();
            dic.Add("mch_id", PARTNER);//商家的财付通账号
            dic.Add("device_info", "1000");//设备号，可为空
            dic.Add("nonce_str", wx_nonceStr);   // 随机字符串
            dic.Add("trade_type", "JSAPI"); //交易类型
            dic.Add("attach", "att1");// 附加数据
            dic.Add("openid", openid); // 支付用户的openid
            dic.Add("out_trade_no", Bill_No);              //商家订单号
            dic.Add("total_fee", total_fee); //商品金额，以分为单位(money * 100).ToString()
            dic.Add("notify_url", TENPAY_NOTIFY.ToLower());//接收财付通通知的URL
            dic.Add("body", Body);//商品描述
            dic.Add("spbill_create_ip", Context.Request.UserHostAddress);    //用户的公网ip,不是商户服务器IP

            string get_sign = MakeSignstr(dic, PARTNER_KEY);

            // 支付接口
            string _req_data = "<xml>";
            _req_data += "<appid>" + APPID + "</appid>";
            _req_data += "<attach><![CDATA[att1]]></attach>";
            _req_data += "<body><![CDATA[" + Body + "]]></body> ";
            _req_data += "<device_info><![CDATA[1000]]></device_info> ";
            _req_data += "<mch_id><![CDATA[" + PARTNER + "]]></mch_id> ";
            _req_data += "<openid><![CDATA[" + openid + "]]></openid> ";
            _req_data += "<nonce_str><![CDATA[" + wx_nonceStr + "]]></nonce_str> ";
            _req_data += "<notify_url><![CDATA[" + TENPAY_NOTIFY.ToLower() + "]]></notify_url> ";
            _req_data += "<out_trade_no><![CDATA[" + Bill_No + "]]></out_trade_no> ";
            _req_data += "<spbill_create_ip><![CDATA[" + Context.Request.UserHostAddress + "]]></spbill_create_ip> ";
            _req_data += "<total_fee><![CDATA[" + total_fee + "]]></total_fee> ";
            _req_data += "<trade_type><![CDATA[JSAPI]]></trade_type> ";
            _req_data += "<sign><![CDATA[" + get_sign + "]]></sign> ";
            _req_data += "</xml>";
            //通知支付接口,拿到prepay_id
            wxPayReturnValue retValue = StreamReaderUtils.StreamReader(url, Encoding.UTF8.GetBytes(_req_data), System.Text.Encoding.UTF8, true);

            XmlDocument xmldoc = new XmlDocument();
            LogService.Write("retValue.Message=" + retValue.Message);

            xmldoc.LoadXml(retValue.Message);

            XmlNode Event = xmldoc.SelectSingleNode("/xml/prepay_id");

            string _prepay_id = "";
            if (Event != null)
            {
                _prepay_id = Event.InnerText;
            }
```

```
            return _prepay_id;
        }
```

getPrepayid()方法有 4 个参数,具体如下。
- openid:支付用户的唯一身份标识。
- Bill_No:支付对应的订单号。
- Charge_Amt:支付的金额,单位为元。
- Body:支付订单的商品描述。

程序的运行流程如下。

(1)准备调用统一支付接口的数据包,包括商家的财付通账号(参数名 mch_id,从配置参数中获取)、设备号(参数名 device_info,这里默认使用 1 000)、随机字符串(参数名 nonce_str,调用 getNoncestr()方法生成)、交易类型(参数名 trade_type,这里使用 JSAPI)、附加数据(参数名 attach,这里默认使用 attr1,也可以为空)、支付用户的 openid(参数名 openid,通过参数传入)、订单号(参数名 out_trade_no,通过参数传入)、商品金额(参数名 total_fee 通过参数传入,但需要将单位转换为分)、接收财付通通知的 URL(参数名 notify_url 从配置参数中获取)、商品描述(参数名 body,通过参数传入)、用户的公网 ip(参数名 spbill_create_ip,通过 Context.Request.UserHostAddress 获取)和签名字符串(参数名 sign,调用 MakeSignstr ()方法生成)。

(2)调用统一支付接口获取返回数据。

(3)从返回数据解析。

getNoncestr()方法用于生成随机字符串,代码如下。

```
        public static string getNoncestr()
        {
            Random random = new Random();
            return GetMD5(random.Next(1000).ToString(), "GBK");
        }
```

程序对 1 000 以内的随机数进行 MD5 签名,然后返回得到的签名字符串。

GetMD5()函数用于获取大写的 MD5 签名结果,代码如下。

```
        public static string GetMD5(string encypStr, string charset)
        {
            string retStr;
            MD5CryptoServiceProvider m5 = new MD5CryptoServiceProvider();

            //创建md5对象
            byte[] inputBye;
            byte[] outputBye;

            //使用GB2312编码方式把字符串转化为字节数组.
            try
            {
                inputBye = Encoding.GetEncoding(charset).GetBytes(encypStr);
            }
            catch (Exception ex)
            {
                inputBye = Encoding.GetEncoding("GB2312").GetBytes(encypStr);
            }
            outputBye = m5.ComputeHash(inputBye);
```

```
                retStr = System.BitConverter.ToString(outputBye);
                retStr = retStr.Replace("-", "").ToUpper();
                return retStr;
        }
```

12.2.5 生成支付签名字符串

在调用统一支付开发接口时，需要提供一个签名字符串。签名字符串由商家的财付通账号（mch_id）、随机字符串（nonce_str）、交易类型（trade_type）、附加数据（attach）、支付用户的 openid（openid）、商家订单号（out_trade_no）、商品金额（total_fee）、接收财付通通知的 URL（notify_url）、商品描述（body）、用户的公网 ip（spbill_create_ip）等参数加工得到。生成签名字符串的方法如下。

（1）将上述参数过滤掉空值。

（2）将过滤掉空值的参数按字母 a 到 z 的顺序排序。

（3）将排序后的参数按键值对的 URL 格式连接，格式如下。

key1=value1&key2=value2&key3=value3&key4=value4&key5=value5&key6=value6

（4）对连接得到的 URL 格式字符串与密钥 key 按如下格式拼接在一起。这里密钥 key 使用商户支付密钥 PARTNER_KEY。

key1=value1&key2=value2&key3=value3&key4=value4&key5=value5&key6=value6& key=密钥

（5）对第 4 步中得到的字符串进行 MD5 加密。

生成签名字符串的方法为 MakeSignstr()，代码如下。

```
        /// <summary>
        /// 生成签名字符串
        /// </summary>
        /// <param name="sParaTemp">签名的数据</param>
        /// <param name="key">密钥</param>
        /// <returns>签名字符串</returns>
        public static string MakeSignstr(SortedDictionary<string, string> sParaTemp, string key)
        {
            //获取过滤后的数组
            Dictionary<string, string> dicPara = new Dictionary<string, string>();
            dicPara = FilterPara(sParaTemp);// 过滤掉数组中的空值和签名参数并以字母 a 到 z 的顺序排序

            //组合参数数组
            string prestr = CreateLinkString(dicPara);
            //拼接支付密钥
            string stringSignTemp = prestr + "&key=" + key;

            //获得加密结果
            string myMd5Str = GetMD5(stringSignTemp);

            //返回转换为大写的加密串
            return myMd5Str.ToUpper();
        }
```

参数 sParaTemp 中包含所有参与签名的参数键值对，参数 key 为签名密钥。

FilterPara()方法用于除去数组中的空值和签名参数并以字母 a 到 z 的顺序排序，代码如下。

```csharp
/// <summary>
/// 除去数组中的空值和签名参数并以字母a到z的顺序排序
/// </summary>
/// <param name="dicArrayPre">过滤前的参数组</param>
/// <returns>过滤后的参数组</returns>
public static Dictionary<string, string> FilterPara(SortedDictionary<string, string> dicArrayPre)
{
    Dictionary<string, string> dicArray = new Dictionary<string, string>();
    foreach (KeyValuePair<string, string> temp in dicArrayPre)
    {
        if (temp.Key != "sign" && !string.IsNullOrEmpty(temp.Value))
        {
            dicArray.Add(temp.Key, temp.Value);
        }
    }

    return dicArray;
}
```

CreateLinkString ()方法用于组合参数数组，代码如下。

```csharp
public static string CreateLinkString(Dictionary<string, string> dicArray)
{
    StringBuilder prestr = new StringBuilder();
    foreach (KeyValuePair<string, string> temp in dicArray)
    {
        prestr.Append(temp.Key + "=" + temp.Value + "&");
    }

    // 去掉最后一个&
    int nLen = prestr.Length;
    prestr.Remove(nLen - 1, 1);

    return prestr.ToString();
}
```

GetMD5()方法用于实现 MD5 加密，代码如下：

```csharp
public static string GetMD5(string pwd)
{
    MD5 md5Hasher = MD5.Create();

    byte[] data = md5Hasher.ComputeHash(Encoding.UTF8.GetBytes(pwd));

    StringBuilder sBuilder = new StringBuilder();
    for (int i = 0; i < data.Length; i++)
    {
        sBuilder.Append(data[i].ToString("x2"));
    }

    return sBuilder.ToString();
}
```

12.2.6 支付成功

提交支付申请后，如果支付成功，则会向前面介绍的 notify_url 参数指定的通知地址发送通知数据，格式如下。

```xml
<xml>
  <appid><![CDATA[wx8888888888888888]]></appid>
  <bank_type><![CDATA[CFT]]></bank_type>
  <fee_type><![CDATA[CNY]]></fee_type>
  <is_subscribe><![CDATA[Y]]></is_subscribe>
  <mch_id><![CDATA[10012345]]></mch_id>
  <nonce_str><![CDATA[60uf9sh6nmppr9azveb2bn7arhy79izk]]></nonce_str>
  <openid><![CDATA[ou9dHt0L8qFLI1foP-kj5x1mDWsM]]></openid>
  <out_trade_no><![CDATA[wx88888888888888881414411779]]></out_trade_no>
  <result_code><![CDATA[SUCCESS]]></result_code>
  <return_code><![CDATA[SUCCESS]]></return_code>
  <sign><![CDATA[0C1D7F2534F1473247550A5A138F0CEB]]></sign>
  <sub_mch_id><![CDATA[10012345]]></sub_mch_id>
  <time_end><![CDATA[20141027200958]]></time_end>
  <total_fee>1</total_fee>
  <trade_type><![CDATA[JSAPI]]></trade_type>
  <transaction_id><![CDATA[1002750185201410270005514026]]></transaction_id>
</xml>
```

参数说明如下。

- appid：微信公众平台的账号。
- bank_type：银行类型，采用字符串类型的银行标识。由于篇幅所限，具体情况请查阅微信公众平台的在线文档。
- fee_type：货币类型，默认人民币 CNY。由于篇幅所限，其他具体情况请查阅微信公众平台的在线文档。
- is_subscribe：用户是否关注公众账号，Y-关注，N-未关注。
- mch_id：商户号。
- nonce_str：随机字符串。
- openid：支付用户在商户 appid 下的唯一标识。
- out_trade_no：户系统的订单号。
- result_code：业务结果，SUCCESS 表示支付成功。
- return_code：返回状态码，SUCCESS/FAIL。SUCCESS 表示商户接收通知成功并校验成功。
- sign：签名。
- sub_mch_id：受理机构 id。
- time_end：支付完成时间。
- MCHID：商户号。
- total_fee：支付金额。
- trade_type：交易类型。
- transaction_id：微信支付订单号。

12.2.7　演示JSAPI支付的实例

本节通过实例演示 JSAPI 支付的实现方法。

1. 实例的首页视图

本实例的首页是\Areas\area12\Views\Home\Index.cshtml。在其中添加一个超链接，定义如下。

```
@Html.ActionLink("JSAPI 支付", "Index","jsapiPay")
```

单击此超链接会跳转至\Areas\area12\Views\jsapiPay\Index.cshtml。在页面中定义一个"测试 JSAPI 支付"按钮，代码如下。

```
<button class="btn btn_primary" id="btn_JsApiPay"
style="margin-top:50%;margin-bottom:50%;">测试 JSAPI 支付</button>
```

单击此按钮时，程序会调用 WeixinJSBridge.invoke('getBrandWCPayRequest',……)方法发起在线支付，代码如下。

```javascript
<script language="javascript" type="text/javascript">
    // 当微信内置浏览器完成内部初始化后会触发 WeixinJSBridgeReady 事件
    document.addEventListener('WeixinJSBridgeReady', function onBridgeReady() {
        // alert('ok');
        //公众号支付
        $('#btn_JsApiPay').click(function (e) {
            WeixinJSBridge.invoke('getBrandWCPayRequest',
            {
                "appId": "@ViewBag.appid",
                "nonceStr": "@ViewBag.nonceStr",
                "package": "@ViewBag.package",
                "paySign": "@ViewBag.paySign",
                "signType": "@ViewBag.signType",
                "timeStamp": "@ViewBag.timeStamp"
            }, function (res) {
                //alert(res.err_msg);
                if (res.err_msg == "get_brand_wcpay_request:ok") {
                    //跳转至支付成功的页面
                }
            });
        });

    }, false)
</script>
```

调用 WeixinJSBridge.invoke('getBrandWCPayRequest',……)方法所需要的参数在控制器 jsapiPayController 的 Index()方法中获取，并通过@ViewBag 传递至视图中。

2. 获取在线支付所需要的参数

控制器 jsapiPayController 的 Index()方法的代码如下。

```csharp
        public ActionResult Index()
        {
            string strBillNo = wxPayService.getTimestamp(); // 订单号
            string strWeixin_OpenID = "";  // 当前用户的 openid
            string strCode = Request.QueryString["code"] == null ? "" : Request.QueryString["code"]; // 接收微信认证服务器发送来的 code

            LogService.Write("code:" + strCode);
```

```csharp
            if (string.IsNullOrEmpty(strCode))  //如果接收到 code，则说明是 OAuth2 服务器回调
            {
                //进行 OAuth2 认证，获取 code
                string _OAuth_Url = wxPayService.OAuth2_GetUrl_Pay(Request.Url.ToString());

                LogService.Write("_OAuth_Url:" + _OAuth_Url);
                Response.Redirect(_OAuth_Url);
                return Content("");
            }
            else
            {
                //根据返回的 code，获得用户的 openid 和 token
                wxPayReturnValue retValue = wxPayService.OAuth2_Access_Token(strCode);

                if (retValue.HasError)
                {
                    Response.Write("获取 code 失败：" + retValue.Message);
                    return Content("");
                }
                LogService.Write("retValue.Message:" + retValue.Message);

                strWeixin_OpenID = retValue.GetStringValue("Weixin_OpenID");
                string strWeixin_Token = retValue.GetStringValue("Weixin_Token");
                LogService.Write("strWeixin_OpenID:" + strWeixin_OpenID);

                if (string.IsNullOrEmpty(strWeixin_OpenID))
                {
                    Response.Write("openid 出错");
                    return Content("");
                }
            }
            if (string.IsNullOrEmpty(strWeixin_OpenID))
                return Content("");

            wxpayPackage pp = wxPayService.MakePayPackage(strWeixin_OpenID, strBillNo, 0.01M, "测试");
            // LogService.Write("_Pay_json1:" + _Pay_json);
            ViewBag.appid = pp.appId;
            ViewBag.nonceStr = pp.nonceStr;
            ViewBag.package = pp.package;
            ViewBag.paySign = pp.paySign;
            ViewBag.signType = pp.signType;
            ViewBag.timeStamp = pp.timeStamp;

            return View();
        }
```

程序的运行流程如下。

（1）从 URL 参数中获取 code，如果 code 等于空则调用 wxPayService.OAuth2_GetUrl_Pay()

获取 OAuth2 认证的 URL，然后跳转至此 URL。这样会收到微信认证服务器发送来的 code。

（2）如果收到的 code 不为空，则 wxPayService.OAuth2_Access_Token()方法根据 code 获取户的 openid 和 token。

（3）调用 wxPayService.MakePayPackage()方法，获取在线支付所需要的各种参数。

（4）将支付参数赋值到 ViewBag 中，传递至视图中。

wxPayService.OAuth2_GetUrl_Pay()方法的代码如下。

```
        public static string OAuth2_GetUrl_Pay(string URL, int Scope = 0, string state = "STATE")
        {
            StringBuilder sbCode = new StringBuilder(OAUTH2); // https://open.weixin.qq.com/connect/oauth2/authorize
            sbCode.Append("?appid=" + APPID);
            sbCode.Append("&scope=" + (Scope == 1 ? "snsapi_userinfo" : "snsapi_base"));
            sbCode.Append("&state=" + state);
            sbCode.Append("&redirect_uri=" + URL);// + Uri.EscapeDataString(URL));
            sbCode.Append("&response_type=code#wechat_redirect");
            return sbCode.ToString();
        }
```

程序根据参数拼接并返回申请 OAuth2 身份验证的 URL。

wxPayService.OAuth2_Access_Token()方法的代码如下。

```
        public static wxPayReturnValue OAuth2_Access_Token(string Code)
        {
            StringBuilder sbCode = new StringBuilder(OAUTH2_ACCESS_TOKEN);
            sbCode.Append("?appid=" + APPID);
            sbCode.Append("&secret=" + APPSECRET);
            sbCode.Append("&code=" + Code);
            sbCode.Append("&grant_type=authorization_code");

            wxPayReturnValue retValue = StreamReaderUtils.StreamReader(sbCode.ToString(), Encoding.UTF8);

            if (retValue.HasError)
            {
                return retValue;
            }

            try
            {
                UserAccessToken uat = JSONHelper.JSONToObject<UserAccessToken>(retValue.Message);
                retValue.PutValue("Weixin_OpenID", uat.openid);
                retValue.PutValue("Weixin_Token", uat.access_token);
                //retValue.PutValue("Weixin_ExpiresIn", intWeixin_ExpiresIn);
                //retValue.PutValue("Weixin_ExpiresDate", DateTime.Now.AddSeconds(intWeixin_ExpiresIn));
                //retValue.PutValue("refresh_token", StringUtils.GetJsonValue(retValue.Message, "refresh_token").ToString());
                //retValue.PutValue("scope", StringUtils.GetJsonValue(retValue.Message, "scope").ToString());
            }
```

```
            catch
            {
                retValue.HasError = true;
             // retValue.Message = retValue.Message;
                retValue.ErrorCode = "";
            }

            return retValue;
        }
```

常量 OAUTH2_ACCESS_TOKEN 用于定义根据 code 获取 openid 和 access_token 的接口 URL，具体情况可以参照第 6 章理解。程序将获取到的 openid 和 access_token 封装到一个 wxPayReturnValue 对象中，并将其放回。由于篇幅所限，这里不详细介绍类 wxPayReturnValue 的代码，请参照源代码理解。

wxPayService.MakePayPackage()方法的功能是获取在线支付所需要的各种参数，代码如下。

```
        /// <summary>
        /// 获取在线支付所需要的各种参数
        /// </summary>
        /// <param name="openid">支付用户的 openid</param>
        /// <param name="Bill_No">订单号</param>
        /// <param name="Charge_Amt">支付金额</param>
        /// <param name="Body">支付描述</param>
        /// <returns>包含各种参数的对象</returns>
        public static wxpayPackage MakePayPackage(string openid, string Bill_No,
decimal Charge_Amt, string Body)
        {
            LogService.Write("MakePayJsonstr:Bill_No:" + Bill_No + ", Charge_Amt:" +
Charge_Amt + ", Body" + Body);

            HttpContext Context = System.Web.HttpContext.Current;

            if (openid.Length == 0)
            {
                return null;
            }
            // *********** here ************
            //设置 package 订单参数
            SortedDictionary<string, string> dic = new SortedDictionary<string,
string>();

            string total_fee = (Charge_Amt * 100).ToString("f0");// 支付金额单位为分
            string wx_timeStamp = "";   //时间戳
            string wx_nonceStr = getNoncestr();//随机字符串

            dic.Add("appid", APPID); //微信 APPID

            dic.Add("mch_id", PARTNER);//商家的财付通账号
            dic.Add("device_info", "1000");//设备号，可为空
            dic.Add("nonce_str", wx_nonceStr);   // 随机字符串
            dic.Add("trade_type", "JSAPI"); //交易类型
            dic.Add("attach", "att1");// 附加数据
```

```csharp
                dic.Add("openid", openid); // 支付用户的openid
                dic.Add("out_trade_no", Bill_No);          //商家订单号
                dic.Add("total_fee", total_fee); //商品金额，以分为单位(money * 100).ToString()
                dic.Add("notify_url", TENPAY_NOTIFY.ToLower());//接收财付通通知的URL
                dic.Add("body", Body);//商品描述
                dic.Add("spbill_create_ip", Context.Request.UserHostAddress);
//用户的公网ip，不是商户服务器IP

                string get_sign = MakeSignstr(dic, PARTNER_KEY);

                string _prepay_id = getPrepayid(openid, Bill_No, Charge_Amt, Body);

                wx_timeStamp = getTimestamp();
                wx_nonceStr = getNoncestr();

                string _package = "prepay_id=" + _prepay_id;
                SortedDictionary<string, string> pay_dic = new SortedDictionary<string, string>();
                pay_dic.Add("appId", APPID);
                pay_dic.Add("timeStamp", wx_timeStamp);
                pay_dic.Add("nonceStr", wx_nonceStr);
                pay_dic.Add("package", _package);
                pay_dic.Add("signType", "MD5");
                LogService.Write("MakePayJsonstr:wx_timeStamp:" + wx_timeStamp);
                string get_PaySign = MakeSignstr(pay_dic, PARTNER_KEY);
                LogService.Write("MakePayJsonstr:wx_nonceStr:" + wx_nonceStr);
                LogService.Write("MakePayJsonstr:_package:" + _package);
                LogService.Write("MakePayJsonstr:get_PaySign:" + get_PaySign);

                wxpayPackage pp = new wxpayPackage();
                pp.appId = APPID;
                pp.timeStamp = wx_timeStamp;
                pp.nonceStr = wx_nonceStr;
                pp.package = _package;
                pp.paySign = get_PaySign;
                pp.signType = "MD5";

                return pp;
            }
```

请参照注释理解。wxPayService.MakePayPackage()方法返回一个wxpayPackage对象，其中包含在线支付所需要的各种参数，其定义代码如下。

```csharp
namespace wxBase.Model.Pay
{
    public class wxpayPackage
    {
        public string appId;
        public string timeStamp;
        public string nonceStr;
        public string package;
        public string paySign;
        public string signType;
```

        }
    }

3. 支付成功的通知页面

在调用 getPrepayid()方法获取预支付订单号时，参数 body 中包含了一个 notify_url 参数，用于指定接收财付通通知的 URL。本实例中 notify_url 在 Web.config 中定义，格式如下。

```
http://你的域名/weixin/area12/jsapiPay/Notify
```

在控制器 jsapiPayController 的 Notify()方法中可以接收并处理支付成功通知报文，代码如下。

```csharp
public ActionResult Notify()
{
    string wxNotifyXml = "";

    byte[] bytes = Request.BinaryRead(Request.ContentLength);
    wxNotifyXml = System.Text.Encoding.UTF8.GetString(bytes);

    LogService.Write("wxNotifyXml:" + wxNotifyXml);

    if (wxNotifyXml.Length == 0)
    {
        return View();
    }

    XmlDocument xmldoc = new XmlDocument();

    xmldoc.LoadXml(wxNotifyXml);

    string ResultCode = xmldoc.SelectSingleNode("/xml/result_code").InnerText;
    string ReturnCode = xmldoc.SelectSingleNode("/xml/return_code").InnerText;

    if (ReturnCode == "SUCCESS" && ResultCode == "SUCCESS")
    {
        //验证成功
        //取结果参数做业务处理
        string out_trade_no = xmldoc.SelectSingleNode("/xml/out_trade_no").InnerText;
        //财付通订单号
        string trade_no = xmldoc.SelectSingleNode("/xml/transaction_id").InnerText;
        //金额，以分为单位
        string total_fee = xmldoc.SelectSingleNode("/xml/total_fee").InnerText;

        /*******************************
         *
         * 自己业务处理
         *
         *******************************/
    }

    return View();
```

程序首先调用 Request.BinaryRead()方法获取收到数据的字节数组。然后调用 System.Text.Encoding.UTF8.GetString()方法将字节数组转换为字符串。再利用 XmlDocument 类解析收到的 XML 字符串，得到商户订单号、财付通订单号和支付金额等数据，可以依据这些数据更新订单的状态。

12.3 扫码支付

微信扫码支付的流程如下。

（1）根据微信支付的规则，为不同的商品生成支付二维码，展示在网页中，供用户购买时扫描。

（2）用户使用微信"扫一扫"扫描二维码后，获取商品支付信息，引导用户完成支付。

（3）用户输入支付密码，确认支付。

（4）支付成功后，提示用户支付成功。同时商户后台会收到支付成功的通知报文，更新相关订单的支付状态。

从开发者的角度看整个扫码支付的过程如图 12-7 所示。

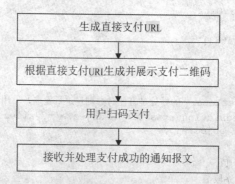

图12-7 从开发者角度看整个扫码支付的过程

从用户角度看整个扫码支付的过程如图 12-8 所示。

图12-8 从用户角度看整个扫码支付的过程

12.3.1 生成直接支付URL

在调用统一支付开发接口时，将 trade_type 设置为 "NATIVE"，返回结果的格式如下。

```xml
<xml>
<appid><![CDATA[wx66edde236cef7e08]]></appid>
<code_url><![CDATA[weixin://wxpay/bizpayurl?pr=hWT7zWa]]></code_url>
<mch_id><![CDATA[xxxxxxxx]]></mch_id>
<nonce_str><![CDATA[WJmrDpPGIoA3JNiz]]></nonce_str>
<prepay_id><![CDATA[wx999999999999999999999999]]></prepay_id>
<result_code><![CDATA[SUCCESS]]></result_code>
<return_code><![CDATA[SUCCESS]]></return_code>
<return_msg><![CDATA[OK]]></return_msg>
<sign><![CDATA[3EB50E1638B9FA1FCFFE4A331FB94CDD]]></sign>
<trade_type><![CDATA[NATIVE]]></trade_type>
</xml>
```

其中参数 code_url 的值就是直接支付 URL。

为了实现扫描支付的功能，在应用程序 wxBase 的根目录下创建 wxPay 文件夹，并在其下面创建一个微信支付协议接口数据类 WxPayData，代码如下。

```csharp
/// <summary>
/// 微信支付协议接口数据类
/// </summary>
public class WxPayData
{
    public WxPayData()
    {

    }

    //采用排序的Dictionary的好处是方便对数据包进行签名,不用再签名之前再做一次排序
    private SortedDictionary<string, object> m_values = new SortedDictionary<string, object>();
    /**
    * 设置某个字段的值
    * @param key 字段名
    * @param value 字段值
    */
    public void SetValue(string key, object value)
    {
        m_values[key] = value;
    }

    /**
    * 根据字段名获取某个字段的值
    * @param key 字段名
    * @return key 对应的字段值
    */
    public object GetValue(string key)
    {
        object o = null;
        m_values.TryGetValue(key, out o);
        return o;
    }
```

```csharp
/**
* 判断某个字段是否已设置
* @param key 字段名
* @return 若字段 key 已被设置,则返回 true,否则返回 false
*/
public bool IsSet(string key)
{
    object o = null;
    m_values.TryGetValue(key, out o);
    if (null != o)
        return true;
    else
        return false;
}
/**
* @将 Dictionary 转成 xml
* @return 经转换得到的 xml 串
* @throws WxPayException
**/
public string ToXml()
{
    //数据为空时不能转化为 xml 格式
    if (0 == m_values.Count)
    {
        LogService.Error(this.GetType().ToString(), "WxPayData 数据为空!");
        throw new WxPayException("WxPayData 数据为空!");
    }

    string xml = "<xml>";
    foreach (KeyValuePair<string, object> pair in m_values)
    {
        //字段值不能为 null,会影响后续流程
        if (pair.Value == null)
        {
            LogService.Error(this.GetType().ToString(), "WxPayData 内部含有值为 null 的字段!");
            throw new WxPayException("WxPayData 内部含有值为 null 的字段!");
        }

        if (pair.Value.GetType() == typeof(int))
        {
            xml += "<" + pair.Key + ">" + pair.Value + "</" + pair.Key + ">";
        }
        else if (pair.Value.GetType() == typeof(string))
        {
            xml += "<" + pair.Key + ">" + "<![CDATA[" + pair.Value + "]]></" + pair.Key + ">";
        }
        else//除了 string 和 int 类型不能含有其他数据类型
        {
            LogService.Error(this.GetType().ToString(), "WxPayData 字段数据类型错误!");
```

```csharp
            throw new WxPayException("WxPayData 字段数据类型错误!");
        }
    }
    xml += "</xml>";
    return xml;
}

/**
* @将 xml 转为 WxPayData 对象并返回对象内部的数据
* @param string 待转换的 xml 串
* @return 经转换得到的 Dictionary
* @throws WxPayException
*/
public SortedDictionary<string, object> FromXml(string xml)
{
    if (string.IsNullOrEmpty(xml))
    {
        LogService.Error(this.GetType().ToString(), "将空的 xml 串转换为 WxPayData 不合法!");
        throw new WxPayException("将空的 xml 串转换为 WxPayData 不合法!");
    }

    XmlDocument xmlDoc = new XmlDocument();
    xmlDoc.LoadXml(xml);
    XmlNode xmlNode = xmlDoc.FirstChild;//获取到根节点<xml>
    XmlNodeList nodes = xmlNode.ChildNodes;
    foreach (XmlNode xn in nodes)
    {
        XmlElement xe = (XmlElement)xn;
        m_values[xe.Name] = xe.InnerText;//获取 xml 的键值对到 WxPayData 内部的数据中
    }

    try
    {
        //2015-06-29 错误是没有签名
        if (m_values["return_code"] != "SUCCESS")
        {
            return m_values;
        }
        CheckSign();//验证签名,不通过会抛异常
    }
    catch (WxPayException ex)
    {
        throw new WxPayException(ex.Message);
    }

    return m_values;
}

/**
* @Dictionary 格式转化成 url 参数格式
* @ return url 格式串,该串不包含 sign 字段值
```

```csharp
        */
        public string ToUrl()
        {
            string buff = "";
            foreach (KeyValuePair<string, object> pair in m_values)
            {
                if (pair.Value == null)
                {
                    LogService.Error(this.GetType().ToString(), "WxPayData 内部含有值为 null 的字段!");
                    throw new WxPayException("WxPayData 内部含有值为 null 的字段!");
                }

                if (pair.Key != "sign" && pair.Value.ToString() != "")
                {
                    buff += pair.Key + "=" + pair.Value + "&";
                }
            }
            buff = buff.Trim('&');
            return buff;
        }


        /**
        * @Dictionary 格式化成 Json
        * @return json 串数据
        */
        public string ToJson()
        {
            string jsonStr = JsonMapper.ToJson(m_values);
            return jsonStr;
        }

        /**
        * @values 格式化成能在 Web 页面上显示的结果(因为 web 页面上不能直接输出 xml 格式的字符串)
        */
        public string ToPrintStr()
        {
            string str = "";
            foreach (KeyValuePair<string, object> pair in m_values)
            {
                if (pair.Value == null)
                {
                    LogService.Error(this.GetType().ToString(), "WxPayData 内部含有值为 null 的字段!");
                    throw new WxPayException("WxPayData 内部含有值为 null 的字段!");
                }

                str += string.Format("{0}={1}<br>", pair.Key, pair.Value.ToString());
            }
            LogService.Debug(this.GetType().ToString(), "Print in Web Page : " + str);
            return str;
        }
```

```csharp
/**
* @生成签名，详见签名生成算法
* @return 签名, sign 字段不参加签名
*/
public string MakeSign()
{
    //转 url 格式
    string str = ToUrl();
    //在 string 后加入 API KEY
    str += "&key=" + WxPayConfig.KEY;
    //MD5 加密
    var md5 = MD5.Create();
    var bs = md5.ComputeHash(Encoding.UTF8.GetBytes(str));
    var sb = new StringBuilder();
    foreach (byte b in bs)
    {
        sb.Append(b.ToString("x2"));
    }
    //所有字符转为大写
    return sb.ToString().ToUpper();
}

/**
*
* 检测签名是否正确
* 正确返回 true，错误抛异常
*/
public bool CheckSign()
{
    //如果没有设置签名，则跳过检测
    if (!IsSet("sign"))
    {
        LogService.Error(this.GetType().ToString(), "WxPayData 签名存在但不合法!");
        throw new WxPayException("WxPayData 签名存在但不合法!");
    }
    //如果设置了签名但是签名为空，则抛异常
    else if (GetValue("sign") == null || GetValue("sign").ToString() == "")
    {
        LogService.Error(this.GetType().ToString(), "WxPayData 签名存在但不合法!");
        throw new WxPayException("WxPayData 签名存在但不合法!");
    }

    //获取接收到的签名
    string return_sign = GetValue("sign").ToString();

    //在本地计算新的签名
    string cal_sign = MakeSign();

    if (cal_sign == return_sign)
```

```
            {
                return true;
            }

            LogService.Error(this.GetType().ToString(), "WxPayData签名验证错误!");
            throw new WxPayException("WxPayData签名验证错误!");
        }

        /**
        * @获取Dictionary
        */
        public SortedDictionary<string, object> GetValues()
        {
            return m_values;
        }
    }
```

在调用支付接口之前需要先填充类 WxPayData 各个字段的值，然后进行接口通信。可以参照注释理解类 WxPayData 的属性和方法。

在 wxPay 文件夹下创建类 WxPayApi，用于封装微信支付的各种 API。类 WxPayApi 包含的方法如下。

- Micropay：提交被扫支付 API。收银员使用扫码设备读取微信用户刷卡授权码以后，二维码或条码信息传送至商户收银台，由商户收银台或者商户后台调用该接口发起支付。
- OrderQuery：查询订单。
- Reverse：撤销订单 API 接口。
- Refund：申请退款。
- RefundQuery：查询退款。
- DownloadBill：下载对账单。
- ShortUrl：转换短链接。
- UnifiedOrder：统一下单接口。
- CloseOrder：关闭订单。
- ReportCostTime：上报支付用时的接口。
- GenerateOutTradeNo：根据当前系统时间加随机序列来生成订单号。
- GenerateTimeStamp：生成时间戳，标准北京时间，时区为东八区，自 1970 年 1 月 1 日 0 点 0 分 0 秒以来的秒数。
- GenerateNonceStr：生成随机串，随机串包含字母或数字。

WxPayApi 封装了微信支付所有 API，本节用到统一下单接口 UnifiedOrder()，实现获取直接支付 URL 的功能。UnifiedOrder()方法的代码如下。

```
        public static WxPayData UnifiedOrder(WxPayData inputObj, int timeOut = 6)
        {
            string url = "https://api.mch.weixin.qq.com/pay/unifiedorder";
            //检测必填参数
            if (!inputObj.IsSet("out_trade_no"))
            {
                throw new WxPayException("缺少统一支付接口必填参数out_trade_no!");
```

```csharp
            else if (!inputObj.IsSet("body"))
            {
                throw new WxPayException("缺少统一支付接口必填参数body! ");
            }
            else if (!inputObj.IsSet("total_fee"))
            {
                throw new WxPayException("缺少统一支付接口必填参数total_fee! ");
            }
            else if (!inputObj.IsSet("trade_type"))
            {
                throw new WxPayException("缺少统一支付接口必填参数trade_type! ");
            }

            //关联参数
            if (inputObj.GetValue("trade_type").ToString() == "JSAPI" && !inputObj.IsSet("openid"))
            {
                throw new WxPayException("统一支付接口中,缺少必填参数openid! trade_type为JSAPI时,openid为必填参数! ");
            }
            if (inputObj.GetValue("trade_type").ToString() == "NATIVE" && !inputObj.IsSet("product_id"))
            {
                throw new WxPayException("统一支付接口中,缺少必填参数product_id! trade_type为JSAPI时,product_id为必填参数! ");
            }

            //异步通知url未设置,则使用配置文件中的url
            if (!inputObj.IsSet("notify_url"))
            {
                inputObj.SetValue("notify_url", WxPayConfig.NOTIFY_URL);//异步通知url
            }

            inputObj.SetValue("appid", WxPayConfig.APPID);//公众账号ID
            inputObj.SetValue("mch_id", WxPayConfig.MCHID);//商户号
            inputObj.SetValue("spbill_create_ip", WxPayConfig.IP);//终端ip
            inputObj.SetValue("nonce_str", GenerateNonceStr());//随机字符串

            //签名
            inputObj.SetValue("sign", inputObj.MakeSign());
            string xml = inputObj.ToXml();

            var start = DateTime.Now;

            LogService.Write("WxPayAp - UnfiedOrder request : " + xml);
            string response = HttpService.Post(url, xml);
            LogService.Write("WxPayApi - UnfiedOrder response : " + response);

            var end = DateTime.Now;
            int timeCost = (int)((end - start).TotalMilliseconds);

            WxPayData result = new WxPayData();
```

```
            result.FromXml(response);

            ReportCostTime(url, timeCost, result);//测速上报

            return result;
        }
```
请参照注释理解。

在 wxPay 文件夹下创建类 NativePay,GetPayUrl()方法用于实现生成直接支付 URL 的功能,代码如下。

```
        public string GetPayUrl(string productCode, string productName, string productDesc, string orderno, int total_fee)
        {
            LogService.Info(this.GetType().ToString(), "Native pay mode 2 url is producing...");

            if (total_fee <= 0)
                total_fee = 1;
            WxPayData data = new WxPayData();
            data.SetValue("body", productDesc);//商品描述
            data.SetValue("attach", productName);//附加数据
            data.SetValue("out_trade_no", orderno);//随机字符串
            data.SetValue("total_fee", total_fee);//总金额
            data.SetValue("time_start", DateTime.Now.ToString("yyyyMMddHHmmss"));//交易起始时间
            data.SetValue("time_expire", DateTime.Now.AddMinutes(10).ToString("yyyyMMddHHmmss"));//交易结束时间
            data.SetValue("goods_tag", productName);//商品标记
            data.SetValue("trade_type", "NATIVE");//交易类型
            data.SetValue("product_id", productCode);//商品ID

            WxPayData result = WxPayApi.UnifiedOrder(data);//调用统一下单接口
            LogService.LOG_LEVENL = 3;
            LogService.Info("扫描支付", "调用统一下单接口的返回结果: " + result.ToXml());
            string url = result.GetValue("code_url").ToString();//获得统一下单接口返回的二维码链接

            LogService.Info(this.GetType().ToString(), "Get native pay mode 2 url : " + url);
            return url;
        }
```

GetPayUrl()方法的参数说明如下。

- productCode:商品 id。
- productName:商品名称。
- productDesc:商品描述。
- orderno:订单号。
- total_fee,订单金额,单位为分。

生成直接支付 URL 的过程如下。

(1)将 productCode、productName、productDesc、orderno 和 total_fee 等参数填充到 WxPayData

355

对象 data 的各个字段。

（2）以 WxPayData 对象 data 为参数调用统一下单接口 WxPayApi.UnifiedOrder()。然后从返回结果中解析得到直接支付 URL。

12.3.2 生成支付二维码

12.3.1 中介绍了生成直接支付 URL 的方法，接下来就要根据该 URL 生成一个二维码图片。

本节介绍利用 ThoughtWorks.QRCode 组件生成二维码图片的方法。在 ThoughtWorks.QRCode.dll 中包含一个类 QRCodeEncoder，可以实现根据给定的 URL 生成二维码图片的功能。

QRCodeEncoder 的常用属性如下。

- QRCodeEncodeMode：维码编码方式，包括 ALPHA_NUMERIC、NUMERIC 和 BYTE 3 种方式。
- QRCodeScale：每个小方格的宽度。
- QRCodeVersion：二维码版本号。
- QRCodeErrorCorrect：纠错码等级，包括 L、M、Q、H 4 个等级。

调用 QRCodeEncoder 对象的 Encode()方法可以生成二维码图，语法如下。

QRCodeEncoder 对象.Encode(待生成二维码的字符串,字符串的编码);

本例中以直接支付 URL 为参数调用 Encode()方法生成对应的二维码图片，字符串的编码通常使用 utf-8。QRCodeEncoder 对象的 Encode()方法返回一个 Image 对象。

12.3.3 支付成功处理

提交支付申请后，如果支付成功，则会向前面介绍的 notify_url 参数指定的通知地址发送通知数据，格式如下。

```xml
<xml><appid><![CDATA[wx8888888888888888]]></appid>
<attach><![CDATA[xxxxxxxxxxxxxxxxxxxxxxxxx]]></attach>
<bank_type><![CDATA[CFT]]></bank_type>
<cash_fee><![CDATA[100]]></cash_fee>
<fee_type><![CDATA[CNY]]></fee_type>
<is_subscribe><![CDATA[Y]]></is_subscribe>
<mch_id><![CDATA[888888888888]]></mch_id>
<nonce_str><![CDATA[f1600465c0a6479f8af15125a7b61a4f]]></nonce_str>
<openid><![CDATA[oNklhwtcQjTVXLR-J7wQlojc19A0]]></openid>
<out_trade_no><![CDATA[11161125150093912221]]></out_trade_no>
<result_code><![CDATA[SUCCESS]]></result_code>
<return_code><![CDATA[SUCCESS]]></return_code>
<sign><![CDATA[4B83702E8532D55ADD3F90BAB323CB79]]></sign>
<time_end><![CDATA[20161125150959]]></time_end>
<total_fee>100</total_fee>
<trade_type><![CDATA[NATIVE]]></trade_type>
<transaction_id><![CDATA[4001412001201611250781811781]]></transaction_id>
</xml>
```

参数说明如下。

- appid：微信公众平台的账号。

- attach：附加数据，通常是商品信息。
- bank_type：银行类型，采用字符串类型的银行标识。由于篇幅所限，具体情况请查阅微信公众平台的在线文档。
- cash_fee：订单现金支付金额。
- fee_type：货币类型，默认人民币 CNY。由于篇幅所限，其他具体情况请查阅微信公众平台的在线文档。
- is_subscribe：用户是否关注公众账号，Y-关注，N-未关注。
- mch_id：商户号。
- nonce_str：随机字符串。
- openid：支付用户在商户 appid 下的唯一标识。
- out_trade_no：户系统的订单号。
- result_code：业务结果，SUCCESS 表示支付成功。
- return_code：返回状态码，SUCCESS/FAIL。SUCCESS 表示商户接收通知成功并校验成功。
- sign：签名。
- sub_mch_id：受理机构 id。
- time_end：支付完成时间。
- MCHID：商户号。
- total_fee：支付金额。
- trade_type：交易类型。
- transaction_id：微信支付订单号。

12.3.4 演示扫描支付的实例

本节通过实例演示扫描支付的实现方法。

1. 实例的首页视图

在视图\Areas\area12\Views\Home\Index.cshtml 中添加一个超链接，定义如下。

```
@Html.ActionLink("扫描支付", "Index","scanPay")
```

单击此超链接会跳转至\Areas\area12\Views\ scanPay\Index.cshtml。在页面中定义一个用于测试扫码支付的表单，代码如下。

```html
<form id="formpay" method="post">
    <div id="orderbox">
        <table border="0" width="1000" cellpadding="5" cellspacing="5" style="margin:0;padding:0;">
            <tr>
                <td width="150"></td>
                <td width="100" align="left"><a class="little_title">产品编号:</a></td>
                <td width="600" align="left"><input id="txtProductCode" name="txtProductCode" type="text" class="easyui-validatebox textbox" value="CP-000001" data-options="required:true, missingMessage:'必填项'"></td>
            </tr>
            <tr>
```

```html
                    <td width="150"></td>
                    <td width="100" align="left"><a class="little_title">产品名:</a></td>
                        <td align="left"><input id="txtProductName" name="txtProductName" type="text" class="easyui-validatebox  textbox" value="测试支付产品" data-options="required:true, missingMessage:'必填项'"></td>
                </tr>
                <tr>
                    <td></td>
                    <td align="left"><a class="little_title">产品描述:</a></td>
                        <td align="left"><input id="txtDesc" name="txtDesc" type="text" class="easyui-validatebox  textbox" value="本产品用于测试扫码支付功能" data-options="required:true, missingMessage:'必填项' " /></td>
                </tr>
                <tr>
                    <td></td>
                    <td align="left"><a class="little_title">价格:</a></td>
                    <td align="left">
                        <input input id="txtPrice" name="txtPrice" type="text" class="easyui-validatebox" data-options="required:true, missingMessage:'必填项'"
                            value="0.01">
                    </td>
                </tr>
                <tr>
                    <td></td>
                    <td align="left"><a class="little_title">数量:</a></td>
                    <td align="left"><input id="txtNum" name="txtNum" type="text" value="1" class="easyui-validatebox" data-options="required:true, missingMessage:'必填项' " /></td>
                </tr>

                <tr>
                    <td></td>
                    <td align="left"><a class="little_title">支付方式:</a><br><p |id="requird_pay" class="required_info">***请选择</p></td>
                        <td align="left" valign="middle">
                            <div id="zhifubao_box"></div>
                            <div id="weixinpay_box"></div>
                            <div id="bank_box"></div>
                        </td>
                </tr>
            </table>
        </div>

        <input type="hidden" id="hi_paytype" value="" />

        <div id="pay_box"><a id="btnPay">立即支付</a> /></div>
    </form>
```

用户在表单中可以填写产品编号、产品名称、价格和数量,然后选择支付方式。为了演示真实的支付情景,本例设计了支付宝、微信支付和银联 3 种支付方式。每种支付方式都使用两张图片表现,具体如图 12-9 所示。

图12-9　表现支付方式的图片

显示微信支付图片的 HTML 元素是 id 为 weixinpay_box 的 div 元素。单击此 div 元素的代码如下。

```
$("#weixinpay_box").click(function () {
    $(this).css("background-image", "url(/images/WePayLogo_checked.png)");
    $("#zhifubao_box").css("background-image", "url(/images/zhifubao_logo.jpg)");
    $("#bank_box").css("background-image", "url(/images/bankLogo.jpg)");
    $("#hi_paytype").val("2");
});
```

程序切换各种支付方式图片，然后将隐藏域 hi_paytype 的值设置为 2，表示支付方式为微信支付。本实例的页面如图 12-10 所示。

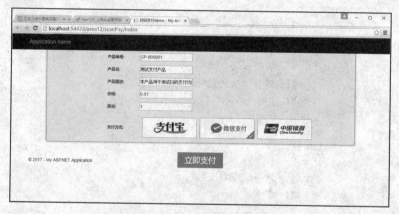

图12-10　本节实例的页面

单击"立即支付"按钮的代码如下。

```
$("#btnPay").click(function () {
    paytype = $("#hi_paytype").val();
//      alert(paytype);
    if (paytype == "") {
        $("#requird_pay").show();
        return;
    }
    else if (paytype == "1" || paytype == "3") {
        alert("本实例只用于演示微信扫码支付");
        return;
    }
    else {
        $("#requird_pay").hide();
    }


    window.location = '@Url.Action("Pay", "Home")' + '?productCode=' + $("#txtProductCode").val()
```

```
                            + '&productName=' + $("#txtProductName").val()
                            + '&productDesc=' + $("#txtDesc").val() + '&price=' +
$("#txtPrice").val() + '&num=' + $("#txtNum").val() + '&paytype=' + paytype;
                    });
```

2. 生成微信支付二维码

如果用户选择微信支付，则会跳转至 HomeController 的 Pay()方法。代码如下。

```
        public ActionResult Pay(string productCode, string productName, string
productDesc, float price, int num, int paytype/*1-支付宝, 2-微信, 3-银联*/)
        {
            string orderno = wxPayService.generate_orderno(1, 1);
            #region 保存订单记录,以便接收支付成功消息时更新订单的状态
            /// insert 到 order 表
            //orders o = new orders();
            //o.orderno = generate_orderno(1, 1);
            //o.product_code = cpcode;
            //o.product_name = cpname;
            //o.product_desc = cpdesc;
            //o.price = price;
            //o.num = num;
            //switch (paytype)
            //{
            //    case 1:
            //        o.paytype = "支付宝";
            //        break;
            //    case 2:
            //        o.paytype = "微信支付";
            //        break;
            //    case 3:
            //        o.paytype = "银联支付";
            //        break;
            //}

            //o.sumittime = DateTime.Now.ToString("yyyy-MM-dd HH:mm:ss");
            //o.Insert();
            #endregion
            float f = price * 100.0F * num;
            int total_fee = (int)f;
            ////LogService.LOG_LEVENL = 3;
            ////LogService.Debug(this.GetType().ToString(), "total_fee=" + f);

            switch (paytype)
            {
                case 1: //支付宝
                    //Response.Redirect(Url.Action("Index", "aliPay") +
"?productCode=" + cpcode + "&productName=" + cpname + "&productDesc=" + cpdesc +
"&orderno=" + o.orderno + "&total_fee=" + total_fee);
                    break;
                case 2://微信支付
                    //    Response.Redirect(Url.Action("Index", "Weixin") +
"?productCode=" + cpcode + "&productName=" + cpname + "&productDesc=" + cpdesc +
"&orderno=" + orderno + "&total_fee=" + total_fee);
                    NativePay nativePay = new NativePay();
```

```
                //生成扫码支付模式二 url
                string url =
 StringService.ToHexString(nativePay.GetPayUrl(productCode, productName, productDesc,
 orderno, total_fee));

                Response.Redirect(Url.Action("ScanQRCodeImage", "Home") + "?url="
 + HttpUtility.UrlEncode(url) + "&orderno=" + orderno);

                break;
            case 3: // 银联
                //Response.Redirect(Url.Action("Index", "Bank") + "?productCode="
 + cpcode + "&productName=" + cpname + "&productDesc=" + cpdesc + "&orderno=" + o.orderno
 + "&total_fee=" + total_fee);
                break;

        }
        return Content("");
    }
```

程序的运行流程如下。

(1) 都用 wxPayService.generate_orderno()方法生成订单号。

(2) 如果支付方式为微信支付 (paytype 等于 2), 则调用 nativePay.GetPayUrl()方法, 生成微信支付的 URL, 代码如下。

```
    public class NativePay
    {
        /**
        * 生成直接支付 url, 支付 url 有效期为 2 小时, 模式二
        * @param productId 商品 ID
        * @return 模式二 URL
        */
        public string GetPayUrl(string productCode, string productName, string
 productDesc, string orderno, int total_fee)
        {
            LogService.Write( "Native pay mode 2 url is producing...");

            if (total_fee <= 0)
                total_fee = 1;
            WxPayData data = new WxPayData();
            data.SetValue("body", productDesc);//商品描述
            data.SetValue("attach", productName);//附加数据
            data.SetValue("out_trade_no", orderno);//随机字符串
            data.SetValue("total_fee", total_fee);//总金额
            data.SetValue("time_start",
 DateTime.Now.ToString("yyyyMMddHHmmss"));//交易起始时间
            data.SetValue("time_expire",
 DateTime.Now.AddMinutes(10).ToString("yyyyMMddHHmmss"));//交易结束时间
            data.SetValue("goods_tag", productName);//商品标记
            data.SetValue("trade_type", "NATIVE");//交易类型
            data.SetValue("product_id", productCode);//商品 ID

            WxPayData result = WxPayApi.UnifiedOrder(data);//调用统一下单接口
```

```
            LogService.Write("调用统一下单接口的返回结果: " + result.ToXml());
            string url = result.GetValue("code_url").ToString();//获得统一下单接口返回
的二维码链接

            LogService.Write("Get native pay mode 2 url : " + url);
            return url;
        }
    }
```

生成微信支付的 URL 后,跳转至 HomeController 的 ScanQRCodeImage()方法,用于生成和展示微信支付二维码。在 ScanQRCodeImage()方法对应的视图中,定义了一个展示微信支付二维码图片的 img 元素、微信支付图片和演示扫一扫的图片,代码如下。

```
        <div id="scanbox">
            <div id="scanbox_left">
                <img id="img_qrcode" width="260" height="260" />
                <img id="weixi_text" src="~/images/weixi_text.png" />
            </div><img id="img_sys" src="~/images/saoyisao.png"
style="margin-left:280px;" />
        </div>
```

本视图接收一个参数 URL,然后以 URL 为参数调用 HomeController 的 MakeQRCodeImage ()方法,将返回的数据作为微信支付二维码图片的源,代码如下。

```
        var url = getQueryString("url");
        $("#img_qrcode").attr("src", '@Url.Action("MakeQRCodeImage", "Home")' +
"?url=" + url);
```

HomeController 的 MakeQRCodeImage ()方法代码如下。

```
        public ActionResult MakeQRCodeImage(string url)
        {
            string str = StringService.FromHexString(url);
            //初始化二维码生成工具
            QRCodeEncoder qrCodeEncoder = new QRCodeEncoder();
            qrCodeEncoder.QRCodeEncodeMode = QRCodeEncoder.ENCODE_MODE.BYTE;
            qrCodeEncoder.QRCodeErrorCorrect = QRCodeEncoder.ERROR_CORRECTION.M;
            qrCodeEncoder.QRCodeVersion = 0;
            qrCodeEncoder.QRCodeScale = 4;

            //将字符串生成二维码图片
            Bitmap image = qrCodeEncoder.Encode(str, Encoding.Default);

            //保存为 PNG 到内存流
            MemoryStream ms = new MemoryStream();
            image.Save(ms, ImageFormat.Png);

            //输出二维码图片
            byte[] bytes = ms.GetBuffer();

            return File(bytes, @"image/jpeg");
        }
```

可以参照 12.3.2 理解代码的含义。展示微信支付二维码的页面如图 12-11 所示。使用微信扫一扫的功能扫描二维码,可以打开图 12-12 所示的微信支付页面。

图 12-11 展示微信支付二维码的页面

图 12-12 微信支付页面

3. 轮询订单状态

在支付二维码页面中，调用 setTimeout()函数，将会定时调用 query_pay_state()函数检查订单状态。如果订单状态变为已支付，则跳转至支付成功页面。在支付二维码页面中，轮询订单状态的代码如下。

```
setTimeout(query_pay_state, 1000);
```

query_pay_state()函数的代码如下。

```
function query_pay_state() {
    var orderno = getQueryString("orderno");

    $.ajax ({
    type: "get",
    url: "@Url.Action("QueryOrderStatus", "Home")",
    async: false,
    dataType: "text",
    data: { 'orderno': orderno },
    success: function (data) {
       if (data != "") {
           alert("支付成功");
           window.location = '@Url.Action("Index", "Home")'
       }
       setTimeout(query_pay_state, 1000);

    },

    error: function (XMLHttpRequest, textStatus, errorThrown) {
    }

});
}
```

4. 支付成功的通知页面

在生成直接支付 URL 时，调用 WxPayApi.UnifiedOrder()方法，指定了接收财付通通知的

URL。本实例中 notify_url 在 WxPayConfig 类中定义,格式如下。

```
http://你的域名/weixin/area12/Home/ResultNotify
```

在控制器 HomeController 的 ResultNotify()方法中可以接收并处理支付成功通知报文,代码如下。

```
public ActionResult ResultNotify()
{
    ResultNotify resultNotify = new ResultNotify(Request.InputStream);
    resultNotify.ProcessNotify();

    return View();
}
```

ResultNotify.ProcessNotify()方法的代码如下。

```
public override void ProcessNotify()
{
    WxPayData notifyData = GetNotifyData();

    //检查支付结果中 transaction_id 是否存在
    if (!notifyData.IsSet("transaction_id"))
    {
        //若 transaction_id 不存在,则立即返回结果给微信支付后台
        WxPayData res = new WxPayData();
        res.SetValue("return_code", "FAIL");
        res.SetValue("return_msg", "支付结果中微信订单号不存在");
        LogService.Write("The Pay result is error : " + res.ToXml());
    }

    string transaction_id = notifyData.GetValue("transaction_id") + "";

    LogService.Write( "transaction_id:" + transaction_id);
    //查询订单,判断订单真实性
    if (!QueryOrder(transaction_id))
    {
        //若订单查询失败,则立即返回结果给微信支付后台
        WxPayData res = new WxPayData();
        res.SetValue("return_code", "FAIL");
        res.SetValue("return_msg", "订单查询失败");
        LogService.Write("Order query failure : " + res.ToXml());

    }
    //查询订单成功
    else
    {
        WxPayData res = new WxPayData();
        res.SetValue("return_code", "SUCCESS");
        res.SetValue("return_msg", "OK");
        LogService.Write("order query success : " + res.ToXml());
        LogService.Write("回调信息【out_trade_no】: " +
notifyData.GetValue("out_trade_no") + "; time_end: " +
notifyData.GetValue("time_end") + "; cash_fee: " +
notifyData.GetValue("cash_fee"));
        //SQLBase s = new SQLBase();
```

```
                    float fee = 0;
                    try
                    {
                        fee = float.Parse(notifyData.GetValue("cash_fee").ToString()) / 100.0F;
                    }
                    catch (Exception)
                    {
                        throw;
                    }
                    // 更新订单状态
                    //string sql = "update orders set paytime='" + notifyData.GetValue("time_end") + "',cash_fee=" + fee + ",transaction_id='" + notifyData.GetValue("transaction_id") + "' WHERE orderno='" + notifyData.GetValue("out_trade_no") + "'";
                    //s.ExecuteNonQuery(sql);
                }
            }
```

程序首先调用 GetNotifyData() 方法获取通知报文字符串。然后解析报文字符串，得到商户订单号、支付时间和支付金额等数据，可以依据这些数据更新订单的状态。

12.4 发放红包与企业付款

公众号发放红包实际上是一种企业支付的行为。本节介绍如何通过调用开发接口发放红包和实现企业付款等功能。通过认证的服务号，在开通了微信支付功能后，就可以具备发放红包和实现企业付款等功能。

12.4.1 微信红包的类型

微信红包分为现金红包和裂变红包两种类型。

现金红包又称为普通红包，是由公众号给特定用户派发的红包，例如，粉丝关注公众号时，公众号给粉丝派发的红包。

裂变红包有一个特点，也就是用户领取红包后，还可以把红包的链接分享到朋友圈，让朋友也能领取。

12.4.2 发放红包和企业付款提交数据的格式

发放红包与企业付款提交数据的格式都一样，只是发放不同类型的红包和企业付款对应的开发接口各不相同。发放红包与企业付款都需要将如下格式的 XML 字符串发送至各自对应的开发接口。

```xml
<xml>
    <mch_appid>wx8888888888888</mch_appid>
    <mchid>8888888888</mchid>
    <nonce_str>3PG2J4ILTKCH16CQ2502SI8ZNMTM67VS</nonce_str>
    <partner_trade_no>100000982014120919616</partner_trade_no>
    <openid>oh04Gt7wVPxIT1A9GjFaMYMiZY1s</openid>
```

```xml
        <check_name>OPTION_CHECK</check_name>
        <re_user_name>张三</re_user_name>
        <amount>100</amount>
        <desc>节日快乐!</desc>
        <spbill_create_ip>10.2.3.10</spbill_create_ip>
        <sign>C97BDBACF37622775366F38B629F45E3</sign>
</xml>
```

参数说明如下。

- mch_appid：微信公众平台的账号。
- mchid：商户号。
- nonce_str：随机字符串。
- partner_trade_no：商户订单号。
- openid：商户 appid 下，某用户的 openid。
- check_name：强校验真实姓名（未实名认证的用户会校验失败，无法转账）。
- re_user_name：收款用户姓名。
- amount：红包或企业付款金额。
- desc：描述信息。
- spbill_create_ip：调用接口的机器 IP 地址。
- sign：签名。

12.4.3 开发接口

发放各种红包和企业支付的流程都一样，但是对应的开发接口各不相同。

发放现金红包的开发接口如下。

```
https://api.mch.weixin.qq.com/mmpaymkttransfers/sendredpack
```

发放裂变红包的开发接口如下。

```
https://api.mch.weixin.qq.com/mmpaymkttransfers/sendgroupredpack
```

企业支付的开发接口如下。

```
https://api.mch.weixin.qq.com/mmpaymkttransfers/promotion/transfers
```

12.4.4 返回报文的格式

如果发放红包或企业支付后，则会收到如下格式的报文。

```xml
<xml>
    <return_code><![CDATA[SUCCESS]]></return_code>
    <return_msg><![CDATA[]]></return_msg>
    <mch_appid><![CDATA[wxec38b8ff840bd989]]></mch_appid>
    <mchid><![CDATA[10013274]]></mchid>
    <device_info><![CDATA[]]></device_info>
    <nonce_str><![CDATA[lxuDzMnRjpcXzxLx0q]]></nonce_str>
    <result_code><![CDATA[SUCCESS]]></result_code>
    <partner_trade_no><![CDATA[10013574201505191526582441]]></partner_trade_no>
    <payment_no><![CDATA[1000018301201505190181489473]]></payment_no>
    <payment_time><![CDATA[2015-05-19 15：26：59]]></payment_time>
</xml>
```

参数说明如下。

- return_code：操作的返回结果编码，SUCCESS 表示成功，FAIL 表示失败。
- return_msg：操作的返回消息，成功时为空，失败为错误信息。
- mchid：商户号。
- device_info：设备号。
- nonce_str：随机字符串。
- result_code：操作结果编码，SUCCESS 表示成功，FAIL 表示失败。
- partner_trade_no：商户订单号。
- payment_no：支付流水号。
- payment_time：支付时间。

12.4.5 发放红包的实例

本节通过实例介绍在 ASP.NET 程序中实现发放红包的方法。

1. 实例的首页视图

本章实例的首页是\Areas\area12\Views\Home\Index.cshtml。在其中添加一个超链接，定义如下。

```
<li>@Html.ActionLink("发放现金红包", "redpack", "Home")</li>
```

单击此超链接会跳转至\Areas\area12\Views\Home\redpack.cshtml。在页面中定义一个 "我要领取现金红包" 按钮，代码如下。

```
<button class="btn btn_primary" id="btn_sendredpack"
style="margin-top:50%;margin-bottom:50%;">我要领取现金红包</button>
```

单击此按钮时，程序会以 AJAX 的方式调用 HomeController 的 sendredpack()方法执行发红包，代码如下。

```
<script type="text/javascript">
    $(function () {
        $("#btn_sendredpack").click(function () {
            $.ajax({
                type: "post", //URL 方式为 POST
                url: '@Url.Action("sendredpack", "Home")', //这里是指向兑奖验证的页面
                data: 'openId=@ViewBag.OpenId&amount=100', //把要验证的参数传过去
                dataType: 'json', //数据类型为 JSON 格式的验证
                success: function (data) {
                    alert(data);
                },
                error: function () {
                    return false;
                }
            });
        });
    });
</script>
```

调用 sendredpack()方法需要传递接收红包的用户的 openid（openId）和红包金额（amount）2 个参数，这些参数在控制器 HomeController 的 Index()方法中获取，并通过@ViewBag 传递至视图中。

2. 获取在线支付所需要的参数

控制器 HomeController 的 redpack() 方法的代码如下。

```
public ActionResult redpack()
{
    string strBillNo = wxPayService.getTimestamp(); // 订单号
    // 接收微信认证服务器发送来的 code
    string strCode = Request.QueryString["code"] == null ? "" : Request.QueryString["code"];

    LogService.Write("code:" + strCode);
    ViewBag.OpenId = "";
    if (string.IsNullOrEmpty(strCode)) //如果接收到 code，则说明是 OAuth2 服务器回调
    {
        //进行 OAuth2 认证，获取 code
        string _OAuth_Url = wxPayService.OAuth2_GetUrl_Pay(Request.Url.ToString());

        LogService.Write("_OAuth_Url:" + _OAuth_Url);
        Response.Redirect(_OAuth_Url);
        return View();
    }
    else
    {
        //根据返回的 code，获得 Access_Token
        wxPayReturnValue retValue = wxPayService.OAuth2_Access_Token(strCode);

        if (retValue.HasError)
        {
            Response.Write("获取 code 失败：" + retValue.Message);
            return Content("");
        }
        LogService.Write("retValue.Message:" + retValue.Message);

        string strWeixin_OpenID = retValue.GetStringValue("Weixin_OpenID");
        string strWeixin_Token = retValue.GetStringValue("Weixin_Token");
        LogService.Write("strWeixin_OpenID:" + strWeixin_OpenID);

        ViewBag.OpenId = strWeixin_OpenID;
    }

    return View();
}
```

程序的运行流程如下。

（1）从 URL 参数中获取 code，如果 code 等于空则调用 wxPayService.OAuth2_GetUrl_Pay() 获取 OAuth2 认证的 URL，然后跳转至此 URL。这样会收到微信认证服务器发送来的 code。

（2）如果收到的 code 不为空，则调用 wxPayService.OAuth2_Access_Token() 方法根据 code 获取户的 openid 和 token。

（3）将支付参数赋值到 ViewBag 中，传递至视图中。

3. 执行发红包的操作

HomeController 的 sendredpack()方法执行发红包的操作，代码如下。

```csharp
public ActionResult sendredpack()
{
    // 当前用户的 openid
    string strWeixin_OpenID = Request.QueryString["openId"] == null ? "" : Request.QueryString["openId"];

    if (string.IsNullOrEmpty(strWeixin_OpenID))
        return Content("");

    PayForWeiXinHelp PayHelp = new PayForWeiXinHelp();
    wxRedPackPackage model = new wxRedPackPackage();
    //接收红包的用户 用户在 wxappid 下的 openid
    model.re_openid = strWeixin_OpenID;
    //付款金额，单位分
    int amount = 20000;
    model.total_amount = amount;
    //最小红包金额，单位分
    model.min_value = amount;
    //最大红包金额，单位分
    model.max_value = amount;
    //调用接口的机器 Ip 地址
    model.client_ip = Request.UserHostAddress;
    //调用方法
    string postData = PayHelp.DoDataForPayWeiXin(model);
    string result = "";
    try
    {
        result = PayHelp.SendRedPack(postData);
    }
    catch (Exception ex)
    {
        //写日志
    }
    XmlDocument doc = new XmlDocument();
    doc.LoadXml(result);
    string jsonResult = JsonConvert.SerializeXmlNode(doc);
    //Response.ContentType = "application/json";
    //Response.Write(jsonResult);

    return Content(jsonResult);
}
```

程序的运行流程如下。

（1）从 URL 参数中获取接收红包的用户的 openId。

（2）准备发放红包的模型对象 model，其中包括 openId、红包的金额和调用接口的机器 IP 地址。

（3）调用 PayHelp.DoDataForPayWeiXin(model)方法得到以 POST 方式提交到发放红包借口的数据 postdata。

（4）以 postdata 为参数调用 PayHelp.SendRedPack()方法发放红包。

PayHelp.DoDataForPayWeiXin() 方法的代码如下。

```csharp
public string DoDataForPayWeiXin(wxRedPackPackage payForWeiXin)
{
    #region 处理 nonce_str 随机字符串,不长于 32 位(本程序生成长度为16位的)
    string str = "0123456789ABCDEFGHIJKLMNOPQRSTUVWXYZ";
    payForWeiXin.nonce_str = RandomStr(str, 16);
    #endregion

    #region 商户信息从config文件中读取
    //商户支付密钥key
    string key = ConfigurationManager.AppSettings["key"].ToString();
    //商户号
    payForWeiXin.mch_id= ConfigurationManager.AppSettings["mch_id"].ToString();
    //商户 appid
    payForWeiXin.wxappid= ConfigurationManager.AppSettings["wxappid"].ToString();
    //提供方名称
    payForWeiXin.nick_name= ConfigurationManager.AppSettings["nick_name"].ToString();
    payForWeiXin.act_id = "act_id";
    //红包收送者名称
    payForWeiXin.send_name= ConfigurationManager.AppSettings["send_name"].ToString();
    //红包收放总人数
    payForWeiXin.total_num = int.Parse(ConfigurationManager.AppSettings["total_num"].ToString());
    //红包祝福语
    payForWeiXin.wishing = ConfigurationManager.AppSettings["wishing"].ToString();
    //活动名称
    payForWeiXin.act_name = ConfigurationManager.AppSettings["act_name"].ToString();
    //备注信息
    payForWeiXin.remark = ConfigurationManager.AppSettings["remark"].ToString();
    //商户logo的url
    payForWeiXin.logo_imgurl = ConfigurationManager.AppSettings["logo_imgurl"].ToString();
    //分享文案
    payForWeiXin.share_content = ConfigurationManager.AppSettings["share_content"].ToString();
    //分享链接
    payForWeiXin.share_url = ConfigurationManager.AppSettings["share_url"].ToString();
    //分享的图片url
    payForWeiXin.share_imgurl = ConfigurationManager.AppSettings["share_imgurl"].ToString();

    // payForWeiXin.client_ip = ConfigurationManager.AppSettings["client_ip"].ToString();
    #endregion
```

```csharp
#region 订单信息
//生成订单号组成：mch_id+yyyymmdd+10位一天内不能重复的数字
//生成10位不重复的数字
string num = "0123456789";
string randomNum = RandomStr(num, 10);
payForWeiXin.mch_billno = payForWeiXin.mch_billno +
System.DateTime.Now.ToString("yyyyMMdd") + randomNum;
#endregion

string postData = @"<xml>
                    <mch_billno>{0}</mch_billno>
                    <mch_id>{1}</mch_id>
                    <wxappid>{2}</wxappid>
                    <nick_name>{3}</nick_name>
                    <send_name>{4}</send_name>
                    <re_openid>{5}</re_openid>
                    <total_amount>{6}</total_amount>
                    <min_value>{7}</min_value>
                    <max_value>{8}</max_value>
                    <total_num>{9}</total_num>
                    <wishing>{10}</wishing>
                    <client_ip>{11}</client_ip>
                    <act_name>{12}</act_name>
                    <act_id>{13}</act_id>
                    <remark>{14}</remark>
                    <nonce_str>{15}</nonce_str>";
postData = string.Format(postData,
                    payForWeiXin.mch_billno,
                    payForWeiXin.mch_id,
                    payForWeiXin.wxappid,
                    payForWeiXin.nick_name,
                    payForWeiXin.send_name,
                    payForWeiXin.re_openid,
                    payForWeiXin.total_amount,
                    payForWeiXin.min_value,
                    payForWeiXin.max_value,
                    payForWeiXin.total_num,
                    payForWeiXin.wishing,
                    payForWeiXin.client_ip,
                    payForWeiXin.act_name,
                    payForWeiXin.act_id,
                    payForWeiXin.remark,
                    payForWeiXin.nonce_str
                    );

//原始传入参数
string[] signTemp = { "mch_billno=" + payForWeiXin.mch_billno, "mch_id=" + payForWeiXin.mch_id, "wxappid=" + payForWeiXin.wxappid, "nick_name=" + payForWeiXin.nick_name, "send_name=" + payForWeiXin.send_name, "re_openid=" + payForWeiXin.re_openid, "total_amount=" + payForWeiXin.total_amount, "min_value=" + payForWeiXin.min_value, "max_value=" + payForWeiXin.max_value, "total_num=" + payForWeiXin.total_num, "wishing=" + payForWeiXin.wishing, "client_ip=" + payForWeiXin.client_ip, "act_name=" + payForWeiXin.act_name, "act_id=" + payForWeiXin.act_id, "remark=" + payForWeiXin.remark, "nonce_str=" +
```

```csharp
payForWeiXin.nonce_str };

            List<string> signList = signTemp.ToList();

            //拼接原始字符串
            if (!string.IsNullOrEmpty(payForWeiXin.logo_imgurl))
            {
                postData += "<logo_imgurl>{0}</logo_imgurl> ";
                postData = string.Format(postData, payForWeiXin.logo_imgurl);
                signList.Add("logo_imgurl=" + payForWeiXin.logo_imgurl);
            }
            if (!string.IsNullOrEmpty(payForWeiXin.share_content))
            {
                postData += "<share_content>{0}</share_content> ";
                postData = string.Format(postData, payForWeiXin.share_content);
                signList.Add("share_content=" + payForWeiXin.share_content);
            }
            if (!string.IsNullOrEmpty(payForWeiXin.share_url))
            {
                postData += "<share_url>{0}</share_url> ";
                postData = string.Format(postData, payForWeiXin.share_url);
                signList.Add("share_url=" + payForWeiXin.share_url);
            }
            if (!string.IsNullOrEmpty(payForWeiXin.share_imgurl))
            {
                postData += "<share_imgurl>{0}</share_imgurl> ";
                postData = string.Format(postData, payForWeiXin.share_imgurl);
                signList.Add("share_imgurl=" + payForWeiXin.share_imgurl);
            }

            #region 处理支付签名
            //对 signList 按照 ASCII 码从小到大的顺序排序
            signList.Sort();

            string signOld = string.Empty;
            string payForWeiXinOld = string.Empty;
            int i = 0;
            foreach (string temp in signList)
            {
                signOld += temp + "&";
                i++;
            }
            signOld = signOld.Substring(0, signOld.Length - 1);
            //拼接 Key
            signOld += "&key=" + key;
            //处理支付签名
            payForWeiXin.sign = Encrypt(signOld).ToUpper();
            #endregion
            postData += "<sign>{0}</sign></xml>";
            postData = string.Format(postData, payForWeiXin.sign);
            return postData;
        }
```

可以参照注释理解代码的功能。

PayHelp.SendRedPack()方法用于发放红包，代码如下。

```
/// <summary>
/// 调用微信支付接口
/// </summary>
/// <param name="payForWeiXin"></param>
/// <returns></returns>
public string SendRedPack(string postData)
{
    string result = string.Empty;
    try
    {
        result = PostPage("https://api.mch.weixin.qq.com/mmpaymkttransfers/sendredpack", postData);
    }
    catch (Exception ex)
    {

    }
    return result;
}
```

习 题

一、选择题

1. （　　）这两种支付情景都是通过JSAPI支付来实现的。

    A. 公众号支付和扫码支付　　　　　B. 公众号支付和APP支付

    C. 扫码支付和APP支付　　　　　　D. APP支付和刷卡支付

2. 发放现金红包的开发接口是（　　）。

    A. https://api.mch.weixin.qq.com/mmpaymkttransfers/sendredpack

    B. https://api.mch.weixin.qq.com/mmpaymkttransfers/sendgroupredpack

    C. https://api.mch.weixin.qq.com/mmpaymkttransfers/promotion/transfers

    D. 以上都不是

二、填空题

1. 微信支持 【1】 、 【2】 、 【3】 和 【4】 4种支付类型。
2. 【5】 开发接口是在各种支付场景下生成支付订单，返回预支付订单号的接口。
3. 利用 【6】 组件生成二维码图片的方法。
4. 微信红包分为 【7】 和 【8】 2种类型。

三、简答题

1. 试述开通微信支付的步骤。
2. 试述开发JSAPI支付的流程。
3. 试述开发扫码支付的流程。